高等职业教育
机电类专业教材

机械设计基础课程设计

▶▶

双色印刷

李 琴 陈慧玲 刘 容 主编
王资院 主审

JIXIE SHEJI JICHU
KECHENG SHEJI

 化学工业出版社
·北京·

内 容 简 介

本书以"带式输送机的设计"为案例，系统地介绍了简单机械传动装置的设计内容、设计方法和设计步骤，指导学生如何开展设计、如何合理设计结构及处理经验数据，内容主要包括课程设计概述、机械传动装置的总体设计、减速器的结构及传动零件设计计算、圆柱齿轮减速器装配图的设计与绘制、减速器零件工作图设计、设计计算说明书编制与设计实例及答辩、课程设计参考图例、减速器结构设计常见纠错案例、机械设计基础课程设计常用标准和规范等。

本书可供高等职业技术学院机械类和近机械类各专业学生进行机械设计基础课程设计时使用，也可供中职、技工类有关专业师生和工程技术人员参考。

图书在版编目（CIP）数据

机械设计基础课程设计/李琴，陈慧玲，刘容主编． —北京：化学工业出版社，2022.8（2023.10 重印）
ISBN 978-7-122-41542-4

Ⅰ．①机…　Ⅱ．①李…　②陈…　③刘…　Ⅲ．①机械设计-课程设计　Ⅳ．①TH122-41

中国版本图书馆 CIP 数据核字（2022）第 091882 号

责任编辑：韩庆利　　　　　　　　　　　装帧设计：史利平
责任校对：边　涛

出版发行：化学工业出版社（北京市东城区青年湖南街 13 号　邮政编码 100011）
印　　装：河北鑫兆源印刷有限公司
787mm×1092mm　1/16　印张 13¾　字数 347 千字　2023 年 10 月北京第 1 版第 2 次印刷

购书咨询：010-64518888　　　　　　　售后服务：010-64518899
网　　址：http://www.cip.com.cn
凡购买本书，如有缺损质量问题，本社销售中心负责调换。

定　　价：42.00 元

　　本教材是为了更好地适应高等职业技术教育改革发展的需要，针对高职教育的特点和培养目标编写。本教材既注重学习、吸收有关高职院校"机械设计基础课程设计"课程改革的成果，又尽量反映著作者长期教学积累的经验与体会，精选内容、合理组织，着力贯彻以"应用"为目的，以"够用为度"的原则，立足实用、强化能力、注重实践，体现了高等职业教育特色。

　　本教材以"带式输送机的设计"为案例，将机械传动系统方案设计、机械传动强度设计以及零部件结构设计等内容有机结合，达到强化学生的机械系统设计意识，培养产品总体设计能力的目的；以机械传动系统方案设计和零部件结构设计为课程设计重点，强化学生的创新意识，培养解决实际问题能力；强化学生现代设计意识，培养知识综合运用能力。本教材教学设计共包括九个单元，内容主要包括：课程设计概述、机械传动装置的总体设计、减速器的结构及传动零件设计计算、圆柱齿轮减速器装配图的设计与绘制、减速器零件工作图设计、设计计算说明书编制与设计实例及答辩、课程设计参考图例、减速器结构设计常见纠错案例等，其中单元 9 整理、编辑了国家、行业及部门的相关设计标准。

　　本教材主要供高等职业技术学院机械类和近机械类各专业学生进行机械设计基础课程设计时使用，也可供中职、技工类有关专业师生和工程技术人员参考。

　　本教材单元 1 由湖南化工职业技术学院向红娓编写，单元 2、单元 4、单元 6 由湖南化工职业技术学院李琴编写，单元 3 由湖南化工职业技术学院陈慧玲编写，单元 5 由湖南化工职业技术学院张军编写，单元 7、单元 8 由湖南化工职业技术学院刘容编写，单元 9 由湖南化工职业技术学院孟少明编写。全教材由李琴统稿。中国化工株洲橡胶研究设计院王资院教授对本书进行了认真细致的审阅，并提出了许多宝贵意见和建议，在此谨表衷心感谢。

　　由于编者水平有限，书中难免有疏漏和不妥之处，敬请各位读者批评指正。

编　者

单元 1　课程设计概述 ——————————————————— 1

1.1　课程设计的目的与内容 ·············· 1
　1.1.1　课程设计的目的 ················· 1
　1.1.2　课程设计的内容 ················· 1
1.2　课程设计的步骤与计划安排 ········· 2
　1.2.1　课程设计的步骤 ················· 2
　1.2.2　课程设计计划安排 ·············· 3
1.3　课程设计的要求与注意事项 ········· 3

1.3.1　课程设计的要求 ················· 3
1.3.2　课程设计的注意事项 ············· 4
1.4　课程设计任务书 ····················· 4
　1.4.1　一级圆柱齿轮减速器课程设计
　　　　任务书 ·························· 4
　1.4.2　蜗轮蜗杆减速器课程设计
　　　　任务书 ·························· 5

单元 2　机械传动装置的总体设计 —————————————— 7

2.1　分析和拟定传动方案 ················ 7
　2.1.1　传动机构类型的比较 ············ 7
　2.1.2　合理传动方案拟定 ·············· 8
2.2　电动机的选择 ······················· 9
　2.2.1　电动机类型和结构形式的选择 ··· 9
　2.2.2　电动机容量的选择 ············· 10
　2.2.3　电动机转速的选择 ············· 11
2.3　传动装置总传动比和各级传动比的

　　　分配 ·························· 12
　2.3.1　总传动比的计算 ··············· 12
　2.3.2　各级传动比的合理分配 ········· 12
2.4　传动装置的运动和动力参数计算 ··· 13
　2.4.1　各轴的输入功率的计算 ········· 14
　2.4.2　各轴的转速计算 ··············· 14
　2.4.3　各轴的输入转矩计算 ··········· 14
2.5　传动装置总体设计举例 ··········· 15

单元 3　减速器的结构及传动零件设计计算 ————————————— 18

3.1　减速器的结构 ····················· 18
　3.1.1　减速器的轴系部件 ············· 18
　3.1.2　减速器箱体结构 ··············· 20
　3.1.3　减速器的附件 ················· 22
3.2　减速器的润滑与密封 ·············· 24
　3.2.1　齿轮和蜗杆传动的润滑 ········· 24
　3.2.2　滚动轴承的润滑 ··············· 27
　3.2.3　轴外伸端的密封 ··············· 28

3.3　减速器传动零件的设计计算 ······· 30
　3.3.1　减速器箱体外传动零件的设计
　　　　计算 ·························· 30
　3.3.2　减速器箱体内传动零件的设计
　　　　计算 ·························· 32
　3.3.3　选择联轴器类型和型号 ········· 33
　3.3.4　初选滚动轴承 ················· 34

单元 4　圆柱齿轮减速器装配图的设计与绘制 ——————————— 35

4.1　装配图设计的准备（准备阶段）····· 35
4.2　初步绘制减速器装配草图
　　　（第一阶段）····················· 36
　4.2.1　确定齿轮位置和箱体内壁线 ····· 36
　4.2.2　确定箱体轴承座孔端面位置 ····· 37
4.3　轴和轴系部件的设计（第二阶段）··· 37

4.3.1　轴径的初步估算 ··············· 37
4.3.2　轴的结构设计 ················· 38
4.3.3　轴、轴承和键连接的校核计算 ··· 41
4.3.4　齿轮的结构设计 ··············· 42
4.3.5　滚动轴承的组合设计 ··········· 43
4.4　减速器箱体及附件设计

（第三阶段） ……………… 45
    4.4.1 箱体的结构设计 …………… 45
    4.4.2 附件的结构设计 …………… 50
  4.5 完善减速器装配图（第四阶段） 56
    4.5.1 检查和完善各视图 ………… 57

4.5.2 标注尺寸和配合 …………… 57
4.5.3 减速器的技术特性 ………… 58
4.5.4 减速器的技术要求 ………… 58
4.5.5 零件编号 …………………… 59
4.5.6 编制明细表和标题栏 ……… 59

单元5　减速器零件工作图设计 ———————————————————— 60

  5.1 减速器零件工作图设计基本要求与
    内容 …………………………… 60
  5.2 轴类零件工作图设计 …………… 61
    5.2.1 选择视图 …………………… 61
    5.2.2 标注尺寸 …………………… 61
    5.2.3 标注表面粗糙度 …………… 62
    5.2.4 标注尺寸公差和几何公差 … 62
    5.2.5 撰写技术要求 ……………… 62
  5.3 齿轮类零件工作图设计 ………… 63
    5.3.1 选择视图 …………………… 63
    5.3.2 标注尺寸 …………………… 63

5.3.3 标注表面粗糙度 …………… 64
5.3.4 标注几何公差 ……………… 64
5.3.5 啮合特性表 ………………… 64
5.3.6 撰写技术要求 ……………… 65
5.4 箱体零件工作图设计 …………… 65
5.4.1 选择视图 …………………… 65
5.4.2 标注尺寸 …………………… 66
5.4.3 标注几何公差 ……………… 66
5.4.4 标注表面粗糙度 …………… 66
5.4.5 撰写技术要求 ……………… 66

单元6　设计计算说明书编制与设计实例及答辩 ———————————— 68

  6.1 设计计算说明书的要求及注意事项 …… 68
  6.2 设计计算说明书内容 …………… 68
  6.3 课程设计计算说明书的书写格式
    示例 …………………………… 69

6.3.1 课程设计任务书 …………… 69
6.3.2 设计计算说明 ……………… 70
6.4 答辩准备 ………………………… 85
6.5 答辩准备思考题 ………………… 86

单元7　课程设计参考图例 ———————————————————————— 89

  7.1 减速器装配工作图参考图例 …… 89
    7.1.1 一级直齿圆柱齿轮减速器 … 89
    7.1.2 一级斜齿圆柱齿轮减速器 … 90
    7.1.3 一级圆锥齿轮减速器 ……… 91
    7.1.4 一级蜗杆减速器 …………… 92
  7.2 减速器零件工作图参考图例 …… 93
    7.2.1 轴零件工作图 ……………… 93
    7.2.2 斜齿轮零件工作图 ………… 94

7.2.3 锥齿轮零件工作图 ………… 95
7.2.4 锥齿轮轴零件工作图 ……… 96
7.2.5 蜗杆零件工作图 …………… 97
7.2.6 蜗轮零件工作图 …………… 98
7.2.7 蜗轮轮芯和轮缘零件工作图 … 99
7.2.8 单级减速器箱座零件工作图 … 100
7.2.9 单级减速器箱盖零件工作图 … 101

单元8　减速器结构设计常见纠错案例 ———————————————————— 102

  8.1 轴系结构设计纠错案例 ………… 102
  8.2 箱体结构设计纠错案例 ………… 108

8.3 附件及连接件结构设计纠错案例 … 110

单元9　机械设计基础课程设计常用标准和规范 ——————————————— 113

  9.1 一般标准与规范 ………………… 113
    9.1.1 机械制图 …………………… 113
    9.1.2 标准尺寸 …………………… 115
    9.1.3 中心孔 ……………………… 116

9.1.4 圆锥的锥度与锥角系列 …… 117
9.1.5 零件倒圆与倒角 …………… 118
9.1.6 砂轮越程槽 ………………… 119
9.1.7 退刀槽 ……………………… 120

9.1.8 铸件设计的一般规范 …………… 121
9.1.9 铸造外圆角 ………………… 122
9.2 电动机 ……………………………… 123
　9.2.1 Y系列（IP44）三相异步
　　　　电动机 ………………… 123
　9.2.2 Y系列（IP23）三相异步
　　　　电动机 ………………… 128
9.3 连接件与紧固件 ………………… 131
　9.3.1 螺纹 ………………………… 131
　9.3.2 螺纹连接的结构尺寸 ……… 135
　9.3.3 螺栓 ………………………… 138
　9.3.4 螺钉 ………………………… 141
　9.3.5 螺母 ………………………… 144
　9.3.6 垫圈 ………………………… 146
　9.3.7 挡圈 ………………………… 149
　9.3.8 键连接 ……………………… 156
9.4 滚动轴承 ………………………… 160

9.4.1 轴承代号 ……………………… 160
9.4.2 滚动轴承的配合 ……………… 163
9.4.3 常用滚动轴承 ………………… 165
9.5 联轴器 …………………………… 181
　9.5.1 联轴器轴孔、连接型式及代号 … 181
　9.5.2 圆柱形轴孔与轴伸的配合 ……… 183
　9.5.3 常用的联轴器 ………………… 183
9.6 润滑与密封 ……………………… 189
　9.6.1 常用润滑剂 ………………… 189
　9.6.2 油杯 ………………………… 191
　9.6.3 油标 ………………………… 192
　9.6.4 密封 ………………………… 193
9.7 极限配合、几何公差及表面粗糙度 … 201
　9.7.1 极限配合 …………………… 201
　9.7.2 几何公差 …………………… 206
　9.7.3 表面粗糙度 ………………… 209

参考文献 ——————————————— 212

单元1
课程设计概述

1.1 课程设计的目的与内容

1.1.1 课程设计的目的

机械设计课程设计是高等职业院校机械类和近机械类学生在学完"机械制图""机械设计基础"等课程的基础上所设置的一个十分重要的实践性教学环节。课程设计的主要目的如下。

① 通过课程设计，使学生综合运用"机械设计基础"课程及有关先修课程的知识、理论和方法进行一次综合性设计训练，使所学知识得到巩固、深化，做到融会贯通。

② 通过课程设计，培养学生独立分析和解决工程实际问题的能力，使学生掌握机械零件、机械传动装置或简单机械的一般设计方法和步骤，逐步树立正确的设计思想，增强创新意识和竞争意识。

③ 通过课程设计，培养学生认真负责、踏实细致的工作作风和严谨的科学态度，强化质量意识和时间观念，养成良好的职业素养。

④ 通过课程设计，提高学生的相关能力。如资料查找能力（手册、标准和规范等）、计算能力、绘图能力以及计算机辅助设计能力，为后续毕业设计和实际工作打下良好的基础。

1.1.2 课程设计的内容

机械设计基础课程设计一般选择由通用机械零部件所组成的机械传动装置或结构较简单的机械作为设计题目。较常采用的是以减速器为主体的机械传动装置，其主要设计内容如下：

① 分析和拟定传动方案；
② 选择电动机；
③ 计算传动装置的运动和动力参数；
④ 设计计算带传动、齿轮传动或蜗杆传动；
⑤ 设计计算传动零件、轴系零件；
⑥ 选择与校核联轴器、键；
⑦ 设计轴承及其组合部件；
⑧ 设计计算减速器箱体、机架及附件；

⑨ 选择润滑方式 、密封装置；

⑩ 设计与绘制零件工作图及装配工作图；

⑪ 编写设计计算说明书；

⑫ 答辩。

要求学生在规定时间内完成以下工作：

① 减速器装配工作图 1 张（A_1 号或 A_0 图纸）；

② 零件工作图 2～4 张（A_2 号或 A_3 图纸）；

③ 设计计算说明书一份；

④ 准备答辩。

1.2　课程设计的步骤与计划安排

1.2.1　课程设计的步骤

课程设计的具体过程一般按以下步骤进行：

（1）设计准备

① 认真阅读设计任务书，了解设计要求、设计内容和工作条件；

② 准备好设计需要的图书、资料和用具；

③ 查阅有关资料和图纸，参观实物或模型，观看录像、挂图，网上查阅有关资料，加深对设计任务的了解；

④ 复习有关课程的内容，熟悉有关零件的设计方法和步骤；

⑤ 拟定设计进度计划。

（2）传动装置的总体设计

① 确定传动装置的传动方案；

② 计算电动机的功率、转速，选择电动机的型号；

③ 确定传动装置的总传动比并分配各级传动比；

④ 计算传动装置的运动和动力参数，计算各轴转速、功率和转矩。

（3）传动零件的设计计算

① 减速器外部传动零件设计计算（带传动、链传动等）；

② 减速器内部传动零件设计计算（齿轮传动、蜗杆传动等）。

（4）减速器装配草图设计

① 初定轴径，选择联轴器，绘制减速器装配工作草图；

② 选择轴承类型并设计轴承组合的结构；

③ 定出轴上力作用点的位置和轴承支承跨距；

④ 校核轴及轮毂连接的强度；

⑤ 校核轴承寿命；

⑥ 设计和选择箱体结构及其附件；

⑦ 确定润滑密封和冷却的方式等。

（5）减速器装配图绘制

① 编写零件序号，标注尺寸公差和配合；

② 编写减速器特性、技术要求、标题栏和明细表等内容；

③ 加深线条、整理图面。

（6）零件工作图设计和绘制

① 齿轮类零件和轴类零件工作图的绘制；

② 箱盖和箱体零件工作图的绘制。

（7）设计说明书整理和编写

① 编写课程设计说明书，内容包括所有计算及必要的简图；

② 说明书中最后应写出设计总结，总结自己课程设计完成的情况及设计的收获、体会、不足之处等。

（8）答辩

认真检查所做设计，做好答辩前的准备工作，参加答辩。

1.2.2　课程设计计划安排

表 1-1 给出了各阶段所占总工作量的大致百分比，供学生设计时拟订设计进度参考。

表 1-1　设计进度安排表

序号	设计内容	占总设计工作量百分比/%
1	设计准备	5
2	传动装置的总体设计	5
3	传动零件的设计计算	10
4	减速器装配工作草图设计	25
5	减速器装配工作图绘制	30
6	零件工作图设计与绘制	10
7	设计计算说明书整理编写	10
8	设计总结答辩	5

1.3　课程设计的要求与注意事项

1.3.1　课程设计的要求

在课程设计过程中，要求学生做到：

① 在设计过程中要独立思考、深入钻研，认真阅读参考资料，仔细分析参考图例的结构，主动地、创造性地进行设计，不能盲目抄袭现有图例。针对具体设计题目，充分发挥自己的主观能动性，独立地完成课程设计分配的各项任务，并注意与同组其他同学进行协作。

② 正确使用课程设计参考资料和标准规范，应使设计图样符合国家标准，计算过程和

结果正确。

③ 在条件许可时，尽可能地采用计算机辅助设计来完成课程设计中相关图形绘制。

④ 在课程设计过程中，应将方案构思、机构分析以及设计计算等所有工作，及时、仔细进行记录，最后对所记录内容进行分类整理，补充完善，形成设计计算说明书。

1.3.2　课程设计的注意事项

在课程设计过程中，需要注意如下事项：

（1）正确使用标准和规范

设计时，尽可能选用标准件。这样可以保证零件的互换性，减轻设计工作量，缩短设计周期，降低生产成本。对非标准件的一些尺寸参数，要求圆整为标准数或优先数系，以方便制造和测量。

（2）正确处理计算与绘图的关系

设计过程不会是一帆风顺。设计时，有些零件可以由计算得到主要尺寸，通过草图设计决定具体结构，而有些零件则需要先绘图，取得计算所需条件，再进行必要计算，由于计算结果有可能需要修改草图，因此在设计时应坚持运用"边画、边算、边修改"的设计方法，循序渐进、逐步完善。只有这样，才能在设计中养成严肃认真、一丝不苟、有错必改的工作作风，使设计精益求精。

（3）及时记录、检查和整理计算结果

设计开始时必须准备一笔记本，把设计过程中所涉及的主要问题及所有计算都写在笔记本上，以方便随时检查和修改。设计中各方面的问题都要做到有理有据，这样在编写说明书时可省很多时间。

（4）发挥主观能动性，勇于创新

机械设计基础课程设计题目多来自工程实际，设计中有很多前人的设计经验可供借鉴。学生应注意了解、学习和继承前人的设计经验，同时又要发挥主观能动性，勇于创新，提高发现问题、分析问题和解决问题的能力。

1.4　课程设计任务书

机械设计基础课程设计任务书内容一般应包括：设计题目、原始数据、工作条件、运动简图和设计工程量等。以下是一级圆柱齿轮减速器、一级蜗轮蜗杆减速器两种类型减速器设计的任务书样例，以供参考。

1.4.1　一级圆柱齿轮减速器课程设计任务书

机械设计基础课程设计任务书 1

班级＿＿＿＿　　学号＿＿＿＿　　姓名＿＿＿＿

1. 设计题目

设计带式输送机传动装置中的一级圆柱齿轮减速器。

2. 运动简图

带式输送机运动简图如图 1-1 所示。

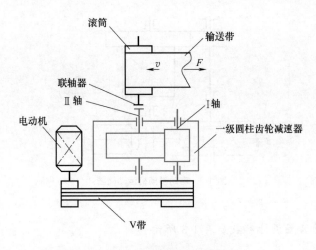

图 1-1　带式输送机运动简图

3. 设计参数

带式输送机传动装置设计参数如表 1-2 所示。

表 1-2　带式输送机传动装置设计参数

参数	分组									
	1	2	3	4	5	6	7	8	9	10
滚筒圆周力 F/kN	1.1	1.15	1.2	1.25	1.3	1.4	1.5	1.6	1.4	1.25
输送带速度 v/(m/s)	1.5	1.6	1.7	1.4	1.5	1.6	1.7	1.8	1.4	1.3
滚筒直径 D/mm	350	400	450	380	420	480	500	520	380	400

4. 工作条件

输送机连续工作，单向运转，工作中有轻微振动，空载启动，两班制工作，输送带速度容许误差为 ±5%，要求尺寸较为紧凑，电动机与输送带滚筒轴线平行。使用期限为 10 年（每年按 300 工作日计算），减速器中等批量生产。

5. 设计工作量

(1) 减速器装配图一张；

(2) 零件图 2～3 张；

(3) 设计说明书一份。

1.4.2　蜗轮蜗杆减速器课程设计任务书

机械设计基础课程设计任务书 2

班级_____　　学号_____　　姓名_____

1. 设计题目

设计电动卷扬机传动装置中的蜗轮蜗杆减速器。

2. 运动简图

电动卷扬机运动简图如图 1-2 所示。

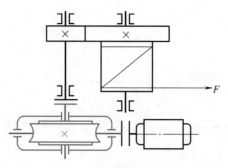

图 1-2　**电动卷扬机运动简图**

3. 设计参数

电动卷扬机传动装置设计参数如表 1-3 所示。

表 1-3　电动卷扬机传动装置设计参数

参数	分组									
	1	2	3	4	5	6	7	8	9	10
钢绳拉力 F/kN	12	14	15	16	18	19	17	13	11	20
钢绳速度 $v/(\text{m/min})$	11.5	10	10	11	9	12	12	10	8	12.5
滚筒直径 D/mm	400	420	400	380	320	420	440	450	380	380

4. 工作条件

输送机连续工作，单向运转，工作中有中等振动，两班制工作（每年按 300 工作日计算），钢绳速度容许误差为 $\pm 5\%$，使用期限为 10 年，减速器小批量生产。

5. 设计工作量

（1）减速器装配图一张；

（2）零件图 2～3 张；

（3）设计说明书一份。

机械传动装置的总体设计

机械传动装置是将原动机的运动和动力传递给工作机的中间装置，它可以改变工作机速度的大小、方向，改变传递的力和力矩大小等。机械传动装置的总体设计，主要包括分析和拟定传动方案、选择电动机型号、确定总传动比、合理分配各级传动比以及计算传动装置的运动和动力参数。

2.1 分析和拟定传动方案

2.1.1 传动机构类型的比较

合理地选择传动机构类型是拟定传动方案时的重要环节，通常应考虑机器的运动、动力及其他要求，再结合各传动机构的性能、特点及适用范围进行分析比较，合理选择。常用传动机构的类型、性能和适用范围如表 2-1。

表 2-1 常用传动机构的类型、性能及适用范围

选用指标 ＼ 传动机构		平带传动	V 带传动	圆柱摩擦轮传动	链传动	齿轮传动		蜗杆传动
功率(常用值)/kW		小 (≤20)	中 (≤100)	小 (≤20)	中 (≤100)	大 (最大达 50000)		小 (≤50)
单级 传动比	常用值	2～4	2～4	2～4	2～5	圆柱 3～5	圆锥 2～3	10～40
	最大值	5	7	5	6	8	5	80
传动效率		中	中	较低	中	高	高	低
许用线速度 v/(m/s)		≤25	≤25～30	≤15～25	≤40	6 级精度 直齿≤18;斜齿≤36; 5 级精度达 100		≤15～35
外廓尺寸		大	大	大	大	小		小
传动精度		低	低	低	中等	高		高
工作平稳性		好	好	好	较差	一般		好
自锁能力		好	好	好	较差	一般		好
过载保护作用		有	有	有	无	无		无
使用寿命		短	短	短	中等	长		中等
缓冲吸振能力		好	好	好	中等	差		差
要求制造及安装精度		低	低	中等	中等	高		高
要求润滑条件		不需	不需	一般不需	中等	高		高
环境适应性		不能接触酸、碱、油类及爆炸性气体	一般	好	一般	一般		一般

2.1.2　合理传动方案拟定

机器通常由原动机（电动机、内燃机等）、传动系统和工作机三部分组成。合理设计传动系统对整部机器的性能、成本以及整体尺寸都有很大影响，而合理地拟定传动方案又是保证传动系统设计质量的基础。合理的传动方案首先应满足工作机的性能要求，如所传递的功率大小、转速等。此外还要考虑结构简单、尺寸紧凑、加工方便、成本低廉、传动效率高和使用维护方便等要求，以保证工作机的工作质量和可靠性。拟定一个合理的传动方案，在选择传动机构类型及布置传动顺序时一般可参考以下原则：

① 圆柱齿轮传动因传动效率高、结构尺寸小，应优先采用；

② 工作中可能出现过载情况的工作机，应考虑选用具有过载保护作用的传动机构，如带传动，但在易燃、易爆场合，不能选用带传动，以防止摩擦静电引起火灾；

③ 换向频繁、载荷变化较大的工作机，应考虑选用具有缓冲吸振能力的传动机构，如带传动；

④ 潮湿、多粉尘、易燃、易爆、工作温度较高等场合，宜选用闭式齿轮传动、链传动或蜗杆传动；

⑤ 小功率传动宜选用结构简单、价格便宜、标准化程度高的传动机构，以降低制造成本；

⑥ 大功率传动应优先选用传动效率高的传动机构，如齿轮传动，以降低能耗；

⑦ 要求两轴保持准确的传动比时，应选用齿轮或蜗杆传动；

⑧ 链传动运转不平稳，有冲击，宜布置在低速级；

⑨ 带传动承载能力较低，但传动平稳，缓冲吸振能力强，宜布置在高速级；

⑩ 圆锥齿轮的加工比较困难，特别是大模数圆锥齿轮，因此圆锥齿轮传动应尽可能布置在高速级并能限制其传动比，以减小其直径和模数；

⑪ 蜗杆传动可以实现较大的传动比，传动平稳，但效率低，适于中小功率、间歇传动的场合；当蜗杆传动与齿轮传动同时布置时，最好布置在高速级，使传递的转矩较小，以减小蜗轮尺寸，节约有色金属；而且高速级处有较高的齿面相对滑动速度，有利于形成润滑油膜，提高效率，延长使用寿命；

⑫ 开式齿轮传动工作环境较差，润滑不良，为减少磨损，宜布置在低速级；

⑬ 斜齿轮传动的平稳性较直齿轮传动好，常布置在高速级或要求传动平稳的场合；

⑭ 当输入轴和输出轴有一定角度要求时，可采用圆锥圆柱齿轮传动。

表 2-2　带式输送机传动方案比较

序号	传动方案简图	特点
a	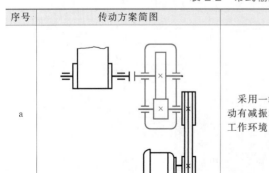	采用一级带传动和一级闭式齿轮传动,这种方案外廓尺寸较大,带传动有减振和过载保护作用,但带传动不适合繁重的工作要求和恶劣的工作环境

续表

序号	传动方案简图	特点
b	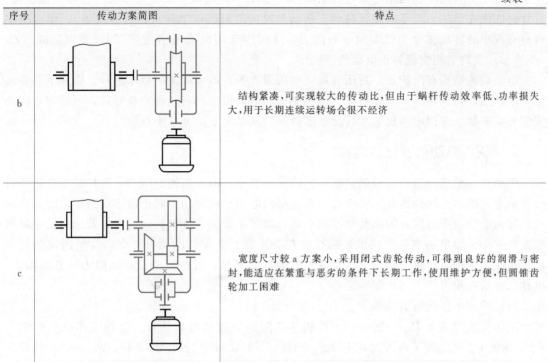	结构紧凑,可实现较大的传动比,但由于蜗杆传动效率低、功率损失大,用于长期连续运转场合很不经济
c		宽度尺寸较 a 方案小,采用闭式齿轮传动,可得到良好的润滑与密封,能适应在繁重与恶劣的条件下长期工作,使用维护方便,但圆锥齿轮加工困难

传动方案常用运动简图表示,运动简图明确地表示了组成机构的原动件、传动系统和工作机三者之间的运动和动力的传递关系。在课程设计中,学生应根据设计任务书拟定传动方案。如果设计任务书中已给出传动方案,学生则应分析和了解所给方案的优缺点。

传动方案要同时满足上述要求往往比较困难,一般应根据具体的设计任务有侧重地保证主要设计要求,选用比较合理的方案。如表 2-2 为带式输送机的三种传动方案都能满足带式输送机要求,但结构尺寸、性能指标、经济性等不完全相同,设计者应根据机器的具体情况进行分析,如机械系统的总传动比大小,载荷大小、性质,各机构的相对位置,工作环境,对整机结构要求等,综合比较后确定合理的传动方案。

2.2 电动机的选择

常用原动机有电动机、内燃机、液压电动机和气压电动机等。一般机械中多用电动机为原动机。电动机已经系列化和标准化。设计中须根据工作载荷大小与性质、转速高低、启动特性、运载情况、工作环境、安装要求及空间尺寸限制和经济性等要求从产品目录中选择电动机的类型、结构形式、容量(功率)和转速,并确定电动机的具体型号。

2.2.1 电动机类型和结构形式的选择

电动机的类型有交流电动机、直流电动机、步进电动机和伺服电动机等。直流电动机和伺服电动机造价高,多用于某些有特殊需求的场合;步进电动机常用于数控设备中。一般工程上常用三相异步交流电动机,其中 Y 系列为全封闭自扇冷式笼型三相异步电动机。若无特殊要求,一般选择 Y 系列三相交流异步电动机,它高效、节能、噪声小、振动小,运行安全可靠，安装尺寸和功率等级符合国际标准（IEC），适用于无特殊要求的各种机械设备，设计时应优先选用。对于需频繁启动、制动和换向的机器（如起重机提升设备），要求电动机具有较小的转动惯量和较大的承载能力，这时应选用起重与冶金用 YZ（笼型）或 YZR（绕线型）系列三相交流异步电动机。

电动机的结构有防护式、封闭自扇式和防爆式等，可根据防护要求选择，如井下设备防爆要求严格，可选用防爆电动机等。同一类型的电动机又具有几种安装形式，可根据不同的安装要求选择。常用电动机的型号及技术数据可从单元 9 的 9.2 中查取。

2.2.2　电动机容量的选择

电动机容量选择就是合理确定电动机的额定功率。电动机的额定功率选择是否合适将直接影响电动机的工作性能和经济性能。若选用的电动机额定功率超出输出功率较多时，电动机长期在低负荷下运转，效率及功率因素低，增加了非生产性消耗；反之，若选用的电动机额定功率小于输出功率，电动机长期在过载下运转，会降低电动机寿命，甚至因发热而烧坏。因此，选择电动机额定功率时要考虑电动机的发热、过载能力及启动能力三方面因素。电动机容量一般可按下述步骤确定：

（1）确定工作机所需功率 P_w

工作机所需功率 P_w 一般根据工作机生产阻力和运动参数计算。已知工作机生产阻力 F_w、速度 v_w 或已知工作机的转矩 T_w、转速 n_w 时，可分别按式（2-1）、式（2-2）计算工作机所需功率 P_w。

$$P_w = \frac{F_w v_w}{1000 \eta_w} \text{ (kW)} \tag{2-1}$$

$$P_w = \frac{T_w n_w}{9550 \eta_w} \text{ (kW)} \tag{2-2}$$

式中　F_w——工作机生产阻力，N；

　　　v_w——工作机速度，m/s；

　　　T_w——工作机的阻力矩，N·m；

　　　n_w——工作机转速，r/min；

　　　η_w——工作机效率。

对于带式输送机，当已知卷筒直径 D（mm）、卷筒轴转速 n（r/min）时，卷筒圆周速度为

$$v = \frac{\pi D n}{60 \times 1000} \text{ (m/s)} \tag{2-3}$$

当已知卷筒直径 D（mm）、卷筒圆周速度 v（m/s）时，卷筒转速为

$$n = \frac{60 \times 1000 \times v}{\pi D} \text{ (r/min)} \tag{2-4}$$

（2）计算电动机的输出功率 P_d

考虑传动系统的功率损耗，电动机输出功率为

$$P_d = \frac{P_w}{\eta} \text{ (kW)} \tag{2-5}$$

式中　η——从电动机至工作机的机械传动装置的总效率，即

$$\eta = \eta_1 \eta_2 \cdots \eta_n \tag{2-6}$$

其中 η_1，η_2，$\cdots$，η_n 分别为传动系统中各传动副、联轴器及各轴承的效率，其数值可从表 2-3 中查取。

表 2-3　机械传动和摩擦副的效率概略值

种类		效率 η	种类		效率 η
圆柱齿轮传动	很好跑合的 6 级精度和 7 级精度齿轮传动(稀油润滑)	0.98～0.99	摩擦传动	平摩擦轮传动	0.85～0.92
	8 级精度的一般齿轮传动(稀油润滑)	0.97		槽摩擦轮传动	0.88～0.90
	9 级精度的齿轮传动(稀油润滑)	0.96		卷绳轮	0.95
	加工齿的开式齿轮传动(脂润滑)	0.94～0.96	联轴器	十字滑块联轴器	0.97～0.99
	铸造齿的开式齿轮传动	0.90～0.93		齿轮联轴器	0.99
圆锥轮传动	很好跑合的 6 级和 7 级精度齿轮传动(稀油润滑)	0.97～0.98		弹性联轴器	0.99～0.995
	8 级精度的一般齿轮传动(稀油润滑)	0.94～0.97		万向联轴器($\alpha \leqslant 3°$)	0.97～0.98
	加工齿的开式齿轮传动(脂润滑)	0.92～0.95		万向联轴器($\alpha > 3°$)	0.95～0.97
	铸造齿的开式齿轮传动	0.88～0.92	滑动轴承	润滑不良	0.94(一对)
蜗杆传动	自锁蜗杆(稀油润滑)	0.40～0.45		润滑正常	0.97 (一对)
	单头蜗杆(稀油润滑)	0.70～0.75		润滑特好(压力润滑)	0.98(一对)
	双头蜗杆(稀油润滑)	0.75～0.82		液体摩擦	0.99(一对)
	三头和四头蜗杆(稀油润滑)	0.80～0.92	滚动轴承	球轴承(稀油润滑)	0.99(一对)
	环面蜗杆传动(稀油润滑)	0.85～0.95		滚子轴承(稀油润滑)	0.98 (一对)
带传动	平带无压紧轮的开式传动	0.98	卷筒		0.96
	平带有压紧轮的开式传动	0.97	减速器	单级圆柱齿轮减速器	0.97～0.98
	平带交叉传动	0.9		双级圆柱齿轮减速器	0.95～0.96
	V 带传动	0.96		行星圆柱齿轮减速器	0.95～0.98
链传动	焊接链	0.93		单级锥齿轮减速器	0.95～0.96
	片式关节链	0.95		双级圆锥-圆柱齿轮减速器	0.94～0.95
	滚子链	0.96		无级变速器	0.92～0.95
	齿形链	0.97		摆线-针轮减速器	0.90～0.97
复合轮轴	滑动轴承($i=2\sim6$)	0.90～0.98	丝杠传动	滑动丝杠	0.30～0.60
	滚动轴承($i=2\sim6$)	0.95～0.99		滚动丝杠	0.85～0.95

（3）确定电动机额定功率 P_m

电动机额定功率指在额定运行（指电压、电流和频率都为额定值）情况下，电动机轴上所输出的机械功率，其数值标注在电动机铭牌上。对于长期连续运转、载荷不变或很少变化，且在常温下工作的电动机，确定其额定功率时，只需使电动机额定功率略大于电动机的输出功率，即

$$P_m \geqslant KP_d (\text{kW}) \tag{2-7}$$

式中　K——过载系数，视工作机构可能的过载情况而定，一般可取 $K=1\sim1.3$。

2.2.3　电动机转速的选择

额定功率相同的同类型电动机，可以有几种不同的同步转速（即磁场转速），一般有 3000r/min、1500r/min、1000r/min、750r/min 等几种。电动机同步转速越高，磁极数越少，电动机外廓尺寸及质量越小，价格越低、效率越高，但传动装置的传动比大，传动装置尺寸及质量大，从而使传动装置成本增加；电动机同步转速越低，则情况相反。因此，确定电动机转速时，应从电动机和传动装置的总费用、传动装置的复杂程度及其机械效率等各个方面综合考虑。一般来说，如无特殊要求，通常多选用同步转速为 1500r/min（4 级）或 1000r/min（6 级）的电动机。

选择电动机转速时，可先根据工作机主动轴转速 n_w 和传动系统中各级传动的常用传动比范围，推算出电动机转速的可选范围，以供参照比较，即

$$n_d = i \times n = (i_1 i_2 i_3 \cdots i_n)n \tag{2-8}$$

式中　　　　n_d——电动机转速可选范围 r/min；

　　　　　　i——传动装置总传动比范围；

$i_1, i_2, \cdots, i_n$——各级传动合理传动比范围（参见表 2-1）。

根据选定的电动机类型、结构、功率和转速，可从标准中查出电动机型号、额定功率、满载转速、中心高、轴伸出尺寸、键连接尺寸、地脚螺栓尺寸等。

2.3　传动装置总传动比和各级传动比的分配

2.3.1　总传动比的计算

选定电动机后，根据电动机满载转速 n_m 和工作机主动轴的转速 n_w，可确定传动系统的总传动比为

$$i = \frac{n_m}{n_w} \tag{2-9}$$

传动系统是由多级传动串联而成，因此总传动比是各级传动比的连乘积，即

$$i = i_1 i_2 i_3 \cdots i_n \tag{2-10}$$

2.3.2　各级传动比的合理分配

合理分配各级传动比在传动装置总体设计中很重要，既要考虑结构整体尺寸，又要保证各结构协调、匀称。合理分配传动比时通常应考虑以下几方面：

（1）各级传动机构的传动比应在推荐值的范围内

传动比的荐用值与最大值见表 2-1，不应超过最大值。

（2）应使各级传动的结构尺寸协调、匀称

如在 V 带齿轮减速器中，如果 V 带传动的传动比 $i_带$ 过大，会使大带轮半径超过减速器的中心高，造成尺寸不协调，并给机座设计和安装带来困难，如图 2-1 所示。因此，分配传动比时，除应使带传动的传动比在 2～4 范围外，还应使 $i_带 < i_齿$。

（3）应使传动装置外廓尺寸小，质量小

总传动比和中心距都相同而传动比分配不同，对结构尺寸的影响不同。如图 2-2 所示二级圆柱齿轮减速器，图（b）具有较小的外廓尺寸。

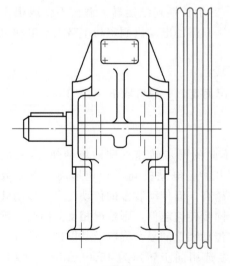

图 2-1　大带轮直径过大

（4）二级或多级卧式圆柱齿轮减速器中，各级大齿轮浸油深度应大致相近

如图 2-2（b）所示，高、低速两级大齿轮直径相近，且低速级大齿轮直径稍大，其浸油深度也稍深些，有利于浸油润滑。为此，传动比的分配可参考以下推荐取值。

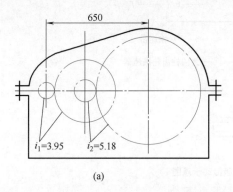
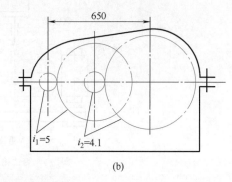

图 2-2　传动比分配对结构尺寸影响

① 二级卧式圆柱齿轮减速器，为使两级的大齿轮有相近的浸油深度，高速级传动比 i_1 和低速级传动比 i_2 可按下列方法分配：

展开式减速器 $i_1 = (1.1 \sim 1.5) i_2$

同轴式减速器 $i_1 = i_2$

② 圆锥-圆柱齿轮减速器，为使大锥齿轮直径不致过大，一般应使高速级锥齿轮传动比 $i_1 \leqslant 3$，也可取 $i_1 = (0.22 \sim 0.25) i$，此处 i 为减速器总传动比，当 i 大时取小值。

③ 对于蜗杆-齿轮减速器，齿轮传动在低速级，可取低速级圆柱齿轮传动比 $i_2 = (0.03 \sim 0.06) i$，i 为减速器总传动比；若齿轮传动在高速级，为了使箱体紧凑和便于润滑，通常取齿轮传动的传动比 $i_1 \leqslant 2 \sim 2.5$。

（5）应避免传动零件之间发生干涉碰撞

如图 2-3 所示，当高速级传动比过大时就可能发生高速级大齿轮与低速轴发生干涉的情况。

以上分配的各级传动比只是初始值，实际传动比要由齿轮参数、带轮基准直径等准确计算。因此，工作机的实际传动比要在传动设计计算完成后进行核算。一般允许工作机实际转速与设定转速之间的相对误差为 $\pm 3\% \sim 5\%$，否则要重新调整所分配的传动比。

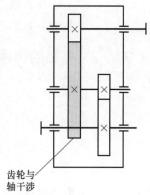

齿轮与
轴干涉

图 2-3　传动零件干涉

2.4　传动装置的运动和动力参数计算

传动装置的运动和动力参数计算主要是指各轴的功率、转速和转矩等，是设计计算传动零件的重要参数。下面以图 2-4 所示传动方案为例来介绍传动装置运动和动力参数的具体计算。为便于计算，将电动机设定为 0 轴、高速轴设为 Ⅰ 轴、低速轴设为 Ⅱ 轴、滚筒轴为 w 轴。如图 2-4 所示带式输送机减速传动系统，当已知电动机额定功率 P_m、满载转速 n_m、各级传动比及传动效率后，即可计算各轴的输入功率、转速和转矩。

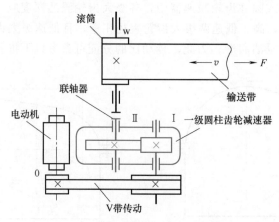

图 2-4　带式输送机减速传动示意图

2.4.1　各轴的输入功率的计算

（1）Ⅰ轴输入功率　　　　　　　$P_{\mathrm{I}} = P_{\mathrm{d}} \eta_{01}$ 　　　　　　　　　　　　　　（2-11）

（2）Ⅱ轴输入功率　　　　　　　$P_{\mathrm{II}} = P_{\mathrm{I}} \eta_{12}$ 　　　　　　　　　　　　　　（2-12）

（3）w轴输入功率　　　　　　　$P_{\mathrm{w}} = P_{\mathrm{II}} \eta_{23}$ 　　　　　　　　　　　　　　（2-13）

式中　P_{d}——工作机所需的实际功率即电动机的输出功率，kW；

$\quad\quad\eta_{01}$——电动机与Ⅰ轴之间带传动效率；

$\quad\quad\eta_{12}$——Ⅰ轴与Ⅱ轴之间的传动效率，包括一对轴承和一对齿轮副的效率；

$\quad\quad\eta_{23}$——Ⅱ轴与Ⅲ轴之间的传动效率，包括一对轴承和联轴器的效率。

2.4.2　各轴的转速计算

$$n_{\mathrm{I}} = \frac{n_{\mathrm{m}}}{i_{01}}\tag{2-14}$$

$$n_{\mathrm{II}} = \frac{n_{\mathrm{I}}}{i_{12}}\tag{2-15}$$

$$n_{\mathrm{w}} = n_{\mathrm{II}}\tag{2-16}$$

式中　n_{m}——电动机满载转速，r/min；

$\quad\quad i_{01}$——电动机轴至Ⅰ轴的传动比，此图中指带传动的传动比；

$\quad\quad i_{12}$——Ⅰ轴至Ⅱ轴的传动比，此图中指齿轮传动的传动比。

2.4.3　各轴的输入转矩计算

各轴输入转矩分别为

$$T_0 = 9550 \frac{P_{\mathrm{d}}}{n_{\mathrm{m}}} \ (\mathrm{N \cdot m})\tag{2-17}$$

$$T_{\mathrm{I}} = 9550 \frac{P_{\mathrm{I}}}{n_{\mathrm{I}}} \ (\mathrm{N \cdot m})\tag{2-18}$$

$$T_{\mathrm{II}} = 9550 \frac{P_{\mathrm{II}}}{n_{\mathrm{II}}} \ (\mathrm{N \cdot m})\tag{2-19}$$

$$T_w = 9550 \frac{P_w}{n_w} \ (\text{N} \cdot \text{m}) \tag{2-20}$$

上述运动和动力参数的计算完成后，需将结果以表 2-4 所示形式汇总，以备后续设计计算需要时方便查取。

表 2-4　传动装置的运动和动力参数

轴名	参数				
	功率 P/kW	转矩 $T/(\text{N} \cdot \text{m})$	转速 $n/(\text{r/min})$	传动比 i	效率 η
0 轴(电动机轴)					
Ⅰ 轴					
Ⅱ 轴					
w 轴(滚筒轴)					

2.5　传动装置总体设计举例

【例】　如图 2-4 所示为带式输送机的运动简图，已知输送带有效拉力 $F = 1500\text{N}$，输送带速度 $v = 1.7$ m/s，滚筒直径 $D = 300\text{mm}$，工作机效率 $\eta_w = 0.95$。在室内常温下长期连续工作，载荷平稳，单向运转。试选择合适的电动机，计算传动装置的总传动比，并分配各级传动比，计算传动装置中各轴的运动和动力参数。

解：

1. 选择电动机

(1) 选择电动机类型

按照工作要求和条件，选用最常用的 Y 系列全封闭自扇冷式笼型三相异步电动机。

(2) 选择电动机的容量（即电动机所需的额定功率）

工作机所需功率由式（2-1）得

$$P_w = \frac{F_w v_w}{1000\eta_w} = \frac{1500 \times 1.7}{1000 \times 0.95} = 2.68 \ (\text{kW})$$

电动机所需要的实际功率即电动机的输出功率 P_d 由式（2-5）计算

$$P_d = \frac{P_w}{\eta}$$

式中　η——从电动机至滚筒轴传动装置的总效率，包括 V 带传动、一对齿轮传动、两对滚动轴承及一个联轴器的总效率。η 值由式（2-6）计算如下

$$\eta = \eta_带 \ \eta_齿 \ \eta_承^2 \ \eta_联$$

由表 2-3 查得：$\eta_带 = 0.96$，$\eta_齿 = 0.97$，$\eta_承 = 0.99$，$\eta_联 = 0.99$

$$\eta = \eta_带 \ \eta_齿 \ \eta_承^2 \ \eta_联 = 0.96 \times 0.97 \times 0.99^2 \times 0.99 = 0.904$$

$$P_d = \frac{P_w}{\eta} = \frac{2.68}{0.904} = 2.97 \ (\text{kW})$$

电动机额定功率 P_m 由可式（2-7）计算

$$P_m = K P_d$$

式中 K 一般可取 $K = 1 \sim 1.3$。

所以 $P_{\mathrm{m}}=(1\sim1.3)P_{\mathrm{d}}=2.97\sim3.86\mathrm{kW}$

由单元 9 表 9-17 查电动机的额定功率，可取电动机的额定功率 $P_{\mathrm{m}}=3\mathrm{kW}$

（3）确定电动机转速

由式（2-4）可知工作机滚筒轴工作转速为

$$n_{\mathrm{w}}=\frac{60\times1000v}{\pi D}=\frac{60\times1000\times1.7}{3.14\times300}=108.29\ (\mathrm{r/min})$$

由表 2-1 推荐的传动比合理范围可知，V 带传动的传动比范围 $i_{带}=2\sim4$，单级圆柱齿轮传动比范围 $i_{齿}=3\sim5$，则电动机转速的可选范围为

$$n_{\mathrm{d}}'=i_{带}\ i_{齿}\ n_{\mathrm{w}}=(2\sim4)\times(3\sim5)\times108.28=650\sim2165\ (\mathrm{r/min})$$

符合这一范围的同步转速有 1500r/min、1000r/min、750r/min 三种。电动机同步转速由单元 9 表 9-17 根据电动机的额定功率可查得三种方案见表 2-5。

表 2-5　电动机参数　　　　　　　　　　　　　　　　　　　　　　　　mm

方案	电动机型号	额定功率/kW	电动机转速/(r/min)	
			同步转速	满载转速
1	Y100L2-4	3	1500	1420
2	Y132S-6	3	1000	960
3	Y132M-8	3	750	710

综合考虑减轻电动机及传动系统的质量和节约资金，选用第二方案。因此选定电动机型号为 Y132S-6，其主要性能如表 2-6。

表 2-6　Y132S-6 电动机主要性能

电动机型号	额定功率/kW	同步转速/(r/min)	满载转速/(r/min)	堵转转矩 额定转矩	最大转矩 额定转矩
Y132S-6	3	1000	960	2.0	2.2

Y132S-6 电动机主要外形和安装尺寸见表 2-7。

表 2-7　Y132S-6 电动机主要外形和安装尺寸　　　　　　　　　　　　　mm

中心高 H	外形尺寸 $L\times(AC/2+AD)\times HD$	安装尺寸 $A\times B$	轴伸尺寸 $D\times E$	平键尺寸 $F\times G$
132	475×347.5×210	216×140	38×80	10×33

2. 计算传动装置的总传动比和分配各级传动比

（1）传动装置的总传动比

$$i=\frac{n_{\mathrm{m}}}{n_{\mathrm{w}}}=\frac{960}{108.28}=8.87$$

（2）分配各级传动比

因 V 带传动的传动比范围 $i_{带}=2\sim4$，单级圆柱齿轮传动比范围 $i_{齿}=3\sim5$，且还应使 $i_{带}<i_{齿}$，初取 $i_{带}=2.5$，则齿轮传动比为

$$i_{齿}=i/i_{带}=8.87/2.5=3.54$$

3. 计算传动装置的运动和动力参数

（1）各轴的输入功率

$$P_0=P_{\mathrm{d}}=2.97\mathrm{kW}$$

$$P_{\mathrm{I}}=P_{\mathrm{d}}\eta_{带}=2.97\times0.96=2.85\ (\mathrm{kW})$$

$$P_{\mathrm{II}}=P_{\mathrm{I}}\eta_{承}\ \eta_{齿}=2.85\times0.99\times0.97=2.73\ (\mathrm{kW})$$

$$P_w = P_{II} \eta_{承} \eta_{联} = 2.73 \times 0.99 \times 0.99 = 2.67 \text{（kW）}$$

（2）各轴的转速计算

$$n_I = \frac{n_m}{i_{0I}} = \frac{n_m}{i_{带}} = \frac{960}{2.5} = 384 \text{（r/min）}$$

$$n_{II} = \frac{n_I}{i_{I\,II}} = \frac{n_I}{i_{齿}} = \frac{384}{3.54} = 108.5 \text{（r/min）}$$

$$n_w = n_{II} = 108.5 \text{（r/min）}$$

（3）各轴的输入转矩计算

$$T_0 = 9550 \frac{P_d}{n_m} = 9550 \times \frac{2.97}{960} = 28.55 \text{（N·m）}$$

$$T_I = 9550 \frac{P_I}{n_I} = 9550 \times \frac{2.85}{384} = 70.88 \text{（N·m）}$$

$$T_{II} = 9550 \frac{P_{II}}{n_{II}} = 9550 \times \frac{2.73}{108.5} = 240.29 \text{（N·m）}$$

$$T_w = 9550 \frac{P_w}{n_w} = 9550 \times \frac{2.67}{108.5} = 235.01 \text{（N·m）}$$

将传动装置的运动和动力参数计算数值填于表 2-8 中，以便设计传动零件时使用。

表 2-8　传动装置的运动和动力参数计算数值

参数 轴名	功率 P/kW	转矩 T/(N·m)	转速 n/(r/min)	传动比 i	效率 η
0 轴(电动机轴)	2.97	28.55	960	2.5	0.96
I 轴	2.85	70.88	384	3.54	0.96
II 轴	2.73	240.29	108.5		
w 轴(滚筒轴)	2.67	235.01	108.5	1	0.98

单元3
减速器的结构及传动零件设计计算

3.1 减速器的结构

减速器的结构因其类型、用途不同而不同。但无论何种类型的减速器，其基本结构都是由轴系部件、箱体及附件三大部分组成。图3-1～图3-3分别为单级圆柱齿轮减速器、锥齿轮减速器、蜗杆减速器的结构图。图中标出了组成减速器的主要零部件名称、相互关系及箱体的部分结构尺寸。下面对组成减速器的三大部分作简要介绍。

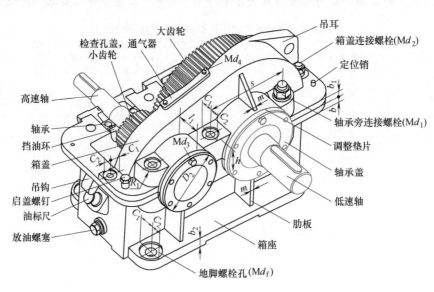

图 3-1 单级圆柱齿轮减速器

3.1.1 减速器的轴系部件

减速器的轴系部件包括传动零件、轴和轴承组合。

（1）传动零件 减速器箱体外传动零件有链轮、带轮等；箱体内传动零件有圆柱齿轮、锥齿轮、蜗杆蜗轮等。传动零件决定了减速器的技术特性，通常也根据传动零件的种类命名减速器。

（2）轴 传动零件必须安装在轴上才能实现回转运动和传递功率。减速器普遍采用阶梯轴。传动零件和轴多以平键连接。

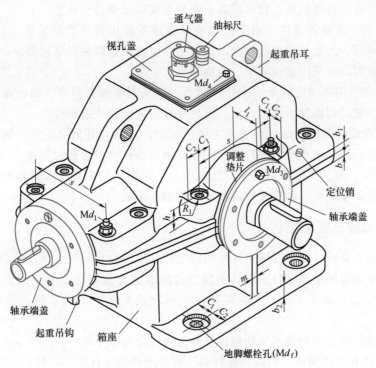

图 3-2 锥齿轮减速器

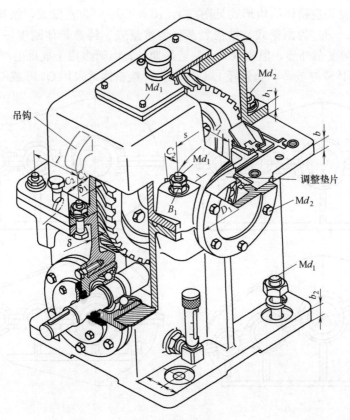

图 3-3 蜗杆减速器

（3）轴承组合　包括轴承、轴承端盖、密封装置以及调整垫片等。

① 轴承　是支承轴的部件。由于滚动轴承摩擦系数比普通滑动轴承小，运动精度高，在轴颈尺寸相同时，滚动轴承宽度比滑动轴承小，可使减速器轴向结构紧凑，润滑、维护简便等，所以减速器广泛采用滚动轴承（简称轴承）。

② 轴承端盖　用来固定轴承，承受轴向力，以及调整轴承间隙。轴承端盖有嵌入式和凸缘式两种。凸缘式调整轴承间隙方便，密封性好；嵌入式质量较轻。

③ 密封　在输入和输出轴外伸处，为防止灰尘、水汽及其他杂质进入轴承，引起轴承急剧磨损和腐蚀，以及防止润滑剂外漏，需在轴承端盖孔中设置密封装置。

④ 调整垫片　为了调整轴承间隙，有时也为了调整传动零件（如锥齿轮、蜗轮）的轴向位置，需放置调整垫片。调整垫片由若干薄软钢片组成。

3.1.2　减速器箱体结构

（1）箱体结构分析　减速器的箱体是用以支持和固定轴系零件，保证传动零件的啮合精度、良好润滑及密封的重要零件。箱体重量约占减速器总重量的 50%。因此，箱体结构对减速器的工作性能、加工工艺、材料消耗、质量及成本等有很大影响，设计时必须全面考虑。

减速器的箱体按毛坯制造方法和箱体剖分与否可分为以下几种：

① 铸造箱体和焊接箱体　铸造箱体材料一般多用铸铁（HT150、HT200），为了提高承受冲击和振动能力，可采用球墨铸铁（QT400-18 或 QT450-10）或铸钢（ZG200-400 或 ZG270-500）。常见铸造箱体结构形式见图 3-4。图 3-4（a）为直壁式，结构简单，但较重；图 3-4（b）、（c）、（d）为曲壁式，结构复杂，但重量轻。铸造箱体刚度好，易进行切削加工，可获得合理的复杂外形，但重量大，制造周期长，因而多用于成批生产。焊接箱体见图 3-5，相比铸造箱体壁厚较薄，重量轻 1/4～1/2。焊接箱体常采用 Q215 或 Q235 钢板焊接而

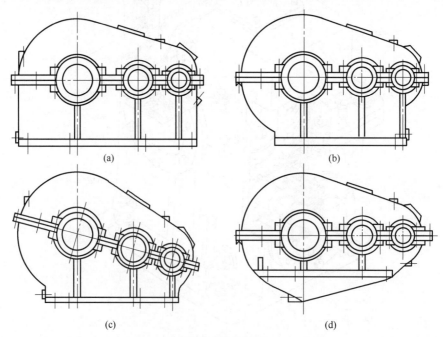

(a)

(b)

(c)

(d)

图 3-4　铸造箱体结构

成，轴承座部分可用圆钢、锻钢或铸钢制作。在单件生产中，特别是大型减速器，为了减轻重量和缩短生产周期，采用焊接箱体的壁厚可比铸造箱体壁厚减 20％～30％，但焊接箱体易产生热变形，要求有较高的焊接技术且焊后要作退火处理。焊接箱体生产周期短，多用于单件、小批量生产。

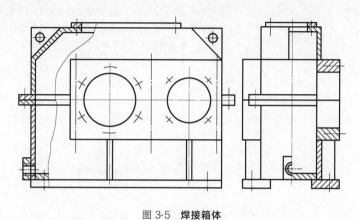

图 3-5　焊接箱体

② 剖分式和整体式箱体　减速器箱体从结构形式上可以分为剖分式箱体和整体式箱体。

剖分式箱体（见图 3-1～图 3-4）由箱座与箱盖两部分组成，用螺栓连接起来构成一个整体。剖分面多为水平面，与传动零件轴心线平面重合，有利于轴系部件的安装和拆卸。剖分面必须有一定的宽度，并且要求仔细加工。为了保证箱体的刚度，在轴承座处设有加强肋。箱体底座要有一定的宽度和厚度，以保证安装稳定性与刚度。一般减速器只有一个剖分面。对于大型立式减速器，为便于制造和安装，也可采用两个剖分面。

整体式箱体质量轻、零件少、机体的加工量也少，但轴系装配比较复杂。整体式蜗杆减速器箱体如图 3-6 所示。

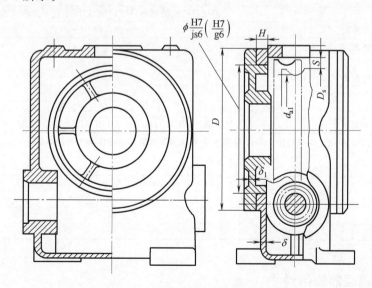

图 3-6　整体式蜗杆减速器箱体

（2）箱体结构尺寸　箱体结构尺寸及相关零件的尺寸关系经验值见表 3-1、表 3-2 和图 3-7。结构尺寸需圆整。

表 3-1　铸铁减速器箱体结构尺寸　　　　　　　　　　　　　mm

名称	符号	减速器类型及尺寸关系		
		圆柱齿轮减速器	圆锥齿轮减速器	蜗杆减速器
箱座壁厚	δ	一级　$0.025a+1 \geqslant 8$ 二级　$0.025a+3 \geqslant 8$ 三级　$0.025a+5 \geqslant 8$	$0.0125(d_{1m}+d_{2m})+1 \geqslant 8$ 或 $0.01(d_1+d_2)+1 \geqslant 8$ d_1,d_2—小、大圆锥齿轮的大端直径 d_{1m},d_{2m}—小、大圆锥齿轮的平均直径	$0.04a+3 \geqslant 8$
		考虑铸造工艺,所有壁厚都不应小于 8		
箱盖壁厚	δ_1	$(0.8 \sim 0.85)\delta \geqslant 8$	$(0.8 \sim 0.85)\delta \geqslant 8$	蜗杆在上: $\delta_1 \approx \delta$ 蜗杆在下: $\delta_1 = 0.85\delta \geqslant 8$
箱座凸缘厚度	b	1.5δ		
箱盖凸缘厚度	b_1	$1.5\delta_1$		
箱座底凸缘厚度	b_2	2.5δ		
地脚螺栓直径	d_f	$0.036a+12$	$0.018(d_{1m}+d_{2m})+1 \geqslant 12$ 或 $0.015(d_1+d_2)+1 \geqslant 12$	$0.036a+12$
地脚螺栓数目	n	$a \leqslant 250$ 时,$n=4$ $a>250 \sim 500$ 时,$n=6$ $a>500$ 时,$n=8$	$n=\dfrac{\text{箱座底凸缘周长之半}}{200 \sim 300} \geqslant 4$	4
轴承旁连接螺栓直径	d_1	$0.75d_f$		
箱盖与箱座连接螺栓直径	d_2	$(0.5 \sim 0.6)d_f$		
连接螺栓 d_2 的间距	l	$150 \sim 200$		
轴承端盖螺钉直径	d_3	$(0.4 \sim 0.5)d_f$		
观察孔盖螺钉直径	d_4	$(0.3 \sim 0.4)d_f$		
定位销直径	d	$(0.7 \sim 0.8)d_2$		
d_f,d_1,d_2 至外箱壁距离	C_1	见表 3-2		
d_f,d_2 至凸缘边缘距离	C_2	见表 3-2		
轴承旁凸台半径	R_1	C_2		
凸台高度	h	根据低速级轴承座外径确定,以便于扳手操作为准		
外箱壁至轴承座端面距离	l_1	$c_1+c_2+(5 \sim 10)$		
大齿轮顶圆(蜗轮外圆) 与内机壁距离	Δ_1	$\geqslant \delta$		
小齿轮端面与内机壁距离	Δ_2	$\geqslant \delta$		
箱盖、箱座肋厚	m_1,m	$m_1 \approx 0.85\delta_1,m \approx 0.85\delta$		
轴承端盖外径	D_2	凸缘式端盖:轴承孔直径$+(5 \sim 5.5)d_3$;嵌入式端盖:$1.25D+10$,D—轴承外径		
轴承旁连接螺栓距离	s	尽量靠近,以 Md_1 和 Md_3 互不干涉为准,一般取 $s \approx D_2$		

注:多级传动时,a 取低速轴中心距;对圆锥-圆柱齿轮减速器按圆柱齿轮传动中心距取值。

表 3-2　C_1、C_2 值　　　　　　　　　　　　　　　　　　mm

螺栓直径	M8	M10	M12	(M14)	M16	(M18)	M20	(M22)	M24	(M27)	M30
$C_1 \geqslant$	13	16	18	20	22	24	26	30	34	36	40
$C_2 \geqslant$	11	14	16	18	20	22	24	26	28	32	34
沉头座直径	18	22	26	30	33	36	40	43	48	53	61

注:带括号为第二系列。

3.1.3　减速器的附件

为了使减速器具备较完善的性能,如注油、排油、通气、吊运、检查油面高度、检查传动零件啮合情况、保证加工精度和装拆方便等,在减速器箱体上常需设置某些装置或零件,将这些装置和零件及箱体上相应的局部结构统称为减速器附属装置(简称为附件)。它们包

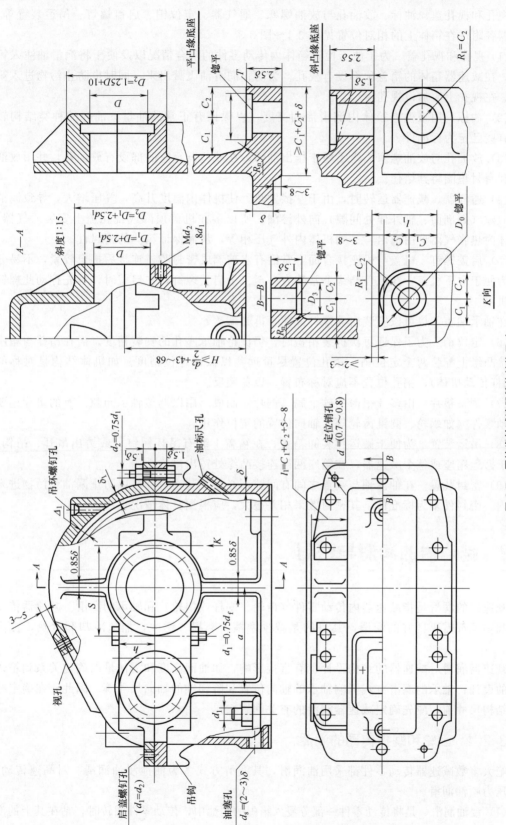

图 3-7 圆柱齿轮减速器箱体结构尺寸

括：视孔和视孔盖、油标、放油孔与放油螺塞、通气器、定位销、启盖螺钉、吊运装置等。减速器各附件在箱体上的相对位置见图 3-1～图 3-3。

（1）视孔和视孔盖　为了便于检查箱体内传动零件的啮合情况以及便于将润滑油注入箱体内，在减速器箱体的箱盖顶部设有视孔。为防止润滑油飞溅出来，同时也防止污物进入箱体内，在视孔上应加设视孔盖。

（2）油标　用来检查箱体内润滑油面高度，以保证有正常的油量。油标的种类结构较多，有些已定为标准件。

（3）放油孔与放油螺塞　为了便于排出油污，在减速器箱座底部设有放油孔，并用放油螺塞和密封垫圈将其堵住。

（4）通气器　减速器运转时，由于摩擦发热，使机体内温度升高，气压增大，导致润滑油从缝隙（如剖面、轴外伸处间隙）向外渗漏。所以多在机盖顶部或视孔盖上安装通气器，使机体内热胀气体自由逸出，达到机体内外气压相等，从而保证箱体的密封性。

（5）启盖螺钉　机盖与机座接合面上常涂有水玻璃或密封胶，连接后接合较紧，不易分开。为便于取下机盖，在机盖凸缘上常装有一至二个启盖螺钉，在启盖时，可先拧动此螺钉顶起机盖。

在轴承端盖上也可以安装启盖螺钉，便于拆卸端盖。

（6）定位销　为了保证每次拆装箱盖时，仍保持轴承座孔的安装精度，需在箱盖与箱座的连接凸缘上配装两个定位销。销孔位置尽量远些以保证定位精度。如机体结构是对称的（如蜗杆传动机体），销孔位置不应对称布置，以免装反。

（7）调整垫片　由多片很薄的软金属（铜片）制成，用以调整轴承间隙。有的垫片还要起传动零件（如蜗轮、圆锥齿轮等）轴向位置的定位作用。

（8）吊运装置　为便于搬运和装卸箱盖，在箱盖上装有吊环螺钉，或铸出吊耳、吊钩。为便于搬运箱座或整个减速器，在箱座两端连接凸缘处铸出吊钩。

（9）密封装置　在伸出轴与端盖之间有间隙，必须安装密封件，以防止漏油和污物进入机体内。密封件多为标准件，其密封效果相差很大，应根据具体情况选用。

3.2　减速器的润滑与密封

减速器的润滑是指减速器内传动零件（齿轮、蜗杆或蜗轮）和轴承的润滑。减速器传动零件和轴承都需要良好的润滑，其目的是减少摩擦、磨损、锈蚀，加速冷却和散热，提高效率。

减速器润滑对减速器的结构设计也有直接影响，如油面高度和需油量的确定关系到箱体高度的设计；轴承的润滑方式影响轴承的轴向位置和阶梯轴的轴向尺寸等。因此，在确定减速器结构尺寸前，应先确定减速器润滑的有关问题。

3.2.1　齿轮和蜗杆传动的润滑

绝大多数减速器传动零件都采用油润滑，其润滑方式多为油池浸油润滑。对高速传动，则为压力喷油润滑。

（1）浸油润滑　是将传动零件一部分浸入箱内的油池中，传动零件回转时，粘在其上的润滑油被带到啮合区进行润滑。同时，油池中的油被甩到箱壁上，还可以散热。这种润滑方式适用于浸入油中齿轮的圆周速度 $v<12\mathrm{m/s}$，蜗杆圆周速度 $v<10\mathrm{m/s}$ 的场合，如图 3-8 所示。

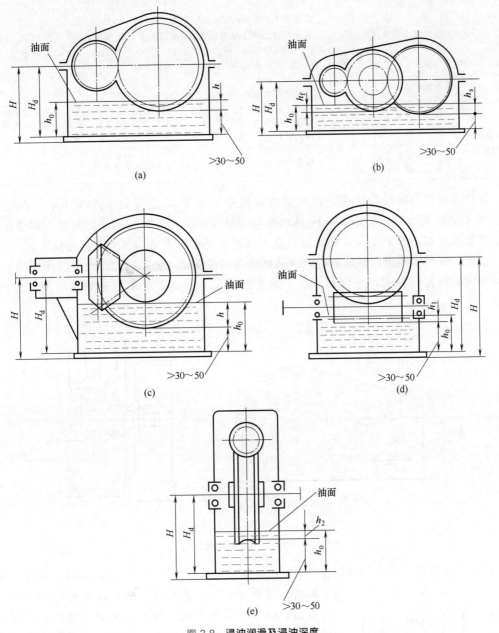

图 3-8　浸油润滑及浸油深度

　　为保证轮齿啮合处的充分润滑，且避免搅油损失过大，减速器内的传动件浸入油池中的深度不宜太浅或太深。合适的浸油深度见表 3-3。为了避免油搅动时沉渣泛起，齿顶到油池底面的距离应大于 $30\sim50\mathrm{mm}$。由此即可决定箱座的高度。

表 3-3　传动零件浸油深度推荐值

减速器类型	传动零件浸油深度
单级圆柱齿轮减速器 图 3-8(a)	$m<20\mathrm{mm}$ 时,浸油深度 h 约为 1 个齿高,但不小于 10mm $m\geqslant20\mathrm{mm}$ 时,浸油深度 h 约为 0.5 个齿高

续表

减速器类型		传动零件浸油深度
二级或多级圆柱齿轮减速器 图 3-8(b)		高速级大齿轮:浸油深度 h_f 约为 0.7 个齿高,但不小于 10mm
		低速级大齿轮:浸油深 h_s 按圆周速度大小而定,速度大取小值。当 $v=0.8\sim1.2\text{m/s}$ 时,h_s 约为 1 个齿高(但不小于 10mm)$\sim1/6$ 个齿轮半径;当 $v\le0.5\sim0.8\text{m/s}$ 时,$h_s\le(1/6\sim1/3)$ 齿轮半径
锥齿轮减速器 图 3-8(c)		整个齿宽浸入油中(至少半个齿宽)
蜗杆 减速器	蜗杆下置 图 3-8(d)	浸油深度 $h_1=(0.75\sim1)h$,h 为蜗杆齿高,但油面不应高于蜗杆轴承最低一个滚动体中心
	蜗杆上置 图 3-8(e)	蜗轮浸油深度 h_2 与低速级圆柱大齿轮浸油深度同

在传动零件的润滑设计中,还应验算油池中的油量 V 是否大于传递功率所需的油量 V_0。对于单级减速器,每传递 1kW 的功率需油量为 $0.35\sim0.7$L。对多级传动,需油量应按级数成倍地增加。若 $V<V_0$,则应适当增大减速器中心高 H,以增大箱体容油率。

设计二级或多级齿轮减速器时,应选择适宜的传动比,使各级大齿轮浸油深度适当。如果低速级大齿轮浸油过深,超过表 3-3 的浸油深度范围,则可采用带油轮润滑,如图 3-9 所示。

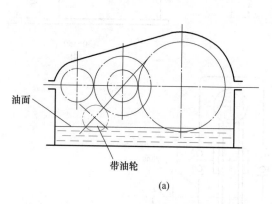

油面

带油轮

(a)

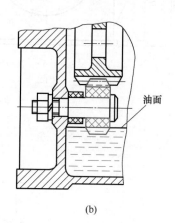

油面

(b)

图 3-9　带油轮润滑

（2）喷油润滑　当齿轮圆周速度 $v>12\text{m/s}$ 或蜗杆圆周速度 $v>10\text{m/s}$ 时,不宜采用浸油润滑。这是由于圆周速度高,粘在齿轮上的油会被离心力甩出去而送不到啮合处;此外,由于搅油也会使减速器的温升增加,搅起的箱底油泥、污物、金属屑等杂质带入啮合处,会加速齿轮和轴承的磨损,加速润滑油的氧化和降低润滑性能等。在这种情况下应采用喷油润滑,即利用油泵或中心供油站以一定的压力（$0.1\sim0.3$MPa）将润滑油通过喷嘴直接喷到啮合面上,如图 3-10 所示。但是,喷油润滑要有专门的油路、滤油器、油量调节装置等,故费用较高。

油

喷嘴

图 3-10　喷油润滑

喷油润滑也适用于速度不高,但工作条件繁重的重型或重要减速器。

3.2.2 滚动轴承的润滑

滚动轴承常用的润滑方式有油润滑和脂润滑两种。

（1）油润滑 对齿轮减速器，当齿轮的圆周速度 $v \geq 2\text{m/s}$ 或者 $dn \geq 2 \times 10^5 \text{mm} \cdot \text{r/min}$（$d$ 为轴承内径，n 为转速）时，滚动轴承多采用油润滑。对于轻载、高速、低温的应选用黏度小的润滑油；对于重载、低速、高温的应选用黏度较大的润滑油。常用的油润滑有以下几种：

① 飞溅润滑 减速器内只要有一个传动零件的圆周速度 $v \geq 2\text{m/s}$，即可利用浸油传动零件旋转使润滑油飞溅润滑轴承。为此，一般应在箱体剖分面上制出油沟，使溅到箱盖内壁上的油流入油沟，从油沟导入轴承，如图 3-11 所示。导油沟的结构及尺寸如图 3-12 所示。飞溅润滑最简单，在减速器中应用最广。

当传动零件圆周速度 $v > 3\text{m/s}$ 时，飞溅的油形成油雾，可以直接润滑轴承。

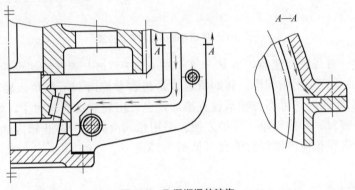

图 3-11 **飞溅润滑的油沟**

② 刮油润滑 当浸油齿轮的圆周速度 $v < 2\text{m/s}$ 时，由于飞溅的油量不能满足轴承的需要，可以在箱体内装刮油板，利用装在箱体内的刮油板将轮缘侧面的油刮下来润滑轴承，刮油板和传动件之间应留 $0.1 \sim 0.5\text{mm}$ 的间隙。如图 3-12 所示。

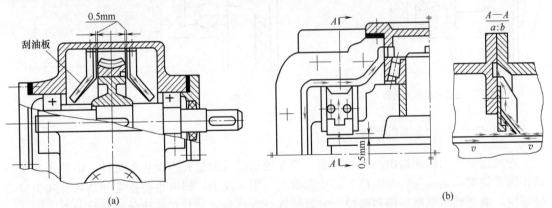

图 3-12 **刮油润滑**

③ 浸油润滑和喷油润滑 对于中、低速的下置式蜗杆传动这种轴承的位置较低的情况可使轴承局部浸入油池中浸油润滑方式。但油面不得超过最低的一个滚动体中心，以免搅动时功率损耗太大以及引起漏油。

当轴承采用油润滑时，若小齿轮布置在轴承近旁，而且直径小于轴承座孔直径时，为防止齿轮啮合时（特别是斜齿轮啮合时）所挤出的热油大量冲向轴承内部，增加轴承的阻力，应在小齿轮与轴承之间装设挡油盘，如图 3-13 所示。图 3-13（a）的挡油盘为冲压件，适用于成批生产；图 3-13（b）的挡油盘由车制而成，适用于单件或小批生产。

当轴承转速较高时，则应采用喷油润滑，以保证正常的润滑和冷却。如果齿轮或蜗杆已采用喷油润滑，则轴承也采用喷油润滑。

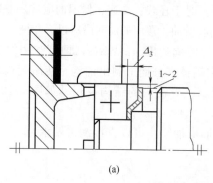 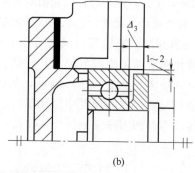

(a) (b)

图 3-13　挡油盘的结构和安装位置

（2）脂润滑　对齿轮减速器，当 $dn < 2 \times 10^5$ mm·r/min 或者浸油齿轮的圆周速度 $v < 2$ m/s 时，滚动轴承宜采用脂润滑。脂润滑通常是指在装配时润滑脂填入轴承室，以后每年添 1~2 次，添润滑脂时，可拆去轴承盖直接加，也可用旋盖式油杯加注，如图 3-14 所示。

脂润滑易于密封、结构简单、维护方便。采用脂润滑时，为防止箱内油进入轴承而使润滑脂稀释流出，应在箱体内侧设封油盘（见图 3-15）。

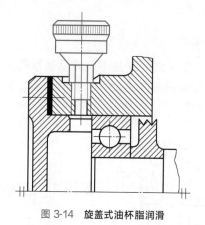 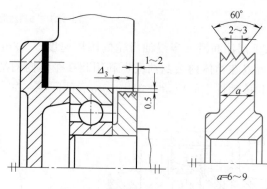

图 3-14　旋盖式油杯脂润滑　　　　　图 3-15　封油盘结构尺寸和安装位置

3.2.3　轴外伸端的密封

在减速器输入轴和输出轴的外伸端，应在轴承端盖的轴孔内设置密封件，轴伸出端密封的作用是使滚动轴承与箱外隔绝，防止润滑油（脂）漏出，同时也防止箱外杂质、灰尘侵入轴承室，避免轴承急剧磨损和腐蚀。密封装置分为接触式密封和非接触式密封两类。

（1）接触式密封

① 毡圈密封　如图 3-16 所示，将 D 稍大于 D_0，B 大于 b，d_1 稍小于轴径 d 的矩形截面浸油毡圈嵌入梯形槽中，对轴产生压紧作用，从而实现密封。毡圈密封结构简单，但磨损快，密封效果差。它主要用于脂润滑、接触处线速度超过 5m/s、工作温度小于 60℃ 的场合。

毡圈及梯形槽尺寸见单元 9 表 9-90。

② 唇形密封圈密封　图 3-17（a）所示为常用的内包骨架式唇形密封圈，它利用密封圈

唇形结构部分的弹性和弹簧圈的箍紧作用实现密封。唇形密封圈因内有金属骨架，与孔紧配合装配即可。图 3-17（b）为唇部背着轴承，唇向外侧，其主要作用是防止外界灰尘和水进入轴承与箱体内；图 3-17（c）为唇部对着轴承，唇向内侧，其主要作用是防止轴承室内的油泄漏出来；防漏油和防灰尘都重要时，两密封圈相背安装。

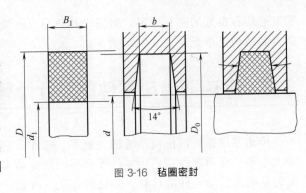

图 3-16　毡圈密封

唇形密封圈密封效果比毡圈密封好，工作可靠，常用于接触处线速度 $5\text{m/s} < v < 10\text{m/s}$，工作温度为 $-40 \sim 100\text{℃}$ 的脂润滑或油润滑的情况下。

毡圈和唇形密封圈密封时，为尽量减轻磨损，要求与其相接触轴的表面粗糙度值小于 $1.6\mu\text{m}$。唇形密封圈和槽的尺寸系列见单元 9 表 9-94。

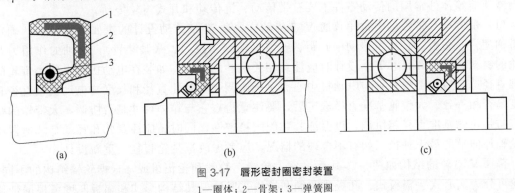

(a)　　　　　　(b)　　　　　　(c)

图 3-17　唇形密封圈密封装置
1—圈体；2—骨架；3—弹簧圈

（2）非接触式密封

① 沟槽密封　是通过在运动构件与固定件之间设计较长的环状间隙（$\delta = 0.1 \sim 0.3\text{mm}$）和不少于 3 个的环状沟槽，并填满润滑剂来达到密封的目的，如图 3-18 所示。沟槽密封结构简单，但密封效果较差，适用于脂润滑和低速油润滑，且工作环境清洁的轴承。

② 迷宫密封　是通过在运动构件与固定件之间构成迂回曲折的小缝隙来实现密封的，如图 3-19 所示，缝隙中填满润滑脂。迷宫密封效果好，密封件不磨损，密封可靠，对各种

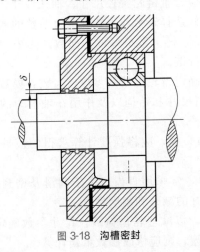

图 3-18　沟槽密封

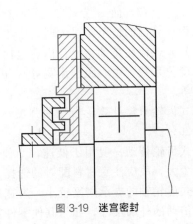

图 3-19　迷宫密封

润滑剂均有良好的密封效果，对防尘和防漏也有较好效果，圆周速度可达 30m/s，但结构复杂。其结构见单元 9 表 9-95、表 9-96。

3.3　减速器传动零件的设计计算

传动零件是机械传动系统的关键零、部件。它决定传动系统的工作性能、结构布置和尺寸大小等。支承零件和连接零件等都要根据传动零件的需求来设计。传动零件的设计计算主要包括确定传动零件的材料、热处理方法、参数、尺寸和主要结构，为绘制装配？图做好准备工作。为了使设计减速器时的依据比较准确，通常应先设计减速器外部的传动零件，例如带传动、链传动、开式齿轮传动等，然后再设计减速器内部传动零件。

3.3.1　减速器箱体外传动零件的设计计算

减速器箱体外常用的传动零件主要有带传动、链传动和开式齿轮传动。

（1）带传动　带传动中常用普通 V 带传动。普通 V 带传动设计的主要内容包括：确定 V 带的型号、根数、长度、传动中心距、安装要求（初拉力、张紧装置），对轴的作用力及带轮的材料、结构和尺寸等。设计时应注意相关尺寸的协调。如装在电动机轴上的小带轮的基准直径选定后，要检查它与电动机中心高是否协调；其轴孔直径和长度与电动机轴直径和长度是否相一致。大带轮基准直径选定后，要注意检查它与箱体尺寸是否协调，大带轮的孔径应与带轮的基准直径相协调，以保证其装配的稳定性，同时还应注意此孔径就是减速器小齿轮轴外伸端的最小轴径。如有不合理的情况，应考虑改选带轮直径，重新设计。

普通 V 带轮的结构如图 3-20 所示。它由轮缘、轮毂和轮辐组成，根据轮辐结构的不同，带轮可分为实心式、辐板式、孔板式和椭圆轮辐式四种，其结构形式和辐板厚度可根据带轮的基准直径 d_{d} 及孔径 d 查表 3-4 或有关设计手册。

画出带轮结构草图，注明主要尺寸备用。大带轮轴孔直径和宽度与减速器输入轴轴伸尺寸有关。带轮轮毂宽度与带轮的轮缘宽度不一定相同，一般轮毂宽度 L 由轴孔直径 d 的大小确定，常取 $L=(1.5\sim2)d$；而轮缘宽度 B 取决于传动带的型号和根数。

（2）链传动　设计内容包括：确定链条的节距、排数和链节数；链轮的材料和结构尺寸；传动中心距；张紧装置以及润滑方式等。

与前述带传动设计中应注意的问题类似，设计时应检查链轮直径尺寸、轴孔尺寸、轮毂尺寸等是否与减速器或工作机相适应。链轮的齿数最好选择奇数或不能整除链节数的数，一般限定 $z_{\min}=17$，而 $z_{\max}\leqslant120$。为避免使用过渡链节，链节数最好取为偶数。当采用单排链传动而计算出的链节距过大时，应改选双排链或多排链。

（3）开式齿轮传动　设计内容包括：选择材料，确定齿轮传动的参数（齿数、模数、螺旋角、变位系数、中心距、齿宽等），齿轮的其他几何尺寸和结构以及作用在轴上力的大小和方向等。

开式齿轮只需计算轮齿弯曲强度，考虑到齿面的磨损，应将强度计算求得的模数加大 $10\%\sim20\%$。

开式齿轮传动一般用于低速，为使支承结构简单，常采用直齿。由于润滑及密封条件差，灰尘大，故应注意材料配对的选择，使之具有较好的减摩和耐磨性能。

开式齿轮轴的支承刚度较小，齿宽系数应取小些，以减轻轮齿偏载。尺寸参数确定后，应检查传动的外廓尺寸，如与其他零件发生干涉或碰撞，则应修改参数重新计算。

表 3-4 带轮结构形式和辐板厚度

槽型	孔径 d	槽数 z
Z	12 14 / 16 18 / 20 22 / 24 25 / 28 30	1~2 / 1~3 / 1~4 / 2~4
A	16 18 / 20 22 / 24 25 / 28 30 / 32 35 / 38 40	1~3 / 1~4 / 1~5 / 1~6 / 2~6
B	32 35 / 38 40 / 42 45 / 50 55 / 60 65	2~6 / 3~8
C	42 45 / 50 55 / 60 65 / 70 75 / 80 85	2~6 / 3~8
D	60 65 / 70 75 / 80 85 / 90 95 / 100 110	3~6 / 3~7 / 5~9
E	80 85 / 90 95 / 100 110 / 120 130 / 140 150	3~6 / 5~7 / 6~9

带轮基准直径 d_d：63, 71, 75, 80, 90, 95, 100, 106, 112, 118, 125, 132, 140, 150, 160, 170, 180, 200, 212, 224, 236, 250, 265, 280, 300, 315, 355, 375, 400, 425, 450, 475, 500, 530, 560, 600, 630, 670, 710, 750~2500

辐板厚度 S（示意）：实心 6 7 8 9 10 / 辐板 11 12 13 14 15 16 / 孔板 18 20 22 24 25 26 28 30 32 34 36

结构形式：实心轮、辐板轮、孔板轮、椭圆孔板轮

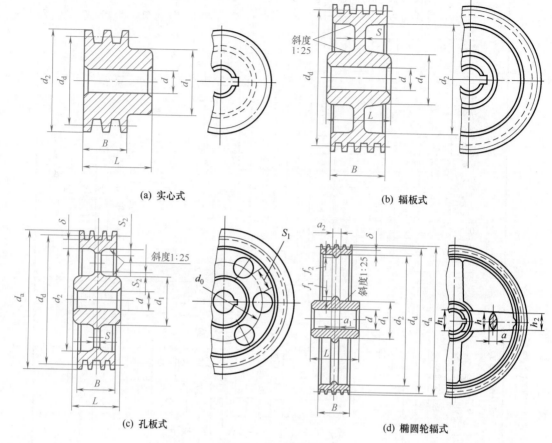

图 3-20　普通 V 带轮结构

图中：$d_1 = (1.8 \sim 2) d$；$L = (1.5 \sim 2) d$；$d_2 = d_a - 2 (h_a + h_f + \delta)$；$h_2 = 0.8 h_1$；$a = 0.4 h_1$；$a_2 = 0.8 a_1$；

$$d_0 = \frac{d_2 + d_1}{2}；h_1 = 290 \sqrt[3]{p/(nm)}\text{（式中，} p \text{ 为设计功率；} n \text{ 为带轮转速；} m \text{ 为轮辐数）；}$$

$$f_1 = 0.2 h_1；f_2 = 0.2 h_2；S_1 \geqslant 1.5S；S_2 \geqslant 0.5S$$

3.3.2　减速器箱体内传动零件的设计计算

设计计算完减速器箱体外部的传动零件后，应检查开始计算的运动和动力参数有无变化，如有变化，应作相应修改，再进行减速器箱体内传动零件的设计计算。

（1）圆柱齿轮传动　软齿面闭式齿轮传动齿面接触疲劳强度较低，可先按齿面接触疲劳强度条件进行设计，确定中心距和小齿轮分度圆直径后，选择齿数和模数，然后校核轮齿弯曲疲劳强度；硬齿面闭式齿轮传动的承载能力主要取决于轮齿弯曲疲劳强度，常按轮齿的弯曲疲劳强度进行设计，然后校核齿面接触疲劳强度。具体方法和步骤可参考有关教材，设计时应注意以下几个方面：

① 齿轮材料及热处理方法的选择，要考虑齿轮毛坯的制造方法。当齿轮的齿顶圆直径 $d_a \leqslant 400 \sim 500\text{mm}$ 时，一般采用锻造毛坯；当 $d_a > 400 \sim 500\text{mm}$ 时，多采用铸造毛坯；当齿轮直径与轴的直径相差不大时，应将齿轮和轴做成一体。选择材料时要兼顾齿轮及轴的一致性要求。同一减速器内各级大小齿轮的材料最好相同，以减少材料牌号和简化工艺要求。

② 齿轮传动的几何参数和尺寸应分别进行标准化、圆整或计算其精确值。例如模数必须标准化，中心距和齿宽应该圆整，分度圆、齿顶圆和齿根圆直径、螺旋角、变位系数等啮合尺寸必须计算其精确值。要求长度尺寸精确到小数点后三位（单位为 mm），角度精确到秒。为便于制造和测量，中心距应尽量圆整成尾数为 0 或 5。对直齿圆柱齿轮传动，可以通过调整模数 m 和齿数 z，或采用变位来达到；对斜齿圆柱齿轮传动，还可以通过调整螺旋角 β 来实现中心距尾数圆整的要求。

齿轮的结构尺寸都应尽量圆整，以便于制造和测量。轮毂直径和长度，轮辐的厚度和孔径，轮缘长度和内径等，按设计资料给定的经验公式计算后，进行圆整。

③ 齿宽 b 应是一对齿轮的工作宽度，为易于补偿齿轮轴向位置误差，应使小齿轮宽度大于大齿轮宽度，若大齿轮宽度取 b_2，则小齿轮齿宽取 $b_1 = b_2 + (5 \sim 10)\text{mm}$。

（2）锥齿轮传动

① 直齿锥齿轮的锥距 R、分度圆直径 d（大端）等几何尺寸，应按大端模数和齿数精确计算至小数点后三位数值，不能圆整。

② 两轴交角为 90°时，分度圆锥角 δ_1 和 δ_2 可以由齿数比 $u = z_2/z_1$ 算出，其中小锥齿轮齿数 z_1，可取 $17 \sim 25$。u 值的计算应达到小数点后第三位，分度圆锥角 δ 值的计算应精确到秒。

③ 大、小锥齿轮的齿宽应相等，齿宽系数按公式 $\Psi_R = b/R$ 求得。

（3）蜗杆传动   设计计算的主要内容有强度计算、几何尺寸计算、热平衡计算、蜗杆蜗轮的结构设计、精度等级的确定等。设计蜗杆传动除参看圆柱齿轮传动注意事项外，还应注意如下几个方面。

① 由于蜗杆传动的滑动速度大，摩擦和发热剧烈，因此要求蜗杆蜗轮副材料具有较好的耐磨性和抗胶合能力。一般是在初估滑动速度的基础上选择材料，蜗杆副的滑动速度 v_s 可由下式估计

$$v_s = 5.2 \times 10^{-4} n_1 \sqrt[3]{T_2} \, (\text{m/s})$$

式中　n_1——蜗杆转速，r/min；

　　　T_2——蜗轮轴转矩，N·m。

待蜗杆传动尺寸确定后，应校核滑动速度和传动效率，如与初估值有较大出入，则应重新修正计算，其中包括检查材料选择是否恰当。

② 为了便于加工，蜗杆和蜗轮的螺旋线方向尽量采用右旋。

③ 模数 m 和蜗杆分度圆直径 d_1 要符合标准规定。在确定 m、d_1、z_2 后，计算中心距应尽量圆整其尾数值为 0 或 5。为此，常需将蜗杆传动做成变位传动（只能对蜗轮进行变位），变位系数应在 $-1 \leqslant x \leqslant 1$ 之间，如不符合，则应调整 d_1 值或改变蜗轮齿数 1 或 2 个。

④ 蜗杆传动的传动比不等于蜗轮与蜗杆的分度圆直径之比。

⑤ 当蜗杆分度圆圆周速度 $v \leqslant 4 \sim 5\text{m/s}$ 时，一般将蜗杆下置；当 $v > 4 \sim 5\text{m/s}$ 时，将蜗杆上置。

⑥ 蜗杆强度与刚度验算或蜗杆传动的热平衡计算，常需要画出装配草图并在确定蜗杆支点距离和箱体轮廓尺寸后才能进行。

3.3.3　选择联轴器类型和型号

联轴器工作时其主要功能是连接两轴并起到传递转矩的作用，除此之外还应具有补偿两轴因制造和安装误差而造成的轴线偏移的功能，以及具有缓冲、吸振、安全保护等功能。对

于传动系统要根据具体的工作要求来选定联轴器类型。

对中、小型减速器的输入轴和输出轴均可采用弹性柱销联轴器，其加工制造容易，装拆方便，成本低，并能缓冲减振。当两轴对中精度良好时，可采用凸缘联轴器，它具有传递扭矩大，刚性好等优点。

输入轴如果与电动机轴相连，转速高、转矩小，也可选用弹性套柱销联轴器。如果是减速器低速轴（输出轴）与工作机轴连接用的联轴器，由于轴的转速较低，传递的转矩较大，又因为减速器轴与工作机轴之间往往有较大的轴线偏移，因此常选用无弹性元件的挠性联轴器。

联轴器型号按计算转矩进行选取，所选定的联轴器，其轴孔直径的范围应与被连接两轴的直径相适应。应注意减速器高速轴外伸段轴径与电动机的轴径不应相差很大，否则难以选择合适的联轴器。电动机选定后，其轴径是一定的，应注意调整减速器高速轴外伸端的直径。

3.3.4　初选滚动轴承

滚动轴承的类型应根据所受载荷的大小、性质、方向，轴的转速及其工作要求进行选择。若只承受径向载荷或主要是径向载荷而轴向载荷较小，轴的转速较高，则选择深沟球轴承。若轴承承受径向力和较大的轴向力或需要调整传动零件（如锥齿轮、蜗杆蜗轮等）的轴向位置，则应选择角接触球轴承或圆锥滚子轴承。圆锥滚子轴承装拆调整方便，价格较低，应用最多。

单元4
圆柱齿轮减速器装配图的设计与绘制

装配图表达了各零部件之间的相对位置、尺寸及结构形状，也表达了机器总体结构的构思、零部件的工作原理和装配关系，它是绘制零件图、进行机械组装、调试及维护的技术依据，装配图的设计与绘制是整个机械设计过程中重要的环节。装配图的设计既包括结构设计又包括校核计算，过程复杂，此外还要综合考虑工作条件、强度、刚度、加工、装拆、调整、润滑、维护等方面的要求。因此设计过程中常常采用"由主到次、由粗到细""边绘图、边计算、边修改"的方法逐步完成。

减速器装配图的设计通过以下步骤完成：

① 装配图设计的准备（准备阶段）；

② 初步绘制减速器装配草图（第一阶段）；

③ 减速器轴系零部件的设计计算（第二阶段）；

④ 减速器箱体和附件的设计（第三阶段）；

⑤ 完成装配图（第四阶段）。

装配图设计的各个阶段不是绝对分开的，会有交叉和反复。在设计过程中随时要对前面已进行的设计作必要的修改。

4.1 装配图设计的准备（准备阶段）

由于装配图设计过程较为复杂，常需要反复计算和多次修改，所以在绘制装配图前，应翻阅有关资料。拆卸减速器模型，弄懂各零部件的功用、结构特点及制造工艺等，从而确定所设计的减速器结构方案，为画装配图做好技术资料准备。其内容大致包括以下几方面。

（1）原始资料

① 电动机型号、轴伸直径、轴伸长度、中心高等；

② 联轴器型号、孔径范围、轴孔长度及装拆尺寸；

③ 各传动零件的主要参数和尺寸，如齿轮传动和蜗杆传动的中心距、分度圆和齿顶圆及齿宽等；

④ 初选轴承的类型及轴的支承形式；

⑤ 键的类型和尺寸系列。

（2）箱体结构方案的确定　根据工作情况确定减速器箱体的结构、润滑方式、密封装置及轴承端盖等。具体的选用方案见表4-1。

（3）选择图纸幅面、视图、图样比例及布置各视图的位置　装配工作图应用 A0 或 A1号图纸绘制，一般选主视图、俯视图、左视图并加必要的局部视图。为加强真实感，尽量采用 1∶1 或 1∶2 的比例尺绘图。布图之前，估算出减速器的轮廓尺寸（参考表 4-2），并留出标题栏、明细表、零件编号、技术特性表及技术要求的位置，合理布置图面。图 4-1 给出了图面布置一般形式，仅供参考，图中 *A*、*B*、*C* 见表 4-2。

表 4-1　准备阶段中结构方案选择的主要内容

方案名称	主要内容及资料
减速器箱体结构	剖分式、整体式、铸造式、平壁式和凸壁式等
润滑方式和润滑装置	传动件的润滑：$v<12\text{m/s}$ 采用浸油润滑；$v>12\text{m/s}$ 时采用带油轮润滑，蜗杆传动有时用溅油轮润滑 轴承的润滑：齿轮减速器多为飞溅润滑和脂润滑，飞溅润滑时应设输油沟；下置式蜗杆轴承多为浸油润滑；蜗轮轴承多为刮板润滑和脂润滑
轴承密封装置	轴伸出处的密封装置：常用毡圈密封、橡胶密封、沟槽密封等密封装置 轴承室内侧的密封装置：脂润滑轴承常用旋转式封油环；溅油润滑时的高速级齿轮轴轴承常设挡油环装置
轴承端盖结构	凸缘式和嵌入式
轴承部件结构	主要包括轴承类型、支承固定方式、轴承间隙（或游隙）及传动件啮合位置的调整等

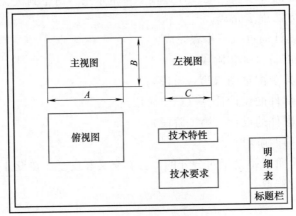

图 4-1　视图布局参考图

表 4-2　视图大小估算表

减速器	*A*	*B*	*C*
一级圆柱齿轮减速器	3*a*	2*a*	2*a*
二级圆柱齿轮减速器	4*a*	2*a*	2*a*
圆锥-圆柱齿轮减速器	4*a*	2*a*	2*a*
一级蜗杆减速器	2*a*	3*a*	2*a*

注：*a* 为传动中心距。对于二级传动，*a* 为低速级的中心距。

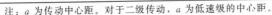

4.2　初步绘制减速器装配草图（第一阶段）

初步绘制减速器装配草图的基本内容为：在选定箱体结构形式的基础上，确定各传动零件之间及传动零件与箱体内壁的相对位置。

4.2.1　确定齿轮位置和箱体内壁线

齿轮、轴和轴承是减速器的主要零件，其他零件的结构和尺寸通常均需随后才能确定。圆柱齿轮减速器装配图设计时，一般从主视图和俯视图开始。在主视图和俯视图位置画出齿轮的中心线（在图面上也起到基准定位的作用）、齿顶圆、分度圆、轮缘及轮毂宽等轮廓线。为保证全齿宽接触，通常使小齿轮较大齿轮宽 5～10mm。如图 4-2 所示。

为避免因箱体铸造误差引起齿轮与箱体间的距离过小造成运动干涉，应使大齿轮齿顶圆至箱体内壁之间、齿轮端面至箱体内壁之间分别留有适当距离 Δ_1 和 Δ_2。按箱体内壁与小齿轮端面的间距 $\Delta_2 \geqslant \delta$（$\delta$ 为箱座壁厚）画出沿箱体长度方向的两条内壁线，再按箱体内壁与大齿轮顶圆的间距 $\Delta_1 \geqslant 1.2\delta$ 画出沿箱体宽度方向的一条内壁线，如图 4-2 所示。画图时应以一个视图为主，兼顾几个视图。对于圆柱齿轮减速器，小齿轮顶圆与箱体内壁间的距离暂不确定，待进一步设计结构时，再由主视图上箱体结构的投影确定。

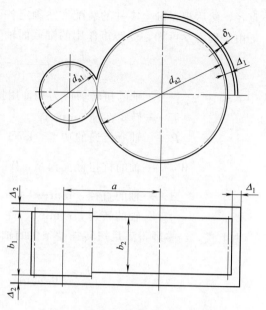

图 4-2　单级圆柱齿轮减速器内壁线绘制

单级齿轮减速器各零件之间的位置见图 4-2，各零件之间的位置尺寸见单元 3 表 3-1。

4.2.2　确定箱体轴承座孔端面位置

轴承座端箱体结构的画法：为了增加轴承的刚性，轴承旁的螺栓要尽量靠近轴承，当采用剖分式箱体结构时，轴承座的宽度 L 则由轴承端盖、箱体连接螺栓的大小确定，即考虑轴承旁连接螺栓 $\mathrm{M}d_1$ 所需的扳手空间尺寸 c_1 和 c_2，$c_1 + c_2$ 即为凸台宽度，如图 4-3 所示。轴承座孔外端面需要加工，为了减少加工面，凸台还需向外凸出 5～8mm，故轴承座孔总宽度 $L \geqslant \delta + c_1 + c_2 + (5～8)$，初步确定轴承座孔的长度 L 后，可画出箱体轴承座孔外端面线，两轴承座端面间的距离必须圆整。

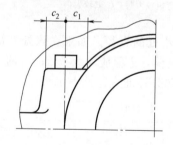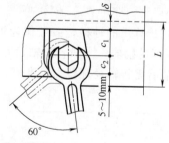

图 4-3　轴承座孔长度的确定

4.3　轴和轴系部件的设计（第二阶段）

4.3.1　轴径的初步估算

要设计减速器轴各段的直径和长度，必须先根据轴的类型选择合适的材料，再计算其最小直径，然后根据轴上零件的装配方案确定各段轴的直径及长度，最后对轴进行强度计算。

由工程力学可知，受转矩作用的圆截面轴其横截面上存在剪应力，其强度条件为：

$$\tau_T = \frac{T}{W_T} = \frac{T}{\pi d^3/16} = \frac{9.55 \times 10^6 P}{0.2 d^3 n} \leqslant [\tau_T] \tag{4-1}$$

式中　τ_T，$[\tau_T]$——轴的扭转剪应力和许用扭转剪应力，MPa；

T——转矩，N·mm；

P——轴所传递的功率，kW；

W_T——轴的抗扭截面模量，$W_T = \dfrac{\pi d^3}{16} \approx 0.2 d^3$，mm³；

d——轴的直径，mm；

n——轴的转速，r/min。

由上式，经整理得满足扭转强度条件的轴径估算式为

$$d \geqslant \sqrt[3]{\frac{T}{0.2[\tau_T]}} = \sqrt[3]{\frac{9.55 \times 10^6 P}{0.2[\tau_T]n}}$$

$$令\ C = \sqrt[3]{\frac{9.55 \times 10^6}{0.2[\tau_T]}}$$

$$则\ d_{min} = C\sqrt[3]{\frac{P}{n}} \tag{4-2}$$

式中　P——轴传递的功率；

n——轴的转速；

C——由轴的材料和承载情况确定的常数，见表4-3。

表4-3　轴常用材料的 $[\tau_T]$ 值和 C 值

轴的材料	Q235、20	Q275、35	45	40Cr、35SiMn、42SiMn、38SiMnMo、20CrMnTi
$[\tau_T]$/MPa	12~20	20~30	30~40	40~52
C	158~134	134~117	117~106	106~97

注：1. 当弯矩相对转矩较小或只受转矩时，C 取较小值；当弯矩较大时，C 取较大值。

2. 当用 Q235、Q275 及 35SiMn 时，C 取较大值。

按式（4-2）计算出的轴径，一般作为轴的最小处的直径。如果在该处有键槽，则应考虑键槽对轴的强度的削弱。一般若该轴段有一个键槽，d 值应增大 5%；有两个键槽，d 值应增大 10%，最后需将轴径圆整为标准值。轴的部分标准直径见表4-4。

表4-4　轴的标准尺寸系列　　　　　　　　　　mm

10	11.2	12	13.2	14	15	16	17	18	19	20	21.2	22	24	25	26	28	30
32	34	35	38	40	42	45	48	50	53	56	60	63	67	71	75	80	85

若外伸轴用联轴器与电动机轴相连，则应综合考虑电动机轴径及联轴器孔径尺寸，适当调整初算的轴径尺寸。

4.3.2　轴的结构设计

轴的结构设计是在初步估算轴径的基础上进行的。轴的结构主要决定于载荷情况，轴上零件的布置、定位及固定方式，毛坯类型、加工和装配工艺，轴承类型和尺寸等条件。为满足轴上零件的装拆、定位、固定要求和便于轴的加工，通常将轴设计成中部大、两头小的阶梯轴。当齿轮直径较小，对于圆柱齿轮，齿轮的齿根至键槽的距离小于 2.5mm 时，齿轮与

轴做成一体，即做成齿轮轴。

（1）轴的径向直径确定　确定轴各段直径大小的基本原则：

① 按轴所受的扭矩估算轴径，作为轴的最小轴径 $d_{\min}$。

② 最小轴径处若开有一个键槽，则轴径要加大 5%。

③ 有配合要求的轴段，应尽量采用标准直径。

④ 安装标准件的轴径，应满足装配尺寸要求。

⑤ 有配合要求的零件要便于装拆。如为方便轴承内圈的拆卸要求轴肩或套筒的高度低于轴承内圈的高度。

常用的与轴相配的标准件有滚动轴承、联轴器等。配合轴段的直径应由标准件和配合性质确定。与滚动轴承配合段轴径一般为 5 的倍数（$\phi20\sim385\mathrm{mm}$）；配合联轴器段直径应符合联轴器的尺寸系列，联轴器的孔径与长度系列见机械设计手册。部分联轴器尺寸见表 9-77～表 9-80。

下面以图 4-4（b）为例说明阶梯轴各轴段直径的确定方法（见表 4-5）。

表 4-5　各轴段直径的确定

轴径段	确定的方法及说明
d	初估轴的直径,按公式 $d_{\min}=C\sqrt[3]{\dfrac{P}{n}}$ 计算； 如果轴的外伸端是联轴器,则初估值必须与所选联轴器的孔径相符； 如果轴的外伸端是带轮,则初估值必须与带轮的孔径要求相符
d_1	$d_1=d+2h$,h 为轴肩高度。相邻轴段的直径不同即形成轴肩,此段轴肩的作用是用于轴上零件的定位和固定。轴肩除了用于轴上零件的定位和固定外,还可用于方便轴上零件装拆或区分加工表面及作滚动轴承内圈定位等。 当轴肩用于轴上零件定位和承受轴向力时,轴肩的高度应稍大于轮毂孔的圆角半径 R 或者倒角 C,一般取 $h=(0.07\sim0.1)d$； 如果两相邻轴段直径的变化仅是为了轴上零件装拆方便或区分加工表面时,轴肩高度取 0.5～2.5mm 即可； 用作滚动轴承内圈定位时,轴肩的直径则应按轴承的安装尺寸要求取值。 此外,d_1 还应考虑密封零件毡圈的孔径要求(见单元 9 表 9-90)
d_2	该处轴肩作用主要是为了装拆方便及区分加工表面,可取 $d_2=d_1+(1\sim5)\mathrm{mm}$,但此段是与轴承相配合,因此还应考虑轴承的内径尺寸,设计时先初定轴承型号系列
d_3	该处轴肩作用主要是为了区分加工表面,可取 $d_3=d_2+(1\sim5)\mathrm{mm}$
d_4	该处的轴肩为非定位轴肩,轴肩作用主要是为了区分加工表面,该处的轴肩作用主要是便于齿轮拆装
d_5	此处轴环左侧与 d_4 构成齿轮轴向定位轴肩,$h=(0.07\sim0.1)d_4$,$d_5=d_4+2h$；同时右侧是轴承内圈的定位轴肩,因此考虑便于轴承装拆,右侧轴肩高度要小于轴承内圈的厚度。轴环 d_5 的尺寸应同时满足左右两侧轴肩的要求,若不能同时满足,可将此段设计成锥形或阶梯形
d_6	$d_6=d_2$,同一轴上的滚动轴承型号应保持一致,以便于轴承座孔的加工

必须注意：

（1）为了降低应力集中，轴肩处的过渡圆角不宜过小。用作零件定位的轴肩，零件毂孔的倒角（或圆角半径）应大于轴肩处过渡圆角半径，以保证定位的可靠，见图 4-5。

一般配合表面处轴肩和零件孔的圆角、倒角尺寸见单元 9 表 9-10。装滚动轴承处轴肩的过渡圆角半径应按轴承的安装尺寸要求取值（见单元 9 表 9-68）。

（2）为了便于切削加工，一根轴上的过渡圆角应尽可能取相同的半径，退刀槽取相同的宽度，倒角尺寸相同；一根轴上各键槽应开在轴的同一母线上，若开有键槽的轴段直径相差不大时，尽可能采用相同宽度的键槽，以减少换刀的次数；需要磨削的轴段，应留有砂轮越程槽（越程槽尺寸见单元 9 表 9-11），以便磨削时砂轮可以磨到轴肩的端部，需切削螺纹的轴段，应留有退刀槽，以保证螺纹牙均能达到预期的高度。

（2）轴的轴向尺寸确定　轴的长度应根据轴上零件的宽度以及各零件之间的相互配置确定。

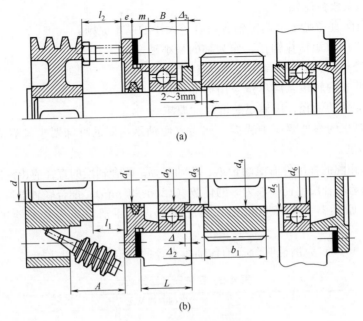

(a)

(b)

图 4-4　阶梯轴的结构设计

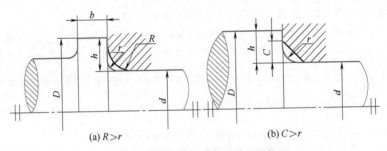

(a) R>r　　　　　　　　(b) C>r

图 4-5　轴肩和零件孔的圆角、倒角

① 对于安装齿轮、带轮、联轴器的轴段，当这些零件靠其他零件（套筒、轴端挡圈等）顶住来实现轴向固定时，该轴段的长度应略短于相配轮毂的宽度，以保证固定可靠，如图 4-4 中安装齿轮、带轮等的轴段。

② 安装滚动轴承处轴段的轴向尺寸由轴承的位置和宽度来确定。根据以上对轴的各段直径尺寸设计和已选的轴承类型，可初选轴承型号，查出轴承宽度和轴承外径等尺寸（单元 9 表 9-68）。轴承内侧端面的位置（轴承端面至箱体内壁的距离 Δ_3）可按表 4-6 确定。

轴承在轴承座中的位置与轴承润滑方式有关。轴承采用脂润滑时，常需在轴承旁设封油盘，轴承距离箱体内壁较远。当采用油润滑时，轴承应尽量靠近箱体内壁，可只留少许距离（Δ_3 值较小）。确定了轴承位置和已知轴承的尺寸后，即可在轴承座孔内画出轴承的图形。

轴的外伸段长度取决于外伸轴段上安装的传动零件尺寸和轴承端盖的结构。例如当外伸轴装有弹性套柱销联轴器时，应留有装拆弹性套柱销的必要距离，图 4-4（b）中长度 A 就是为了保证联轴器弹性套柱销的拆卸而留出的，这时尺寸 l_1 应根据 A 决定。采用凸缘式轴承端盖时应考虑拆卸端盖螺钉所需的装配空间。l_2 要取足够长（一般取 $l_2=15\sim20\mathrm{mm}$），以便能在不卸带轮或联轴器的情况拆下螺钉。如采用嵌入式轴承端盖，则 l_2 可取得较短些

（一般取 $l_2＝5～10\text{mm}$），满足相对运动表面间的距离要求即可，如图 4-6 所示。

下面以图 4-4 为例说明阶梯轴各轴段长度的确定方法（见表 4-6）。

（3）轴上键槽的尺寸和位置

平键的尺寸 $b×h$ 根据相应轴段的直径确定（见单元 9 表 9-49），键的长度应比轴段长度短。键槽不要太靠近轴肩处，以避免由于键槽加重轴肩过渡圆角处的应力集中。

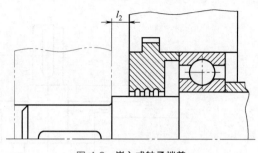

图 4-6　嵌入式轴承端盖

键槽应靠近轮毂装入侧轴段端部，以利装配时轮毂的键槽容易对准轴上的键。按照以上所述方法，可设计轴的结构，并在图 4-2 的基础上，完善减速器装配工作草图（图 4-7）。

表 4-6　各轴段长度的确定

参数	名称	尺寸确定及说明
b_1,b_2	小、大齿轮宽度	取小齿轮 $b_1＝b_2＋(5～10)$，由齿轮设计计算确定
Δ_1	齿轮顶圆与箱体内壁的距离	$\Delta_1≥1.2\delta$（δ 为箱座壁厚）
Δ_2	齿轮端面与箱体内壁的距离	确定 Δ_2 应考虑铸造和安装精度，一般取 $\Delta_2＝10～15$，对于重型减速器应取大值
Δ_3	箱体内壁至轴承端面的距离	当轴承为脂润滑时，此处应设封油环，常取 $\Delta_3＝10～15$； 当轴承为油润滑时，常取 $\Delta_3＝3～5$
B	轴承宽度	按轴颈直径，初选轴承型号确定
L	轴承座宽度，即箱体内壁至轴承座孔端面的距离	对于剖分式箱座，L_1 一般由轴承座两旁连接螺栓的扳手空间位置来确定。$L_1≥\delta+c_1+c_2+(5～8)$，c_1,c_2 为扳手空间
l	外伸轴上装旋转零件的轴段长度	由旋转零件轮毂孔宽度及固定方法而定，采用键连接时 $l＝(1.2～1.8)d$，d 为轴头直径。为了使传动零件定位可靠，该段的长度应小于与之配合的轮毂宽度 2～3mm，如图 4-4 所示左端带轮及联轴器段轴的长度
l_1	外伸轴上旋转零件的内端面至轴承端盖外端面的距离	l_1 与外接零件及轴承端盖的结构相关，既要保证轴承端盖上螺钉要求，又要保证联轴器上柱销的装拆要求。一般凸缘式轴承端盖取 15～20mm，嵌入式取 5～10mm
e	轴承端盖凸缘厚度	见表 4-7
m	轴承端盖长度尺寸	$m＝L-\Delta_3-B$，凸缘式轴承端盖的 m 值不宜过小，以免拧紧螺钉时轴承端盖歪斜，一般 $m≥e$

4.3.3　轴、轴承和键连接的校核计算

（1）确定轴上力作用点及支承跨距

轴上力作用点及支承跨距可从装配工作草图定出。传动零件的力作用线位置，可取在轮缘宽度的中点。滚动轴承支反力作用点与轴承端面的距离，可查轴承标准（见单元 9 的 9.4）。

（2）进行轴、轴承和键连接的校核计算

力作用点及支承跨距确定后，便可求出轴所受的弯矩和扭矩。这时应选定轴的材料，综合考虑受载大小、轴径粗细及应力集中等因素，确定一个或几个危险剖面，对轴的强度进行校核。如果校核不合格，则须对轴的一些参数，如轴径、圆角半径等作适当修改；如果强度裕度较大，不必马上改变轴的结构参数，待轴承寿命以及键连接强度校核之后，再综合考虑

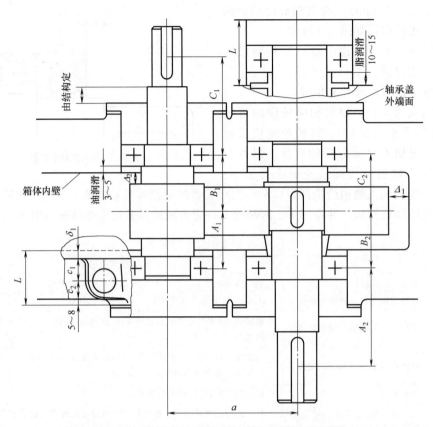

图 4-7   完成轴系设计后单级圆柱齿轮减速器的装配草图

是否修改或如何修改的问题。

对滚动轴承应进行寿命、静载及极限转速验算。一般情况下，可取减速器的使用寿命为轴承寿命，也可取减速器的检修期为轴承寿命，到时便更换。验算结果如不能满足使用要求（寿命过短或过长），可以改变宽度系列或直径，必要时可以改变轴承类型。

对于键连接，应先分析受载情况、尺寸大小及所用材料，确定危险零件进行验算。若经校核强度不合格，当相差较小时，可适当增加键长；当相差较大时，可采用双键，其承载能力按单键的 1.5 倍计算。

根据校核计算的结果，必要时应对装配工作草图进行修改。

4.3.4   齿轮的结构设计

齿轮的结构设计与齿轮的几何尺寸、毛坯、材料、加工方法、使用要求及经济性等因素有关。进行齿轮的结构设计时，必须综合地考虑上述各方面的因素。通常是先按齿轮的直径大小，选定合适的结构形式，然后再根据推荐的经验数据，进行结构设计。

当齿轮为直径很小的钢制圆柱齿轮时，若齿根圆到键槽底部的距离 $e < 2m_t$（m_t 为端面模数），应将齿轮和轴做成一体，叫做齿轮轴，如图 4-8（a）所示；若为锥齿轮，按齿轮小端尺寸计算而得的 $e < 1.6m$ 时，也将齿轮和轴做成一体，如图 4-8（b）所示；若 e 值超过上述尺寸时，齿轮与轴以分开制造较为合理。

当齿顶圆直径 $d_a \leqslant 160mm$ 时，可以做成实心结构的齿轮；当齿顶圆直径 $d_a < 500mm$ 时，可做成辐板式结构。为了节约贵重金属，对于尺寸较大的圆柱齿轮，可做成组装齿圈式

的结构。齿圈用钢制，而轮芯则用铸铁或铸钢。具体的齿轮结构设计可参阅机械设计基础教材。

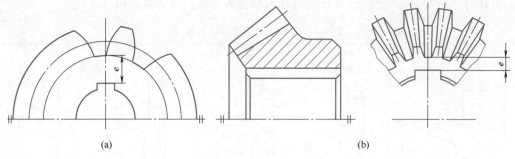

图 4-8   齿轮的结构尺寸

4.3.5   滚动轴承的组合设计

（1）轴的支承结构形式和轴系的轴向固定

根据对轴系轴向位置的不同限定方法，轴的支承结构可分为两端固定支承、一端固定一端游动支承和两端游动支承三种基本形式。它们的结构特点和应用场合可参阅机械设计基础教材。

普通齿轮减速器，其轴的支承跨距较小，常采用两端固定支承。轴承内圈在轴上可用轴肩或套筒作轴向定位，轴承外圈用轴承端盖作轴向固定。设计两端固定支承时，轴的热伸长量可由轴承自身的游隙进行补偿，如图4-9（a）下半部所示，或者在轴承端盖与外圈端面之间留出热补偿间隙 $c=0.2\sim0.4$mm，用调整垫片调节，如图4-9（a）上半部所示。对于角接触球轴承和圆锥滚子轴承，不仅可以用垫片调节，也可用调整螺钉调整轴承外圈的方法来调节，如图4-9（b）所示。

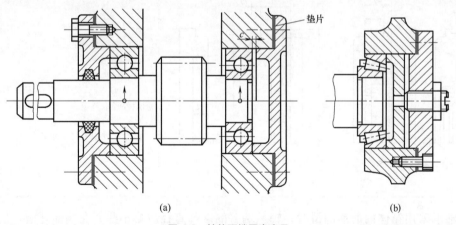

图 4-9   轴的两端固定支承

（2）轴承端盖的结构

轴承端盖的作用是固定轴承、承受轴向载荷、密封轴承座孔、调整轴系位置和轴承间隙等。其类型有凸缘式和嵌入式两种。

凸缘式轴承端盖用螺钉固定在箱体上，调整轴系位置或轴系间隙时不需开箱盖，密封性也较好。凸缘式轴承端盖结构尺寸见表4-7；嵌入式轴承端盖不用螺栓连接，结构简单，但密封性差。在轴承端盖中设置 O 形密封圈能提高其密封性能，适用于油润滑。采用嵌入式轴承端盖，利用垫片调整轴向间隙时要开启箱盖。嵌入式轴承端盖结构尺寸见表 4-8。在装配图设计时，可按表 4-7 或表 4-8 确定出轴承端盖各部分尺寸，并绘出其结构。

表 4-7　凸缘式轴承端盖结构尺寸　　　　　　　　　　　　mm

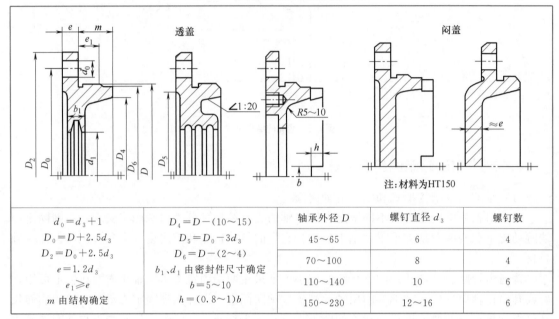

轴承外径 D	螺钉直径 d_3	螺钉数
45～65	6	4
70～100	8	4
110～140	10	6
150～230	12～16	6

$d_0 = d_3 + 1$
$D_0 = D + 2.5d_3$
$D_2 = D_0 + 2.5d_3$
$e = 1.2d_3$
$e_1 \geqslant e$
m 由结构确定

$D_4 = D - (10 \sim 15)$
$D_5 = D_0 - 3d_3$
$D_6 = D - (2 \sim 4)$
b_1、d_1 由密封件尺寸确定
$b = 5 \sim 10$
$h = (0.8 \sim 1)b$

表 4-8　嵌入式轴承端盖结构尺寸　　　　　　　　　　　　mm

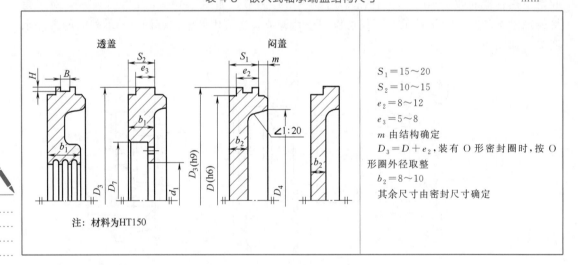

注：材料为HT150

$S_1 = 15 \sim 20$
$S_2 = 10 \sim 15$
$e_2 = 8 \sim 12$
$e_3 = 5 \sim 8$
m 由结构确定
$D_3 = D + e_2$，装有 O 形密封圈时，按 O 形圈外径取整
$b_2 = 8 \sim 10$
其余尺寸由密封尺寸确定

当轴承采用箱体内的油润滑时，轴承端盖的端部直径应略小些并在端部开槽，使箱体剖分面上输油沟内的油可经轴承端盖上的槽流入轴承，见图 3-11。

（3）滚动轴承的润滑及密封

见单元 3 的 3.2.2～3.2.3 所述，选定减速器滚动轴承的润滑方式后，要相应设计出合理的轴承组合结构，保证可靠润滑和密封。

按照上述设计内容和方法逐一完成减速器各轴系零件的结构设计和轴承组合结构设计。图 4-10 所示为完成轴承组合设计后单级圆柱齿轮减速器的装配工作草图。

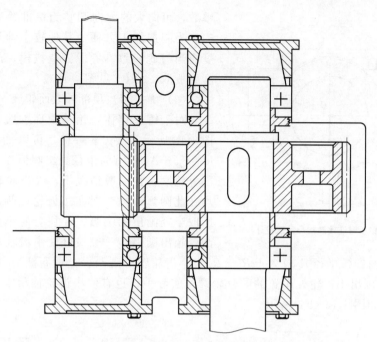

图 4-10　完成轴承组合设计后单级圆柱齿轮减速器装配草图

4.4　减速器箱体及附件设计（第三阶段）

本阶段的设计绘图工作应在三个视图上同时进行，必要时可增加局部视图。绘图时应按先箱体，后附件；先主体，后局部；先轮廓，后细节的顺序进行。

4.4.1　箱体的结构设计

箱体起着支承轴系、保证传动零件和轴系正常运转的重要作用。在已确定箱体结构形式和箱体毛坯制造方法以及前两阶段已进行的装配工作草图设计的基础上，可全面地进行箱体的结构设计。对箱体结构设计要考虑保证箱体有足够的刚度、良好的工艺性及可靠的密封性。

（1）箱体壁厚及其结构尺寸的确定

箱体要有合理的壁厚。轴承座、箱体底座等处承受的载荷较大，其壁厚应更厚些。箱座、箱盖、轴承座、底座凸缘等的壁厚可参照单元 3 中表 3-1 确定。

（2）轴承旁连接螺栓凸台结构尺寸的确定

① 确定轴承旁连接螺栓位置　如图 4-11 所示，为了增大剖分式箱体轴承座的刚度，轴承座孔两侧螺栓的距离 s 不宜过大也不宜过小，一般取 $s \approx D_2$，D_2 为轴承端盖外径（用嵌入式轴承端盖时，D_2 为轴承座凸缘的外径）。s 过大，图 4-12 所示不设凸台，轴承座刚度差；s 过小，如图 4-13 所示，螺栓孔会与轴承螺孔干涉，还可能与输油沟干涉。

② 确定凸台高度 h　在最大的轴承座孔的轴承旁连接螺栓的中心线确定后，为保证装配时有足够的扳手空间，根据轴承旁连接螺栓直径 d_1，确定所需的扳手空间 c_1 和 c_2（见表 3-2），再用作图法确定凸台高度 h。其确定过程见图 4-14。用这种方法确定的 h 值不一定为

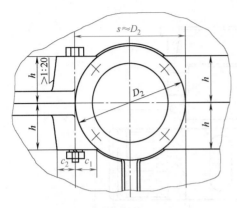

图 4-11 轴承旁连接螺栓凸台的设计

整数，可向大的方向圆整为标准数列值（见表 9-5）。为制造加工方便，其他较小轴承座孔凸台高度应当与此一致。考虑铸造拔模，凸台侧面的斜度一般取 1：20（见图 4-11）。

（3）确定箱盖顶部外表面轮廓

对于铸造箱体，箱盖顶部一般为圆弧形，如图 4-15 所示。大齿轮一侧，可以轴心为圆心，以 $R=r_{a2}+\Delta_1+\delta_1$ 为半径画出圆弧作为箱盖顶部的部分轮廓。在一般情况下，大齿轮轴承座孔凸台均在此圆弧以内。而在小齿轮一侧，用上述方法所取半径画出的圆弧，往往会使小齿轮轴承座孔凸台超出圆弧，一般最好使小齿轮轴承座孔凸台在圆弧以内，这时圆弧半径 R 应大于 R'（R' 为小齿轮轴心到凸台处的距离）。如图 4-16（a）为用 R 为半径画出小齿轮处箱盖的部分轮廓。实际中，也有使小齿轮轴承座孔凸台在圆弧以外的结构，如图 4-16（b）所示。

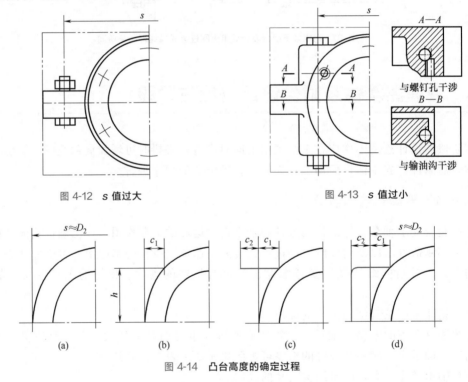

图 4-12 s 值过大   图 4-13 s 值过小

图 4-14 凸台高度的确定过程

在初绘装配工作草图时，在长度方向小齿轮一侧箱体的内壁线还未确定，这时根据主视图上的内圆弧投影，可画出小齿轮侧箱体的内壁线。

画出小齿轮、大齿轮两侧圆弧后，可作两圆弧切线。这样，箱盖顶部轮廓便完全确定了。

（4）确定箱体凸缘厚度

为了保证箱盖与箱座的连接刚度，箱盖与箱座的连接凸缘厚度应较箱壁厚些，如图 4-17（a）所示，$b=1.5\delta$，$b_1=1.5\delta_1$。

为了保证箱体底座的刚度，取箱座底凸缘厚度 $b_2 = 2.5\delta$，如图 4-17（b）所示。

底面宽度 B 应超过内壁位置，一般 $B = c_1 + c_2 + 2\delta$（c_1、c_2 为地脚螺栓扳手空间的尺寸），如图 4-17（b）所示为正确结构，图 4-17（c）所示结构是不正确的。

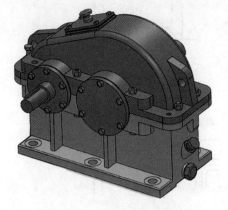

图 4-15 一级圆柱齿轮减速器

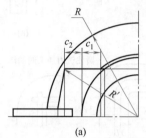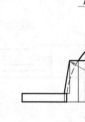

图 4-16 小齿轮一侧箱盖圆弧的确定

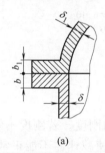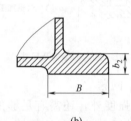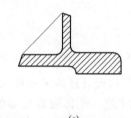

(a) (b) (c)

图 4-17 箱体连接凸缘及箱座底凸缘

（5）箱体凸缘宽度及连接螺栓的布置

箱盖与箱座连接凸缘、箱座底凸缘要有一定宽度，可参照单元3表3-1确定。另外，还应考虑安装连接螺栓时，要保证有足够的扳手活动空间。

布置凸缘连接螺栓时，应尽量均匀对称。为保证箱盖与箱座接合的紧密性，螺栓间距不要过大，对中小型减速器不大于 $150\sim200$mm。布置螺栓时，与其他零件间也要留有足够的扳手活动空间。

（6）油沟的结构尺寸确定

为了提高接合面的密封性，在箱座连接凸缘上面可制出油沟，使渗向接合面的润滑油流回油池，如图 4-18（a）所示。

当减速器中滚动轴承采用飞溅润滑或刮板润滑时，常在箱座接合面上制出油沟，使飞溅的润滑油沿箱盖壁汇入油沟流入轴承室，如图 4-18（b）、（c）所示。

油沟可以铸造，也可铣制而成，铣制油沟由于加工方便、油流动阻力小，故较常应用。

（7）箱座高度 H 和油面确定

箱座高度 H 通常先按结构需要来确定，然后再验算是否能容纳按功率所需的油量。如果不能，再适当加高箱座的高度。

减速器工作时，一般要求齿轮不得搅起油池底的沉积物。这样，要保证大齿轮齿顶圆到油池底面的距离大于 $30\sim50$mm，即箱座的高度 $H \geqslant r_{a2} + (30\sim50) + \delta + (3\sim5)$mm，并将其值圆整为整数，见单元3图3-8（a）所示。

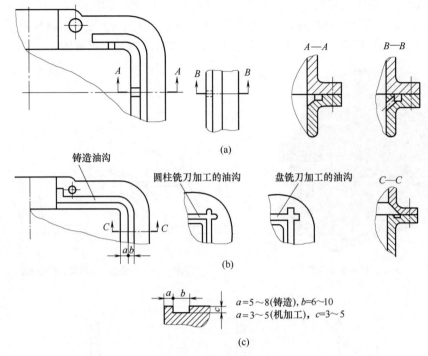

图 4-18　油沟的结构及尺寸

（8）箱体结构设计还应考虑的几个问题

① 足够的刚度　箱体除有足够的强度外，还需有足够的刚度。若刚度不够，会使轴和轴承在外力作用下产生偏斜，引起传动零件啮合精度下降，使减速器不能正常工作。因此，在设计箱体时，除有足够的壁厚外，还需在轴承座孔凸台上、下做出刚性加强肋板，如图4-19所示。

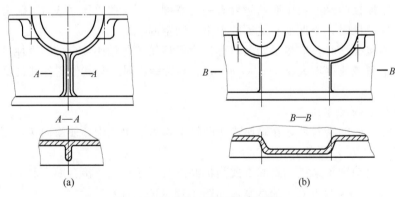

图 4-19　提高轴承座刚度的箱体结构

② 良好的箱体结构工艺性　箱体结构工艺性对箱体制造质量、成本、检修维护等有直接影响，因此设计时应十分重视。箱体的结构工艺性主要包括铸造工艺性和机械加工工艺性等。

a.箱体的铸造工艺性。在设计铸造箱体时，应力求外形简单，壁厚均匀，过渡平缓，金属无局部积聚，起模容易等。

（a）为保证液态金属流动通畅，铸件壁厚不可太薄，其最小壁厚见表4-9。

表 4-9　砂型铸件的最小壁厚　　　　　　　　　　　　　mm

材料	小型铸件 （＜200×200）	中型铸件 （200×200～500×500）	大型铸件 （＞500×500）
灰铸铁	3～5	8～10	12～15
球墨铸铁	＞6	12	
铸钢	＞8	10～12	15～20

（b）为避免缩孔或应力裂纹，壁与壁之间应采用平缓的过渡结构，其结构尺寸见单元 9 表 9-14 。

（c）为避免金属积聚，两壁间不宜采用锐角连接，如图 4-20（a）所示为正确结构，图 4-20（b）为不正确结构。

（d）铸造箱体应尽量减少凸起结构。铸造箱体沿起模方向有凸起结构时，将需在模型上设置活块，这样会使造型中起模复杂，如图 4-21 所示。当有多个凸起部分时，应尽量将其连成一体，以便不用活模，方便起模，如图 4-22 所示。还应注意，设计铸件沿起模方向应有 1∶10～1∶20 的斜度。

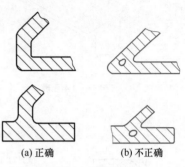

(a) 正确　　　　　　(b) 不正确

图 4-20　两壁连接

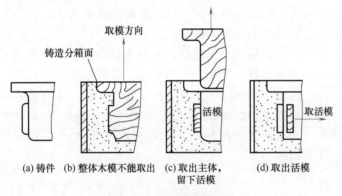

(a) 铸件　(b) 整体木模不能取出　(c) 取出主体，留下活模　(d) 取出活模

图 4-21　凸起结构需用活模

（e）铸件应尽量避免出现狭缝，因这时砂型强度差，易产生废品。图 4-23（a）中两凸台距离过近而形成狭缝，应改成图 4-23（b）所示结构。

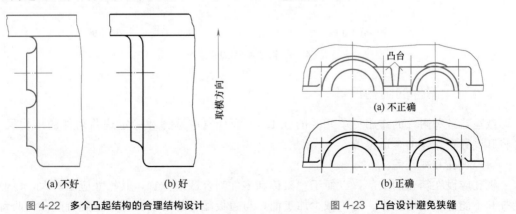

(a) 不好　　　　　(b) 好

图 4-22　多个凸起结构的合理结构设计

(a) 不正确

(b) 正确

图 4-23　凸台设计避免狭缝

b. 箱体的机械加工工艺性。在设计箱体时，为了提高劳动生产率和经济效益，应尽量减少机械加工面，箱体上任何一处加工表面与非加工表面要分开，不使它们在同一平面上。

采用凸出还是凹入结构应视加工方法而定。图 4-24 为箱座底面结构，图 4-24（a）中全部进行机械加工的底面结构是不正确的。中、小型箱座多采用图 4-23（b）的结构形式，大型箱座则采用图 4-24（c）的结构形式。

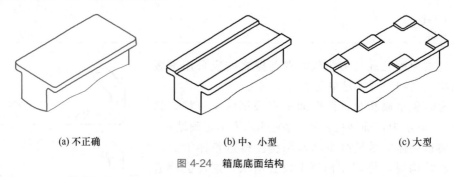

(a) 不正确   (b) 中、小型   (c) 大型

图 4-24   箱底底面结构

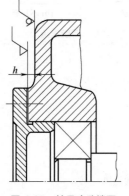

图 4-25   轴承座孔端面
凸出箱体外壁

视孔、通气器、吊环螺钉、放油螺塞、轴承座孔端面等处都应做出凸台（凸起高度 $h=5\sim8$mm），如图 4-25 所示为轴承座孔端面凸出箱体外壁的结构设计。

支承螺栓头部或螺母的支承面，一般多采用凹入结构，即沉头座。沉头座锪平时，深度不限，锪平为止，在图上可画出 $2\sim3$mm 深，以表示锪平深度。

为保证加工精度，缩短工时，应尽量减少加工时工件和刀具的调整次数。例如，同一轴线上的轴承座孔的直径、精度和表面粗糙度应尽量一致，以便一次镗成。又如，各轴承座的外端面应在同一平面上，如图 4-26（a）不正确，合理结构应为图 4-26（b）所示。而且箱体两侧轴承座孔端面应与箱体中心平面对称，便于加工和检验。

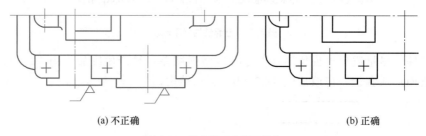

(a) 不正确   (b) 正确

图 4-26   箱体轴承座端面结构

4.4.2   附件的结构设计

减速器各种附件的作用见单元 3 的 3.1.3。设计时应选择和确定这些附件的结构尺寸，并将其设置在箱体的合适位置。

（1）视孔和视孔盖

视孔应设在箱盖的上部，以便于观察传动零件啮合区的位置，其尺寸应足够大，以便于检查和手能伸入箱内操作。为了减少加工面，与盖板配合处的视孔端面应制有凸台，凸台面刨削时与其他部位不应相碰，如图 4-27 所示。

视孔盖可用轧制钢板或铸铁制成，它和箱体之间应加密封垫片，以防止漏油。如图 4-28（a）

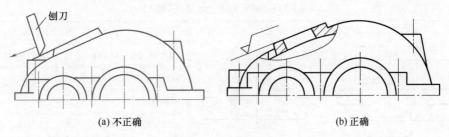

图 4-27　视孔凸台结构

为轧制钢板视孔盖，其结构轻便，上下面无需机械加工，无论单件或成批生产均常采用；
图 4-28（b）为铸铁视孔盖，制造时需制木模，且有较多部位需进行机械加工，故应用较少。

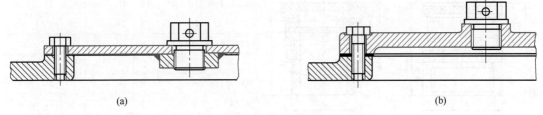

图 4-28　视孔盖

视孔盖的结构和尺寸可参照表 4-10 确定，也可自行设计。

表 4-10　视孔盖的结构尺寸　　　　　　　　　　　　　　　　　　　　mm

盖板 $A_1 \times B_1$		90×70	120×90	180×140	200×180	220×200
螺钉孔 $A_2 \times B_2$		75×55	105×75	165×125	180×160	200×180
视孔 $A_3 \times B_3$		60×40	90×60	150×110	160×140	180×160
连接螺钉	孔径	7	7	7	11	11
	孔数	4	4	6	8	8
盖板厚 δ		4	4	4	4	6
圆角 R		8	8	8	10	10
中心距 a		≤150	≤250	≤350	≤450	≤500

盖板材料：Q235A

（2）通气器

通气器多安装在视孔盖上或箱盖上。通气器的结构不仅要具有通气能力，而且还要能防止灰尘进入箱内，故通气孔不要直接通顶端，较好的通气器的内部应做成各种曲路并有金属网。当通气器安装在钢板制视孔盖上时，用一个扁螺母固定，为防止螺母松脱落到箱内，将螺母焊在视孔盖上，这种形式结构简单，应用广泛；安装在铸造视孔盖或箱盖上时，要在铸件上加工螺纹孔和端部平面。

选择通气器类型时应考虑其对环境的适应性，其规格尺寸应与减速器大小相适应。常见通气器的结构和尺寸见表 4-11～表 4-13。

表 4-11　通气螺塞（无过滤装置）　　　　　　　　　　　mm

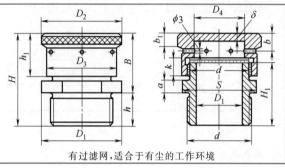

d	D	D_1	S	L	l	a	d_1
M12×1.25	18	16.5	14	19	10	2	4
M16×1.5	22	19.6	17	23	12	2	5
M20×1.5	30	25.4	22	28	15	4	6
M22×1.5	32	25.4	22	29	15	4	7
M27×1.5	38	31.2	27	34	18	4	8

注:1. S 为扳手口宽;2. 材料为 Q235;3. 适用于清洁的工作环境

表 4-12　通气帽（经一次过滤）　　　　　　　　　　　mm

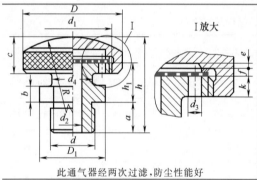

d	D_1	D_2	D_3	D_4	B	h	H	H_1
M27×1.5	15	36	32	18	30	15	45	32
M36×2	20	48	42	24	40	20	60	42
M48×3	30	62	56	36	45	25	70	52

d	a	δ	k	b	h_1	b_1	S	孔数
M27×1.5	6	4	10	8	22	6	32	6
M36×2	8	4	12	11	29	8	41	6
M48×3	10	5	15	13	32	10	55	8

有过滤网,适合于有尘的工作环境

表 4-13　通气器（经两次过滤）　　　　　　　　　　　mm

d	d_1	d_2	d_3	d_4	D	a	b	c
M18×1.5	M33×1.5	8	3	16	40	12	7	16
M27×1.5	M48×1.5	12	4.5	24	60	15	10	22

d	h	h_1	D_1	R	k	e	f	S
M18×1.5	40	18	25.4	40	6	2	2	22
M27×1.5	54	24	39.6	60	7	2	2	32

此通气器经两次过滤,防尘性能好

（3）油标

油标的种类很多,有的已有国家标准,常用的有圆形油标、长形油标、管状油标、油标尺等形式。油标尺的结构和尺寸见表 4-14。

表 4-14　油标尺的结构和尺寸　　　　　　　　　　　mm

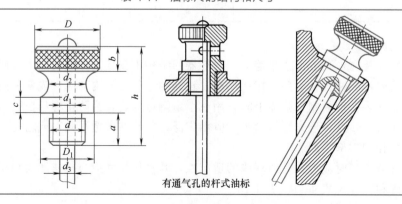

有通气孔的杆式油标

续表

d	d_1	d_2	d_3	h	a	b	c	D	D_1
M12	4	12	6	28	10	6	4	20	16
M16	4	16	6	35	12	8	5	26	22
M20	6	20	8	42	15	10	6	32	26

油标尺的结构简单，在减速器中较常采用。标尺上刻有最高和最低油标线，分别表示极限油面的允许值，如图4-29所示，检查时，拔出油标尺，根据尺上的油痕判断油面高度是否合适。油标尺结构形式和安装方式见图4-30。图4-30（a）为最常用的结构和安装方式。图4-30（b）为装有隔离套的油标尺结构，可减少油搅动的影响，稳定油标尺上的油痕位置，以便在运转时检测油面高度。

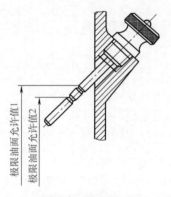

图4-29　油标尺刻线

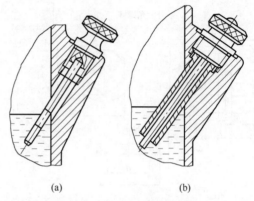

(a)　　　　　　　(b)

图4-30　油标尺的结构和安装

油标尺一般安装在箱体侧面，当采用侧装式油标尺时，设计时应注意其在箱座侧壁上的安置高度和倾斜角（指油标尺与底平面夹角）。若太低或倾斜角太小，箱内的油易泄出；若太高或倾斜角太大，油标尺难以拔出，插孔也难以加工，如图4-31（a）所示，为此设计时应满足不溢油、易安装、便加工的要求，同时保证油标尺倾斜角大于或等于45°，如图4-31（b）所示。

（4）放油孔和放油螺塞

为了将污油排放干净，放油孔应设置在油池的最低处，平时用螺塞堵住。采用圆柱螺塞时，箱座上装螺塞处应设置凸台，并加封油圈，以防润滑油泄漏。放油孔不能高于油池底面，以避免油排放不干净。图4-32（a）所示为不正确的放油孔位置设置（污油排放不干净），

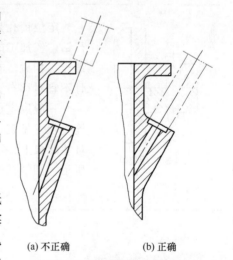

(a) 不正确　　　　(b) 正确

图4-31　油标安装位置的工艺性

图4-32（b）、（c）两种结构均可，但图（c）有半边螺孔，其攻螺纹工艺性较差，一般不采用。

放油螺塞及封油圈的结构和尺寸见表4-15。

（5）定位销、启盖螺钉

① 定位销　定位销有圆锥形和圆柱形两种结构。为保证重复拆装时定位销与销孔的紧密性和便于定位销拆卸，应采用圆锥销。

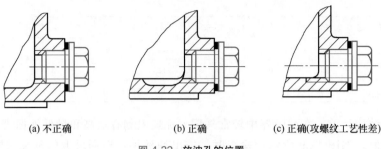

(a) 不正确	(b) 正确	(c) 正确(攻螺纹工艺性差)

图 4-32 放油孔的位置

表 4-15 外六角螺塞、纸封油圈、皮封油圈   mm

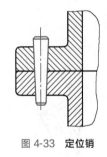

外六角螺塞

油圈

d	d_1	D	e	S	L	h	b	b_1	R	C	D_0	H 纸圈	H 皮圈
M10×1	8.5	18	12.7	11	20	10	3	2	0.5	0.7	18	2	2
M12×1.25	10.2	22	15	13	24	12	3	2	0.5	1.0	22	2	2
M14×1.5	11.8	23	20.8	18	25	12	3	2	0.5	1.0	25	2	2
M18×1.5	15.8	28	24.2	21	27	12	3	3	0.5	1.0	25	2	2
M20×1.5	17.8	30	24.2	21	30	15	3	3	0.5	1.0	30	2	2
M22×1.5	19.8	32	27.7	24	30	15	3	3	1	1.0	32	2	2
M24×2	21	34	31.2	27	32	16	4	4	1	1.5	35	3	2.5
M27×2	24	38	34.6	30	35	17	4	4	1	1.5	40	3	2.5
M30×2	27	42	39.3	34	38	18	4	4	1	1.5	45	3	2.5

标记示例:螺塞 M20×1.5   QC/T 376—1999

油圈 30×20($D_0=30$、$d=20$ 的纸封油圈)

油圈 30×20($D_0=30$、$d=20$ 的皮封油圈)

材料:纸封油圈—石棉橡胶纸;皮封油圈—工业用革;螺塞—Q235。

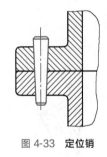

图 4-33 定位销

    定位销孔是在上下箱体用螺栓连接紧固后,镗制轴承孔之前进行钻、铰加工的,其位置应便于机加工和装拆,不应与邻近箱壁和螺栓等相碰。在箱体连接的凸缘面上,两圆锥销应尽量相距远些,且不宜对称布置。

    一般取定位销直径 $d=(0.7\sim0.8)d_2$,d_2 为箱盖与箱座连接螺栓直径(见表 3-1)。其长度应大于上下箱体连接凸缘的总厚度,并且装配成上、下两头均有一定长度的外伸量,以便装拆,如图 4-33所示。圆锥销的尺寸见表 4-16。

表 4-16 圆锥销结构尺寸(摘自 GB/T 117—2000)   mm

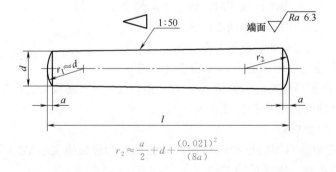

$$r_2 \approx \frac{a}{2} + d + \frac{(0.021)^2}{(8a)}$$

续表

d	min	2.96	3.95	4.95	5.95	7.94	9.94	11.93	15.93	19.92	24.92
	max	3	4	5	6	8	10	12	16	20	25
$a \approx$		0.4	0.5	0.63	0.8	1.0	1.2	1.6	2.0	2.5	3.0
l(公称)		12~45	14~55	18~60	22~90	22~120	26~160	32~180	40~200	45~200	50~200

注：1. l 系列（公称尺寸）为 4，5，6，8，10，12，14，16，18，20，22，24，26，28，30，32，35，40，45，50，55，60，65，70，75，80，85，90，95，100，120，140，160，180，200 (mm)。公称长度大于 200mm，按 20mm 递增。

2. A 型（磨削）：锥面表面粗糙度 $Ra=0.8\mu m$；B 型（切削或冷镦）：锥面表面粗糙度 $Ra=3.2\mu m$。

② 启盖螺钉　如图 4-34 所示，启盖螺钉设置在箱盖连接凸缘上，其螺纹有效长度应大于箱盖凸缘厚度，钉杆端部要做成圆形或半圆形，以免损伤螺纹。启盖螺钉直径可与连接螺栓直径 d_2 相同，这样必要时可用连接螺栓旋入螺纹孔顶起箱盖。

（6）吊运装置

减速器吊运装置有吊环螺钉、吊耳、吊钩、箱座吊钩等。

吊环螺钉可按起吊质量选择，其结构尺寸见单元 9 表 9-39。为保证起吊安全，吊环螺钉应完全拧入螺孔。箱盖安装吊环螺钉处应设置凸台，以使吊环螺钉孔有足够的深度。

图 4-34　启盖螺钉

箱盖吊耳、吊钩和箱座吊钩的结构尺寸参照表 4-17，设计时可根据具体条件进行适当修改。

表 4-17　吊耳、吊钩的结构尺寸　　　　　　　　　　　　　　　　mm

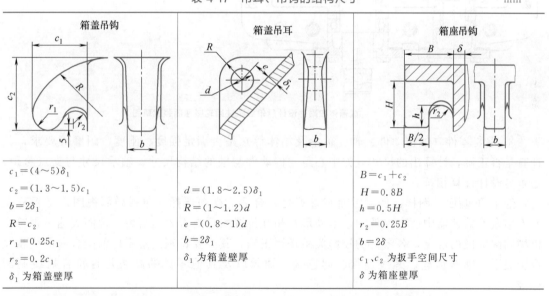

箱盖吊钩	箱盖吊耳	箱座吊钩
$c_1=(4\sim5)\delta_1$ $c_2=(1.3\sim1.5)c_1$ $b=2\delta_1$ $R=c_2$ $r_1=0.25c_1$ $r_2=0.2c_1$ δ_1 为箱盖壁厚	$d=(1.8\sim2.5)\delta_1$ $R=(1\sim1.2)d$ $e=(0.8\sim1)d$ $b=2\delta_1$ δ_1 为箱盖壁厚	$B=c_1+c_2$ $H=0.8B$ $h=0.5H$ $r_2=0.25B$ $b=2\delta$ c_1、c_2 为扳手空间尺寸 δ 为箱座壁厚

完成箱体和附件设计后，可画出如图 4-35 所示的减速器装配草图。

上述工作完成之后，应对装配草图仔细检查，认真修正，检查的主要内容如下：

① 装配草图是否与传动方案（运动简图）一致。如轴伸出端的位置、电动机的布置及外接零件（带轮和联轴器等）的匹配是否符合传动方案的要求。

② 传动件、轴、轴承及轴上其他零件的结构是否合理，定位、固定、加工、装拆、调整、润滑及密封是否可靠和方便。

③ 箱体的结构与工艺性是否合理，附件的布置是否恰当，结构是否正确。

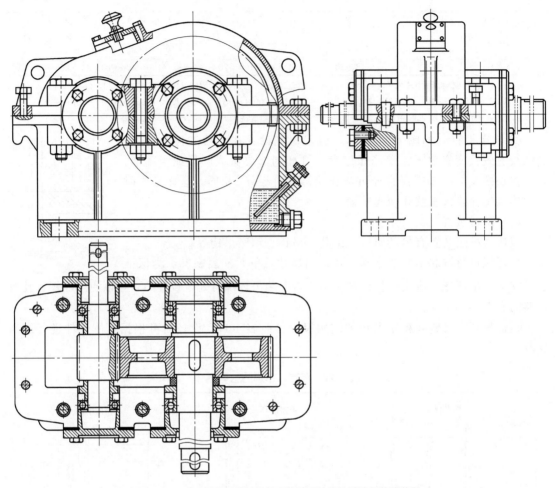

图 4-35   完成箱体和附件设计后单级圆柱齿轮减速器装配草图

④ 重要零件（如传动件、轴、轴承及箱体等）是否满足强度、刚度、耐磨等要求，其计算是否正确，计算出的尺寸（如中心距、传动件与轴的结构尺寸、轴承尺寸与支点跨距）是否与设计计算相符。

⑤ 图纸幅面、图样比例、图面布置等是否合适。视图选择（包括局部视图）是否完全而不多余。减速器中所有零件的基本外形及相互位置关系是否表达清楚。视图表达是否符合机械制图标准的规定，各零件的投影关系是否正确，其中要特别注意零件的配合和曲线相关投影关系。啮合齿轮、螺纹连接、键连接、轴承以及其他零件的画法是否符合机械制图标准。

4.5   完善减速器装配图（第四阶段）

完善装配图的主要内容包括：检查和完善表达减速器装配特征、结构特点和位置关系的各视图；标注重要尺寸和配合；编写技术特性和技术要求；对零件进行编号，填写明细表和标题栏等。

4.5.1　检查和完善各视图

减速器装配图可用两个或三个视图表达，必要时加设局部视图和剖视图，要求全面、正确地反映出各零件的结构形状及各零件的相互装配关系，各视图间的投影应正确、完整。线条粗细应符合制图标准，图面要做到清晰、整洁、美观。

绘图时应注意以下几点：

① 完成装配图时，应尽量把减速器的工作原理和主要装配关系集中表达在一个基本视图上。对于齿轮减速器，尽量集中在俯视图上；对蜗杆减速器，则可在主视图上表示。装配图上应尽量避免用虚线表示零件结构。必须表达的内部结构或某些附件的结构，可采用局部视图或局部剖视图加以表示。

② 画剖视图时，对于相邻的不同零件，其剖面线的方向应不同，以示区别，一个零件在各剖视图中剖面线方向和间距应一致。对于很薄的零件剖面（一般小于 2mm，如垫片），其剖面尺寸较小，可不打剖面线，涂黑即可。

③ 螺栓、螺钉、滚动轴承等可以按机械制图中的规定投影关系绘制，也可用标准中规定的简化画法。

④ 齿轮轴和斜齿轮的螺旋线方向应表达清楚，螺旋角应与计算相符。装配图先不要加深，因设计零件工作图时可能还要修改装配图中的某些局部细小结构或尺寸，待画完零件工作图、图纸经检查并修改后加深。

4.5.2　标注尺寸和配合

在减速器装配图上应标注以下尺寸：

① 特性尺寸　表明减速器主要性能和规格的尺寸，如传动零件的中心距及其偏差。

② 安装尺寸　表明减速器安装在机器上（或地基上）或与其他零部件连接所需的尺寸，如箱体底面尺寸（长和宽），地脚螺孔直径和位置尺寸，减速器中心高，外伸轴的配合直径、长度及伸出距离等。

③ 外形尺寸　表明减速器所占空间大小的尺寸，如减速器的总长、总宽、总高等。

④ 配合尺寸　表明减速器各零件之间装配关系的尺寸及相应的配合，包括主要零件间配合处的几何尺寸、配合性质和精度等级，例如轴承内圈孔与轴、轴承外圈与轴承座孔、传动零件毂孔与轴等。

选择配合时，应优先采用基孔制。但滚动轴承例外，轴承外圈与孔的配合选用基轴制，内圈与轴的配合仍为基孔制。

标注配合时，需确定选用何种基准制、配合特性及公差等级等问题，正确解决这些问题对于提高减速器工作性能，改善装拆和加工工艺性，降低减速器制造成本，提高经济效益诸方面具有重要意义。应根据国家标准和设计资料认真选择确定。减速器主要零件荐用配合见表 4-18，供设计时参考。

表 4-18　减速器主要传动零件的荐用配合

配合零件	荐用配合	适用特性	装拆方法
大中型减速器的低速级齿轮（蜗轮）与轴的配合，轮缘与轮芯的配合	$\dfrac{H7}{r6};\dfrac{H7}{s6}$	载荷的附加装置受重载、冲击载荷及大的轴向力，使用期间需保持配合零件的相对位置	不论零件加热与否，都用压力机装配

续表

配合零件	荐用配合	适用特性	装拆方法
一般齿轮、蜗轮、带轮、联轴器与轴的配合	$\dfrac{H7}{r6}$	所受转矩及冲击、振动不大，大多数情况下不需要承受轴向	用压力机装配（零件不加热）
要求对中性良好及很少装拆的齿轮、蜗轮、联轴器与轴的配合	$\dfrac{H7}{n6}$	受冲压、振动时能保证精确对中；很少装拆相配的零件	用压力机（较紧的过渡配合）
小锥齿轮及较常装拆的齿轮、联轴器与轴的配合	$\dfrac{H7}{m6}\ \dfrac{H7}{k6}$	较常拆卸相配的零件	手锤打入（过渡配合）
滚动轴承内孔与机体的配合（内圈旋转）	js6,k6（轻负荷）；K5,m5,m6（中等负荷）	较常拆卸相配的零件，且工具难于达到	用压力机（实际为过盈配合）
滚动轴承外圈与机体的配合（外圈不转）	H7,H6（精度高时要求）	不常拆卸相配的零件	木锤或徒手装拆
轴套、挡油盘、溅油轮与轴的配合	$\dfrac{D11}{k6};\dfrac{F9}{k6};\dfrac{F9}{m6};\dfrac{H8}{h7};\dfrac{H8}{h8}$	较常拆卸相配的零件	木锤或徒手装拆
轴承套环与机孔的配合	$\dfrac{H7}{js6}\ \dfrac{H7}{h6}$	较常拆卸相配的零件	木锤或徒手装拆
轴承盖与箱体孔（或套杯孔）的配合	$\dfrac{H7}{d11}\ \dfrac{H7}{h6}$	较常拆卸相配的零件	木锤或徒手装拆
嵌入式轴承盖的凸缘厚与箱体孔凹槽之间的配合	$\dfrac{H11}{h11}$	配合较松	木锤或徒手装拆
与密封件相接触轴段的公差带	F9;h11		木锤或徒手装拆

4.5.3　减速器的技术特性

减速器的技术特性常写在减速器装配图上的适当位置，可采用表格形式，其形式参考表 4-19。

表 4-19　减速器的技术特性

输入功率 P/kW	输入转速 $n/(\mathrm{r/min})$	效率 η	总传动比 i	传动特性							
				高速级				低速级			
				m_n	z_2/z_1	β	精度等级	m_n	z_4/z_3	β	精度等级

4.5.4　减速器的技术要求

在装配图上无法反映有关装配、调整、检验及维修等方面的内容和要求时，可通过技术要求表达在图纸上。技术要求的内容与设计要求有关，通常包括下述几个方面：

（1）零件表面要求

① 所有零件均应清除铁屑，并用煤油、汽油等清洗干净。

② 箱体内壁和齿轮（蜗轮）等未加工表面涂底漆和红色耐油漆。箱体外表面按主机配套要求涂漆。

（2）润滑和密封要求

① 标明传动件及轴承所用润滑剂牌号、用量、补充和更换时间。

② 箱体接合面可涂以密封胶或水玻璃，不允许塞入任何垫片或填料。

③ 装配时，在拧紧箱体连接螺栓前，应使用 0.05mm 的塞尺检查箱盖和箱座接合面之间的密封性。

④ 轴伸出处密封应涂以润滑脂，各密封装置严格按要求安装。

（3）安装和调整要求

① 对轴承的轴向间隙或游隙要求：对游隙不可调轴承，取 0.25～0.4mm；对游隙可调轴承，查《轴承手册》。

② 安装齿轮或蜗杆蜗轮时，对齿侧间隙和接触斑点这两项要求必须提出具体数值以供安装后检验使用。

（4）试验要求

① 空载试验：在额定转速下正反转各 1h，要求运转平稳，噪声小，连接固定处不得松动，不渗油，不漏油。

② 负载试验：在额定转速、额定载荷下，除达到上述要求外，还对油温有一定限制。对于齿轮减速器，要求油池温升不超过 35℃，轴承温升不超过 45℃；对于蜗杆减速器，要求油池温升不超过 60℃。

（5）包装和运输要求

① 对外伸轴及其他外伸零件需涂油，包装严密。

② 运输、装卸时不可倒置，整体搬动不能使用吊环和吊耳。

4.5.5 零件编号

装配图中零件序号的编排应符合机械制图国家标准的规定。序号按顺时针或逆时针方向依次排列整齐，避免重复或遗漏，对于相同的零件用 1 个序号，一般只标注 1 次，序号字高比图中所注尺寸数字高度大一号。指引线相互不能相交，也不应与剖面线平行。一组紧固件及装配关系清楚的零件组，可以采用公共指引线，如图 4-36。独立的组件、部件（如滚动轴承、通气器、游标等）可作为一个零件编号。零件编号时，可以不分标准件和非标准件统一编号，也可将两者分别进行编号。

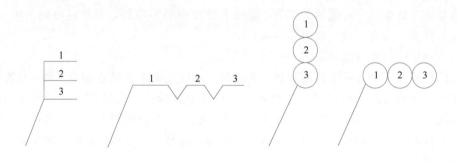

图 4-36 公共指引线

4.5.6 编制明细表和标题栏

明细表是减速器所有零件的详细目录，应按序号完整地写出零件的名称、数量、材料、规格和标准等，对传动零件还应注明模数 m、齿数 z、螺旋角 β、导程角 γ 等主要参数。

编制明细表的过程也是最后确定材料及标准的过程，因此，填写时应考虑到节约贵重材料，减少材料及标准件的品种和规格。

标题栏是用来说明减速器的名称、图号、比例、质量和件数等，应置于图纸的右下角。装配图的标题栏和明细表格式、尺寸可见单元 9 表 9-2、表 9-3。

单元5

减速器零件工作图设计

5.1 减速器零件工作图设计基本要求与内容

齿轮减速器零件工作图是制造、检验和制定零件工艺规程的基本技术文件，在装配工作图的基础上拆绘和设计而成。其基本尺寸与装配图中对应零件尺寸必须一致，如果必须改动，则应对装配工作图作相应的修改。

机器或部件中每个零件的结构尺寸和加工要求在装配工作图中没有完全反映出来，因此要把装配图中的每个零件制造出来（除标准件外），还必须绘制出每个零件的工作图。零件图既要反映设计者的意图，又要考虑到制造、装拆方便和结构的合理性。零件工作图应包括制造和检验零件所需的全部详细内容。绘制过程中应注意零件工作图内容的准确性、完整性及合理性。零件工作图的主要内容有以下几方面。

（1）正确选择视图

零件视图应选择能清楚而正确地表达出零件各部分的结构形状和尺寸的视图，视图及剖视图的数量应为最少。在可能的条件下，除较大或较小的零件外，通常尽可能采用1∶1的比例绘制零件图，以直观地反映出零件的真实大小。

（2）合理标注尺寸及偏差

在标注尺寸前，应分析零件的制造工艺过程，从而正确选定尺寸基准。尺寸基准尽可能与设计基准、检验基准一致，以利于对零件进行加工和检验。标注尺寸时，要做到尺寸齐全，不遗漏、不重复，也不能封闭，标注要合理、明了。在装配图上未绘出零件的细小部分结构，如零件有圆角、倒角、退刀槽及铸件壁厚的过渡部分等结构，在零件图上要完整、正确地绘制出来并标注尺寸。

① 从保证设计要求及便于加工制造出发，正确选择尺寸基准。

② 图面上应有供加工测量用的足够尺寸，尽量避免加工时做任何计算。

③ 大部分尺寸应尽量集中标注在最能反映零件特征的视图上。

④ 对配合尺寸及要求精确的几何尺寸（如轴孔配合尺寸、键配合尺寸、箱体孔中心孔距等）均应注出尺寸的极限偏差。

⑤ 零件工作图的尺寸必须与装配工作图中的尺寸一致。

（3）标注表面粗糙度

零件的所有表面都应注明表面粗糙度的数值，如较多平面具有同样的粗糙度，可在图纸右上角统一标注，并加"其余"字样，但只允许就其中使用最多的一种粗糙度如此标注。表面粗糙度的选择，一般可根据对各表面的工作要求和尺寸精度等级来决定，在满足工作要求的条件下，应尽量放宽对零件表面粗糙度的要求。

（4）标注几何公差

零件工作图上应标注必要的几何公差。这也是评定零件质量的重要指标之一。不同零件的工作性能要求不同，所需标注的几何公差项目与等级也不相同。

（5）技术要求

凡是用图样或符号不便于表示，而在制造时又必须保证的条件和要求，都应以"技术要求"加以注明。它的内容比较广泛多样，需视零件的要求而定。一般应包括：

① 对铸件及毛坯件的要求，如要求不允许有氧化皮及毛刺等；

② 对零件表面力学性能的要求，如热处理方法及热处理后表面硬度、淬火深度及渗碳深度等；

③ 对加工的要求，如是否要求与其他零件一起配合加工；

④ 对未注明的圆角、倒角的说明，个别部位修饰的加工要求，例如表面涂色等；

⑤ 未标注公差尺寸所选用的公差等级；

⑥ 其他特殊要求。

技术要求中所用的文字应简洁、明确、完整，不应含混不清，以免引起误会。

（6）填写零件的标题栏

对零件的名称、零件号、比例、材料和数量等，必须正确无误地在标题栏中填写清楚。

5.2 轴类零件工作图设计

5.2.1 选择视图

轴类零件图，一般只需一个主视图，在有键槽的地方，需增加必要的断面图，对某些不易表达清楚的结构、部位（如退刀槽、砂轮越程槽等）应绘制局部放大图。

5.2.2 标注尺寸

对所有倒角、圆角都应标注或在技术要求中说明，轴类零件的尺寸主要是径向尺寸和轴向尺寸。

（1）径向尺寸

以轴线为基准标注。不同直径段的轴类零件的径向尺寸均要标出，缺一不可。要保证尺寸完整，凡是有配合处的直径都应标注尺寸偏差。对零件工作图上尺寸和偏差相同的直径应逐一标注，不得省略。偏差数值应按装配图配合性质来查找。

（2）轴向尺寸

标注轴向尺寸应首先根据加工工艺性的要求选好基准面，尽可能做到设计基准、工艺基准和测量基准三者一致。通常以轴孔配合端面作为基准面。尽量使尺寸的标注既反映加工工艺的要求，又满足装配尺寸链精度要求，不允许出现封闭的尺寸链。

另外还须注意键槽的尺寸标注，沿轴向应标注键槽的长度和轴的定位尺寸，键槽的宽度和深度应标注相应的尺寸偏差。键槽的尺寸偏差及标注方法可查阅有关资料及手册。

所有的尺寸应逐一标注，不可因相同尺寸而省略。对所有的倒角、圆角、切槽都应标注或在技术要求中说明，不得遗漏。

5.2.3　标注表面粗糙度

轴所有表面均为加工面，其粗糙度可按各表面的用途查阅手册或取表 5-1 中的推荐值。从经济角度出发，在满足要求前提下，可尽量选取数值较大者。

表 5-1　轴加工表面粗糙度 *Ra* 荐用值　　　　　　　　　　　　　　　μm

加工表面	表面粗糙度 *Ra*
与传动件及联轴器等轮毂相配合的表面	3.2～1.6
与滚动轴承相配合的表面	$d \leqslant 80mm$ 取 0.8;$d > 80mm$ 取 1.6
与传动件及联轴器相配合的轴肩端面	6.3～3.2
与滚动轴承相配合的轴肩端面	$d \leqslant 80mm$ 取 1.6;$d > 80mm$ 取 3.2
平键键槽	工作面取 3.2,非工作面取 6.3

5.2.4　标注尺寸公差和几何公差

对有配合要求的轴段圆柱面、有定位要求的轴端面及键槽的侧面等，均应标注几何公差。表 5-2 列出了在轴上应标注的几何公差项目，供设计时参考。轴的几何公差标注方法可查阅有关资料或手册。

表 5-2　轴的几何公差

类别	项目	等级	作用
形状公差	与轴承配合表面的圆柱度	6～7	影响轴承与轴配合松紧及对中性,会发生滚道几何变形而缩短轴承寿命
	与传动件轴孔配合表面的圆度或圆柱度	7～8	影响传动件与轴配合的松紧及对中性
位置公差	与轴承配合表面对中心线的圆跳动	6～7	影响传动件及轴承的运转偏心
	轴承定位端面对中心线的垂直度	6～8	影响轴承定位,造成套圈歪斜,恶化轴承工作条件
	与传动件轴孔配合表面对中心线的圆跳动	6～8	影响齿轮传动件的正常运转,有偏心,精度降低
	与传动件定位端面对中心线的垂直度	6～8	影响齿轮传动件的定位及受载均匀性
	键槽对轴中心线的对称度	7～9	影响键受载的均匀性及拆装难易

5.2.5　撰写技术要求

技术要求主要包括：

① 对零件材料的力学性能和化学成分的要求，允许的代用材料等。

② 对材料表面性能的要求。如热处理的方法，热处理后的表面硬度等。

③ 对加工的要求。如是否允许保留中心孔，是否需要与其他零件组合加工等。

④ 对未注倒角、圆角的说明，个别部位的修饰要求及长轴毛坯的校直等。

图 5-1 表示了典型减速器输出轴的尺寸、几何精度、表面粗糙度、轮廓的公差及技术要求。

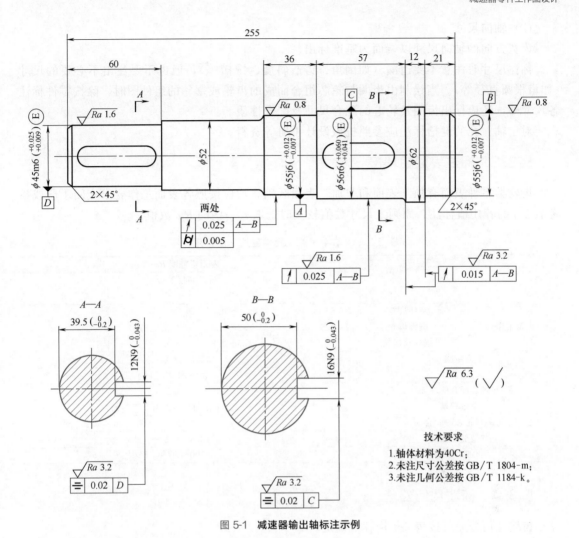

图 5-1　减速器输出轴标注示例

技术要求
1.轴体材料为40Cr；
2.未注尺寸公差按GB/T 1804-m；
3.未注几何公差按GB/T 1184-k。

5.3　齿轮类零件工作图设计

5.3.1　选择视图

　　齿轮类零件工作图一般需要两个视图。主视图可按轴线水平布置（可全剖），反映基本形状；辅以左视图（可用局部图）或向视图反映轮廓、辐板、键槽等结构。对组合式的蜗轮，可先画出部件装配图，再分别绘制齿圈、轮芯的零件工作图。

5.3.2　标注尺寸

（1）径向尺寸
　　齿轮类零件的径向尺寸以轴线为基准标出。
　　轴孔是这类零件加工、装配的重要基准，齿顶圆是测量基准，两者尺寸精度较高，应标出相应的尺寸偏差。

（2）轴向尺寸

齿宽方向的轴向尺寸以端面为基准标出。

标注尺寸时注意不要遗漏（如倒角、铸造斜度、键槽等），但也不要注出不必要的尺寸（如齿根圆直径等）。当绘制由齿圈与轮芯组合而成的齿轮或蜗轮的组件图时，除按零件标注各尺寸外，还应标出齿圈及轮芯的配合尺寸及配合性质。

对于轴、孔的键槽标注应参照机械设计手册等资料。

5.3.3　标注表面粗糙度

齿轮类零件表面有加工表面和非加工表面区别，均应按照各表面工作要求查阅手册或参考表 5-3 的荐用值标注。原则上尺寸数值较大时选取大一些的 Ra 数值。

表 5-3　齿轮（坯）表面粗糙度 Ra 荐用值　　　　　　　　μm

加工表面		表面粗糙度 Ra			
		传动精度等级			
		6	7	8	9
齿轮工作面	圆柱齿轮	1.6～0.8	3.2～0.8	3.2～1.6	6.3～3.2
	圆锥齿轮		3.2～0.8		
	蜗杆及蜗轮		1.6～0.8		
齿顶圆		12.5～3.2			
轴孔		3.2～1.6			
与轴肩配合的端面		6.3～3.2			
平键键槽		6.3～3.2(工作面)　12.5(非工作面)			
轮圈与轮芯的配合面		3.2～1.6			
其他加工表面		12.5～6.3			
非加工表面		100～50			

5.3.4　标注几何公差

齿坯几何公差可按表 5-4 推荐值确定。

表 5-4　齿轮（坯）几何公差推荐标注项目

类别	标注项目	符号	精度等级	对工作性能的影响
形状公差	轴孔圆柱度	⌭	按齿轮及蜗轮（蜗杆）的精度等级	影响传动零件与轴配合的松紧及对中性
位置公差	圆柱齿轮以顶圆作为测量基准时齿顶圆的径向圆跳动	⌰		影响齿厚的测量精度并在切齿时产生相应的齿圈径向圆跳动误差。产生传动件的加工中心不一致，引起分齿不均
	圆锥齿轮的齿顶圆锥的径向圆跳动	⌰		
	蜗轮顶圆的径向圆跳动，蜗杆顶圆的径向圆跳动	⌰		
	基准端面对轴线的端面圆跳动	⌰		
	键槽侧面对孔中心线的对称度	⌯	7～8	影响键侧面受载均匀性及装拆的难易

5.3.5　啮合特性表

齿轮类零件在零件图右上角位置列出啮合特性表。表中包括齿轮的主要参数及测量项目。表 5-5 为圆柱齿轮啮合特性表具体格式，可供参考。其误差检验项目和具体的数值可查齿轮公差标准或有关手册。

表 5-5　齿轮啮合特性表

模数	$m(m_n)$		精度等级		
齿数	z		相啮合齿轮图号		
压力角	α		变位系数		
分度圆直径	d				
齿顶高系数	h_a^*				
齿根高系数	C^*		误差检验项目		
齿全高	h				
螺旋角	β				
轮齿倾斜方向	左或右				

5.3.6　撰写技术要求

与轴类零件类似，齿轮类零件的技术要求主要包括：

① 对齿轮毛坯的要求。

② 对材料表面力学性能和化学成分的要求及允许的代用材料。

③ 对材料表面性能的要求，如热处理方法、处理后的硬度、渗碳深度及淬火深度等。

④ 未注倒角、圆角半径的说明。

⑤ 对大型或高速齿轮的平稳试验要求。

图 5-2 表示了盘型带孔圆柱齿轮坯的尺寸、几何精度、表面粗糙度、轮廓的公差及技术要求。

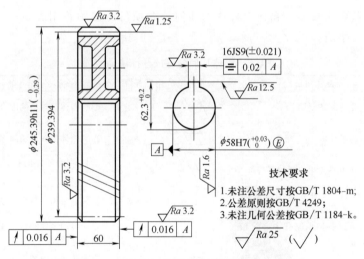

图 5-2　圆柱齿轮标注示例

5.4　箱体零件工作图设计

5.4.1　选择视图

箱体类零件结构复杂、形状各异，一般所需视图较多。可按箱体工作位置布置主视图，辅以左视、俯视及剖视、向视图等。细部结构可用局部剖视、局部放大图等。具体视图的数量要按箱体的复杂程度而定。

5.4.2　标注尺寸

箱体零件的尺寸标注较繁杂，标注尺寸时要认清形状特征，综合考虑设计、制造和测量的要求，既不能遗漏又不能重复。标注时着重注意以下几点。

① 根据箱体结构，确定尺寸基准。如分别选择轴承孔中心线、宽度对称中心线及剖分面作为长、宽、高的基准来进行标注。同时，设计基准和加工基准力求一致，使标注尺寸便于加工时测量。

② 箱体尺寸分为形状尺寸和定位尺寸。形状尺寸是箱体各部分形状大小的尺寸，如壁厚、机体的长、宽、高等，应直接标出。定位尺寸是确定机体各部分相对于基准的位置尺寸，如油尺孔的中心位置尺寸等，应从基准直接标出。

③ 影响机器工作性能的尺寸，如轴孔中心及偏差，以及影响零部件装配性能的尺寸，应直接标出。

④ 考虑箱体制造工艺特点，标注尺寸要便于制作。

⑤ 各配合段的配合尺寸均应标注出偏差。

⑥ 所有圆角、倒角、拔模斜度等都必须标注或在技术要求中说明。

⑦ 在标注尺寸时注意不能出现封闭尺寸链。

5.4.3　标注几何公差

箱体几何公差要求较多，箱体上标注的几何公差项目可参阅荐用表 5-6，具体公差数值可查阅有关资料、手册。

表 5-6　箱体几何公差推荐标注项目

类别	标注项目	符号	精度等级	对工作性能的影响
形状公差	轴承座孔的圆柱度	⌭	6~7	影响箱体与轴承的配合性能及对中性
	分箱面的平面度	▱	7~8	影响箱体剖分面的防渗漏性能及密合性
位置公差	轴承座孔中心线相互间的平行度	∥	6~7	影响传动零件的接触精度及传动的平稳性
	轴承座孔的端面对其中心线的垂直度	⊥	7~8	影响轴承固定及轴向受载的均匀性
	锥齿轮减速器轴承座孔中心线相互间的垂直度	⊥	7	影响传动零件的传动平稳性和载荷分布的均匀性
	两轴承座孔中心线的同轴度	◎	7~8	影响减速器的装配及传动零件载荷分布的均匀性

5.4.4　标注表面粗糙度

箱体表面粗糙度可根据机体各表面的工作作用参阅表 5-7 确定或从手册中查得。

5.4.5　撰写技术要求

箱体类零件的技术要求包括以下几方面内容：

① 箱座、箱盖配作加工（如配作定位销孔、轴承座孔和外端面等）的说明。

② 对铸件质量的要求（如不允许有砂眼、渗漏现象等）。

③ 铸造（焊接）的时效处理要求。

④ 铸造后应清砂，去除毛刺，进行时效处理。

⑤ 箱体内表面需用煤油清洗，并涂防腐漆。

⑥ 对未注明的铸造斜度及圆角半径、倒角的说明。

⑦ 其他必要的说明，如轴承座孔中心线的平行度要求或垂直度要求在图中未标注时，在技术要求中说明。

具体内容视箱体的具体情况，参阅参考图例来加以说明。

表 5-7 箱体表面粗糙度 Ra 荐用表 　　　　　　　　　μm

加工表面	表面粗糙度 Ra
减速器剖分面	3.2～1.6
与滚动轴承[0 级配合默契的轴承座孔（直径 D）]	D≤80mm 取 1.6；D>80mm 取 3.2
轴承座外端面	6.3～3.2
螺栓孔沉头	12.5
与轴承端盖及套杯配合的孔	3.2
油沟及窥视孔的接触面	12.5
减速器底面	12.5
圆锥销孔	3.2～1.6

单元6
设计计算说明书编制与设计实例及答辩

编写设计计算说明书是设计工作的重要组成部分。设计计算说明书是整个设计计算过程的整理和总结，它提供了设计理论根据、计算项目和图文信息，供审核设计及使用设备的人员查阅。

6.1 设计计算说明书的要求及注意事项

课程设计计算说明书编写时应简要说明设计中所考虑的主要问题和全部计算项目，要求计算正确，论述清楚明了、文字精练通顺。书写中应注意以下几点：

① 编写设计计算说明书应使用 16 开纸按合理的顺序及规定格式书写。要求文字简明通顺，计算正确完整，整齐清晰，标好页次，最后加封面装订成册。

② 设计计算说明书是以计算内容为主的技术文件，要求写明整个设计的所有计算和简要说明。对所引用的重要公式或数据，应注明来源，或在该公式和数据的右上角注出参考文献的编号；对计算结果，应有简短的分析结论，如"满足强度要求"。

③ 设计计算说明书应附有必要的插图及列表。插图布局合理、绘制规范、标注完整。例如：传动方案简图、轴结构图、受力图和弯矩图等，在传动方案简图中，对齿轮、轴等零件应进行统一编号，以便在计算中称呼或作脚注之用。

④ 设计计算说明书应编写目录，标出页次。正文必须从正面开始，页码在页末居中书写，并书写为第 1 页，第 2 页…对每一单元的内容，都应有大小标题或相应的编写序号，使整体内容层次清晰。参量符号、数值单位前后要统一，书写要一致。说明书的最后还须列出参考资料。

6.2 设计计算说明书内容

设计计算说明书的内容视具体设计任务而定，对于以减速器为主的传动装置设计，主要包括以下内容：

（1）封面

（2）目录（标题、页次）

（3）设计任务书

（4）正文

① 传动方案分析和拟定（题目分析、传动方案拟定等）；

② 电动机的选择；

③ 传动装置运动及动力参数计算；

④ 带传动设计计算；

⑤ 齿轮传动设计计算；

⑥ 轴的设计计算与校核；

⑦ 轴承的选择和轴承寿命的校核；

⑧ 联轴器的选择与校核；

⑨ 键连接的选择与校核；

⑩ 箱体的设计（主要结构尺寸的设计计算及必要的说明）；

⑪ 润滑方式、密封装置的选择；

⑫ 减速器的附件及说明；

⑬ 参考资料（资料编号、作者、书名、出版单位、出版年月）；

⑭ 设计小结（设计体会、设计方案的优缺点及改进意见）。

6.3　课程设计计算说明书的书写格式示例

6.3.1　课程设计任务书

机械设计基础课程设计任务书

1. 设计题目名称

带式输送机传动装置中的一级圆柱齿轮减速器。

2. 运动简图

带式输送机运动简图如图 6-1 所示。

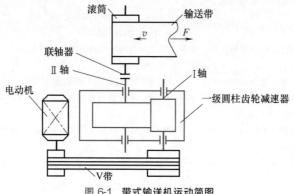

图 6-1　带式输送机运动简图

3. 工作条件

带式输送机载荷平稳，常温下连续单向工作，工作环境有灰尘。两班制工作，三年一次大修，使用期限 8 年。运输带速度允许误差为±5％，三相交流电压 380V，小批量生产。

4. 原始数据

滚筒圆周力　　$F=1200(N)$

带速　　　　　$v=1.65(m/s)$

滚筒直径　　　$D=360(mm)$

滚筒长度　　　$L=500(mm)$

滚筒效率　　　$\eta_V=0.96$（包括滚筒与轴承的效率损失）

5. 设计工作量

减速器装配图 1 张(A0 或 A1)

零件工作图 1～3 张

设计计算说明书 1 份

……

6.3.2 设计计算说明

计算项目	计算及说明	计算结果
一、拟定传动方案	传动方案分析:高速级采用带传动可以缓和冲击、吸收振动,且有过载保护的作用;低速级采用齿轮传动,传动平稳可靠,有利于延长齿轮使用寿命。 　　确定带式输送机中的减速器为水平剖分,封闭卧式结构,其传动系统选择一级圆柱齿轮传动,如图 6-1 所示	$F=1200$N $v=1.65$m/s $D=360$mm $L=500$mm
二、电动机选择 　1. 电动机类型的选择 　2. 电动机功率计算	按工作要求和条件选择 Y 系列三相异步电动机 (1)工作机的功率 P_w $$P_w=Fv/1000=1.98\text{kW}$$ (2)传动装置的总功率 $\eta_总$ $$\eta_总=\eta_带\times\eta_{轴承}^2\times\eta_{齿轮}\times\eta_{联轴器}\times\eta_{滚筒}$$ $$=0.96\times0.99^2\times0.97\times0.99\times0.96$$ $$=0.867$$ (3)电动机所需的工作功率 P_d $$P_d=P_w/\eta_总=2.28\text{kW}$$ (4)根据 P_d 选取电动机的额定功率 P_m 一般电动机的额定功率 $$P_m\geqslant(1.1\sim1.3)P_d=2.4\sim2.97\text{kW},$$ 由表 9-17 查电动机的额定功率,可选 $P_m=3\text{kW}$	$\eta_总=0.867$ $P_d=2.28$kW $P_m=3$kW
3. 确定电动机转速	(1)计算滚筒工作转速 $n_筒$ $$n_筒=60\times1000V/\pi D=76.4\text{r/min}$$ (2)根据《机械设计课程设计手册》推荐的传动比合理范围:一级圆柱齿轮传动减速器传动比范围 $i_齿=3\sim5$,V 带传动比 $i_带=2\sim4$,则总传动比为 $i_总=6\sim20$。故电动机转速的可选范围为 $$n_d=i_总\times n_筒=(6\sim20)\times76.4$$ $$=458.4\sim1528(\text{r/min})$$ 符合这一范围的同步转速有 750r/min、1000r/min 和 1500r/min。	$n_筒=76.4$r/min
4. 选择电动机型号	根据容量和转速,由表 9-17 查出有三种适用的电动机型号。综合考虑电动机和传动装置尺寸、质量、价格和带传动、减速器的传动比,第 2 方案比较适合,即 $n=1000$r/min。 　　根据以上选用的电动机类型,所需的额定功率及同步转速,选定电动机的型号为 Y132S-6。 　　其主要性能:额定功率 3kW,满载转速 960r/min,额定转矩 2.0,质量 63kg	电动机型号 Y132S-6 $P_电=3$kW $n_电=960$r/min
三、传动装置运动及动力参数计算 　1. 总传动比	$$i_总=n_{电机}/n_{滚筒}=12.57$$	
2. 分配各级传动比	(1)取 $i_带=2.1$(单级减速器 $i=2\sim4$ 合理) 因为 $i_总=i_齿轮\times i_带$ 所以 $i_齿轮=i_总/i_齿轮=5.98$	$i_带=2.1$ $i_总=12.57$ $i_齿轮=5.98$
3. 计算各轴转速(r/min)	求转速 n $$n_0=n_{电机}=960\text{r/min}$$ $$n_I=n_0/i_带=458.1(\text{r/min})$$ $$n_{II}=n_I/i_齿轮=76.4(\text{r/min})$$ $$n_{III}=76.4(\text{r/min})$$	$n_0=960$r/min $n_I=458.1$r/min $n_{II}=76.4$r/min $n_{III}=76.4$r/min

计算项目	计算及说明	计算结果
4. 计算各轴的功率（kW）	求功率 P $$P_0 = P_电 = 2.28\text{kW}$$ $$P_Ⅰ = P_0 \times \eta_带 = 2.19\text{kW}$$ $$P_Ⅱ = P_Ⅰ \times \eta_{轴承} \times \eta_齿 = 2.1\text{kW}$$ $$P_Ⅲ = P_Ⅱ \times \eta_{轴承} \times \eta_{联轴器} = 2.06\text{kW}$$	$P_0 = 2.28\text{kW}$ $P_Ⅰ = 2.19\text{kW}$ $P_Ⅱ = 2.1\text{kW}$ $P_Ⅲ = 2.06\text{kW}$
5. 计算各轴扭矩（N·mm）	求扭矩 T $$T_0 = 9.55 \times 10^6 P_0 / n_0 = 22681.2\text{N·mm}$$ $$T_Ⅰ = 9.55 \times 10^6 P_Ⅰ / n_Ⅰ = 50021.8\text{N·mm}$$ $$T_Ⅱ = 9.55 \times 10^6 P_Ⅱ / n_Ⅱ = 262500\text{N·mm}$$ $$T_Ⅲ = 9.55 \times 10^6 P_Ⅲ / n_Ⅲ = 257500\text{N·mm}$$ 将以上数据列表如下：	$T_0 =$ 22681.2N·mm $T_Ⅰ =$ 50021.8N·mm $T_Ⅱ =$ 262500N·mm $T_Ⅲ =$ 257500N·mm

轴号	功率 P/kW	n/(r/min)	T/(N·m)	i	η
0	2.28	960	22681.2	2.1	0.96
Ⅰ	2.19	458.1	50021.8		
Ⅱ	2.1	76.4	262500	5.98	0.97
Ⅲ	2.06	76.4	257500	1	0.96

计算项目	计算及说明	计算结果
四、V 带传动设计 1. 确定计算功率 P_c	(1)电动机的功率 $P_m = 3\text{kW}$ (2)根据机器的工作条件查教材确定工作机工况系数 $k_A = 1.2$ (3)$P_c = k_A \times P_m = 3.6\text{kW}$	
2. 选 V 带型号	(1)根据计算功率 P_c、小带轮转速 n_1，查教材 V 带选型图 (2)选用 A 型	A 型
3. 选择带轮直径 d_{d1} d_{d2}	(1)根据带轮标准直径系列要求，选小带轮直径 $d_{d1} = 100 > d_{min} = 75$ (2)大带轮直径 $d_{d2} = n_1/n_2 \times 100 = 210$ 查带轮标准直径系列，取 $d_{d2} = 200$	$d_{d1} = 100$ $d_{d2} = 200$
4. 验算 V 带的速度	(1)实际从动轮转速 $n_2' = n_1 d_{d1}/d_{d2} = 480\text{r/min}$ (2)转速误差为：$(n_1 - n_2')/n_2 = (458.1 - 480)/458.1 = -0.048$，其绝对值 < 0.05（允许） (3)计算带速 $V = \pi d_{d1} n_1/60 \times 1000 = 5.03\text{m/s}$ 可见 V 在 5~25m/s 范围内，带速合适。	
5. 确定带长 L 和中心距 a	(1)初定中心距 a_0 $$0.7(d_{d1} + d_{d2}) \leqslant a_0 \leqslant 2(d_{d1} + d_{d2})$$ $$210\text{mm} \leqslant a_0 \leqslant 600\text{mm} \quad 取 a_0 = 500$$ (2)计算带长 L_0 $$L_0 = 2a_0 + 1.57(d_{d1} + d_{d2}) + (d_{d2} - d_{d1})^2/4a_0 = 1476\text{mm}$$ (3)确定带的基准长度 查 V 带的基准长度表，取 $L_d = 1400\text{mm}$ (4)计算实际中心距 a $$a \approx a_0 + (L_d - L_0)/2 = 462\text{mm}$$	$a_0 = 500$ $L_d = 1400\text{mm}$
6. 验算小带轮包角	小带轮包角为 $$\alpha_1 = 180° - (d_{d2} - d_{d1})/a \times 57.3°$$ $$= 180° - 12.4°$$ $$= 167.6° > 120°$$ 小带轮包角合适	

计算项目	计算及说明	计算结果
7. 确定 V 带根数 Z	(1)确定系数：查 V 带的额定功率表、小带轮包角系数表、带长系数表得 $$P_1=0.95\text{kW},\Delta P_1=0.11\text{kW},K_\alpha=0.96,K_\text{L}=0.96$$ (2)计算 V 带根数 $$Z=P_\text{C}/p'=P_\text{C}/(P_1+\Delta P_1)K_\alpha K_\text{L}=3.99$$ 取 $Z=4$ 根	$Z=4$ 根
8. 计算轴上压力 F_Q	(1)确定系数：由 GB/T 11544—2012 查得 $q=0.1\text{kg/m}$ (2)计算单根 V 带的初拉力： $$F_0=500\left(\frac{2.5}{K_\alpha}-1\right)\frac{P_\text{C}}{ZV}+qV^2=158\text{N}$$ (3)计算作用在轴上的压力 F_Q： $$F_\text{Q}=2ZF_0\sin(\alpha_1/2)=2\times4\times158.01\sin(167.6/2)$$ $$=1256.7\text{N}$$	$F_0=158\text{N}$ $F_\text{Q}=1256.7\text{N}$
9. 结论	选用 A-1400 GB/T 11544—2012 V 带 4 根，中心距 $a=462\text{mm}$，小带轮直径 $d_\text{d1}=100$，大带轮直径 $d_\text{d2}=200\text{mm}$	
10. 绘制带轮零件图	略	
五、齿轮传动设计计算		
1. 选择齿轮材料和许用应力	考虑减速器传递功率不大，可采用软齿面钢制齿轮的闭式传动，按齿面接触疲劳强度设计，再按轮齿的弯曲疲劳强度校核。 小齿轮选用 45 钢，调质处理，齿面硬度为 217～255HBS 大齿轮选用 45 钢，正火处理，齿面硬度为 169～217HBS	
2. 按齿面接触疲劳强度设计计算	(1)确定齿轮齿数 z_1、z_2 取小齿轮齿数 $z_1=20$，则大齿轮齿数：$z_2=iz_1=120$ 实际传动比 $i_0=120/20=6$ 传动比误差：$\dfrac{i-i_0}{i}\times100\%=\dfrac{5.98-6}{6}\times100\%\approx-0.34\%$　传动比误差在 $\pm$ 5% 以内，可用 齿数比：$u=i_0=6$ (2)确定极限应力 σ_Hlim 由齿面硬度中间值，查试验齿轮接触疲劳极限图得 $$\sigma_\text{Hlim1}=570\text{MPa},\sigma_\text{Hlim2}=440\text{MPa}$$ (3)计算应力循环次数 N，确定寿命系数 Z_N 根据任务书要求，齿轮工作年限 8 年，每年按 52 周、每周 5 个工作日计算，两班制即每天工作 16 小时 $$L_\text{h}=8\times52\times5\times16=33280\text{h}$$ $$N_1=60n_1jL_\text{h}=60\times458.1\times1\times33280\approx9.2\times10^8$$ 式中，j 是指齿轮转 1 周时同侧齿面的啮合次数 $$N_2=N_1/i=9.2\times10^8/6=1.53\times10^8$$ 查接触疲劳寿命系数图得 $$Z_\text{N1}=1\quad Z_\text{N2}=1.15$$ (4)计算许用应力 $[\sigma_\text{H}]$ 查齿轮"安全系数 S_H"表，按一般可靠度要求选取安全系数 $S_\text{Hmin}=1.0$	$i_\text{齿}=6$ $z_1=20$ $z_2=120$ $\sigma_\text{Hlim1}=570\text{MPa}$、 $\sigma_\text{Hlim2}=440\text{MPa}$ $Z_\text{N1}=1$ $Z_\text{N2}=1.15$

续表

计算项目	计算及说明	计算结果
	$[\sigma_{H1}]=\sigma_{Hlim1}Z_{N1}/S_{Hmin}=570MPa$	
	$[\sigma_{H2}]=\sigma_{Hlim2}Z_{N2}/S_{Hmin}=506MPa$	
	由于两齿轮的齿面硬度都小于350HBS,属于软齿面齿轮,点蚀为其主要失效形式,故应按接触疲劳强度设计,按弯曲疲劳强度较核。	
	(5)计算小齿轮传递的转矩T_1	
	$$T_1=9.55\times10^6\times P_1/n_1=50021.8N\cdot mm$$	
	(6)计算小齿轮分度圆直径d_1	
	$$d_1\geqslant\sqrt[3]{\left(\frac{3.53Z_E}{[\sigma_H]}\right)^2\frac{KT_1}{\psi_d}\times\frac{\mu+1}{\mu}}$$	
	式中 齿宽系数Ψ_d——由教材齿宽系数表可取$\Psi_d=1.0$;	
	材料系数Z_E——查教材材料的弹性系数表可知,两齿轮均为钢时,取材料系数$Z_E=189.8MPa$;	
	查齿轮"载荷系数K"表,取$K=1$。	
	则 $$d_1\geqslant\sqrt[3]{\left(\frac{3.53Z_E}{[\sigma_H]}\right)^2\frac{KT_1}{\psi_d}\times\frac{\mu+1}{\mu}}=43.2$$	
3. 确定齿轮参数及主要尺寸	(1)齿数z 取$z_1=20$,则$z_2=120$ (2)模数m	$z_1=20$ $z_2=120$ $m=2.5mm$
	$$m=d_1/z_1=2.16mm$$	
	可取标准模数$m=2.5mm$ (3)分度圆直径d	
	$$d_1=mz_1=50mm \quad d_2=mz_2=300mm$$	$d_1=50mm$ $d_2=300mm$
	(4)齿顶圆直径d_a	
	$$d_{a1}=d_1+2m=55mm$$	
	$$d_{a2}=d_2+2m=305mm$$	
	(5)齿轮根圆d_f	
	$$d_{f1}=d_1-2m=43.75mm$$	
	$$d_{f2}=d_2-2m=293.75mm$$	
	(6)齿顶高$h_a=2.5mm$ 齿根高$h_f=3.125mm$ 齿高$h=5.625mm$ (7)齿厚$s=3.925mm$ 齿槽宽$e=3.925mm$ (8)齿宽b	$b_2=50mm$ $b_1=55mm$ $a=175mm$
	$$b=\Psi_d d_1=50mm \quad 取 b_2=50mm \quad b_1=55mm$$	
	(9)中心距a	
	$$a=m(z_1+z_2)/2=175mm$$	
4. 校核齿根弯曲疲劳强度	齿根弯曲疲劳强度计算公式为	
	$$\sigma_F=\frac{2KT_1}{bm^2z_1}Y_F Y_S\leqslant[\sigma_F]$$	
	(1)计算两齿轮齿根的实际弯曲应力 齿形修正系数Y_F:查教材正常齿标准外齿轮的齿形修正系数表,可取	

计算项目	计算及说明	计算结果
	$Y_{F1}=2.81$　　$Y_{F2}=2.17$ 应力修正系数 Y_S：查教材正常齿标准外齿轮的应力修正系数表,可取 $$Y_{S1}=1.56\quad Y_{S2}=1.82$$ 则 $$\sigma_{F1}=\frac{2KT_1}{bm^2z_1}Y_{F1}Y_{S1}=87.7\text{MPa}$$ $$\sigma_{F2}=\sigma_{F1}\frac{Y_{F2}Y_{S2}}{Y_{F1}Y_{S1}}=79\text{MPa}$$ (2)计算两齿轮的许用弯曲应力$[\sigma_F]$ $$[\sigma_F]=\frac{Y_N\sigma_{Flim}}{S_F}$$ 确定极限应力 σ_{Flim}：由教材试验齿轮弯曲疲劳极限图查得 $$\sigma_{Flim1}=200\text{MPa}$$ $$\sigma_{Flim2}=180\text{MPa}$$ 确定安全系数 S_F：查教材齿轮弯曲疲劳强度安全系数表,可取 $S_F=1.3$ 齿轮弯曲疲劳寿命系数 Y_N：由教材齿轮弯曲疲劳寿命系数图查得 $Y_{N1}=1$；$Y_{N2}=1$ 则　　　　$$[\sigma_{F1}]=\frac{Y_{N1}\sigma_{Flim1}}{S_F}=153.8\text{MPa}$$ $$[\sigma_{F2}]=\frac{Y_{N2}\sigma_{Flim2}}{S_F}=138.5\text{MPa}$$ 由此可见满足条件： $$\sigma_{F1}\leqslant[\sigma_F]_1$$ $$\sigma_{F2}\leqslant[\sigma_F]_2$$ 故轮齿弯曲疲劳强度足够	强度足够
5. 确定齿轮精度	(1)计算齿轮的圆周速度 v $$v=\frac{\pi d_1 n_1}{60\times1000}=1.2\text{m/s}$$ (2)确定齿轮精度 减速器为一般齿轮传动,确定三个公差组选 8 级精度,齿厚上偏差为 H、下偏差为 K。	$v=1.2\text{m/s}$ IT8
6. 齿轮的结构设计	小齿轮采用齿轮轴结构,大齿轮采用锻造毛坯的腹板式结构 大齿轮有关尺寸： 轴孔直径 $d=\phi 60\text{mm}$ 轮毂直径 $D_1=1.6d=96\text{mm}$ 轮毂长度 $L=b_2=50\text{mm}$ 轮缘厚度 $\delta_0=(3\sim4)m=7.5\sim10\text{mm}$,取 8mm 轮缘内径 $D_2=d_{a_2}-2h-2\delta_0=277.75\text{mm}$ 腹板厚度 $c=0.3b_2=15\text{mm}$ 腹板中心孔直径 $D_0=0.5(D_2+D_1)=186.875\text{mm}$ 腹板孔直径 $d_0=0.25(D_2-D_1)=45.4\text{mm}$,取 $d_0=45\text{mm}$	
7. 绘制齿轮零件图	齿轮倒角 $n=0.5m=1\text{mm}$ 略	

续表

计算项目	计算及说明	计算结果
六、轴的设计计算与校核 （一）输入（高速）轴的设计计算 1. 选择轴的材料及热处理方法 2. 按扭矩强度估算最小直径 3. 轴的结构设计 确定轴各段直径 确定轴各段长度	因为该轴没有特殊要求，故选用 45 钢，调质处理，硬度 217～255HBS，$\sigma_b(R_m)=650\text{MPa}$，$\sigma_s(R_{eL})=360\text{MPa}$，$\sigma_{-1}=300\text{MPa}$，$[\sigma_b]_{-1}=60\text{MPa}$ 轴的最小直径按下式估算： $$d\geqslant C\sqrt[3]{p_1/n_1}$$ 由表 4-3 查得：$C=106～117$，取 $C=116$， 则 $d\geqslant20.14\text{mm}$ 考虑轴头上有一键槽，将轴径增大 5% 即 $d\geqslant20.14\times(1+5\%)=21.2(\text{mm})$ 因该轴头安装大带轮，根据大带轮基准直径 $d_{d2}=200\text{mm}$，查表 3-4，可确定大带轮为孔板式结构，为适合其孔径，取 $d=24\text{mm}$ 根据轴上零件的定位、装拆方便的需要，考虑到轴的强度，将设计成阶梯轴。 （1）轴上零件的定位、固定和装配 单级减速器中，可以将齿轮安排在箱体中央，相对两轴承对称分布。齿轮右面用轴肩定位，左面用套筒（或封油环）轴向定位，周向定位采用键和过渡配合，两轴承一端均以封油环（或套筒）进行轴向定位，另一端均用轴承端盖进行轴向固定，周向定位采用过渡配合。 （2）确定轴各段直径（如图 6-2 所示） Ⅰ段：$d_1=24\text{mm}$ Ⅱ段： $d_2=d_1+2h$，h 为定位轴肩高，通常取 $h\geqslant(0.07～0.1)d$ 即 $h\geqslant1.68～2.4$ 　　　　　$d_2=d_1+2(1.68～2.4)=27.36～28.8$（mm） 取 $d_2=30\text{mm}$ Ⅲ段： $d_3=d_2+2h$，h 为从 d_2 至 d_3 的非定位足肩高度，仅为装配方便和区分加工表面，此外 d_3 段是与滚动轴承相配合段，选用深沟球轴承 6207，其内径为 35mm，故取 $d_3=35\text{mm}$ Ⅳ段： $d_4=d_3+2h$，轴肩高度不能超过轴承内圈，应便于轴承的拆卸，可取 $d_4=42\text{mm}$ Ⅴ段： 由于小齿轮齿顶圆直径 $d_{a1}<2d_4$，即 $55<2\times42$，故小齿轮宜与轴做成一体，故该轴的结构应设计成图 6-2 所示的齿轮轴形式。该段为小齿轮几何参数。 $d_5=55\text{mm}$ Ⅵ段： 该段直径可同第Ⅳ段，即 $d_6=d_4=42\text{mm}$ Ⅶ段： 该段直径同第Ⅲ段，即 $d_7=d_3=35\text{mm}$ （3）确定轴各段长度 第Ⅰ段长度 L_1：此段按轴上旋转零件的轮毂孔宽度和固定方式确定。带轮与轴配合的轮毂长度 $L=(1.5～2)d_1=(36～48)\text{mm}$，取 $L=48\text{mm}$，为保证轮轴向定位可靠，应使轴端挡圈压在带轮上而不是压在轴的端面上，如图 6-2 所示（左端），所以此段轴的长度应比轮毂宽度短 2～3mm 故取 $L_1=46\text{mm}$。 第Ⅱ段长度 L_2：此段要保证轴承端盖固定螺钉的装拆要求。若采用嵌入式轴承端盖，则 L_2 小一些，若采用凸缘式轴承端盖，则可取 $L_2=l_2+e+m$（各符号所表示的结构尺寸见图 4-4 所示）。由单元 9 表 9-68 查得 6207 型深沟球轴承外径	轴 45 钢 $d=24\text{mm}$ $d_1=24\text{mm}$ $d_2=30\text{mm}$ 轴承 6207 $d_3=35\text{mm}$ $d_4=42\text{mm}$ $d_5=55\text{mm}$ $d_6=42\text{mm}$ $d_7=35\text{mm}$ $L_1=46\text{mm}$

计算项目	计算及说明	计算结果
	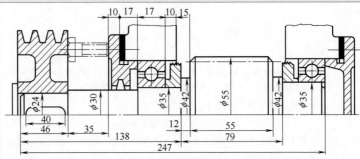 图 6-2　输入轴结构尺寸	

为72mm，查表4-7选外六角圆柱头螺钉M8型，螺钉总长度为32mm，因要使螺钉旋入端盖，所以 l_2 的长度要大于或等于螺钉的总长度，还要考虑加工应留有余量的问题，所以取 $l_2=35$ mm。参照表4-7凸缘式轴承端盖的结构尺寸，$e=1.2d_3$（$d_3=8$ mm端盖上螺钉的大径），可取 $e=10$ mm。凸缘式轴承端盖的 m 值不宜太短，以免拧紧固定螺钉时轴承盖歪斜，一般 $m=(0.1\sim0.25)D=(0.1\sim0.25)\times72=7.2\sim18$（mm），可取 $m=17$ mm。所以

$$L_2=l_2+e+m=35+10+17=62\text{（mm）}$$

此外还要考虑轴承座孔总宽度 $L\geqslant\delta+c_1+c_2+(5\sim10)=40$（mm），上述设计中，轴承座孔实际总宽度 $L=17+17+10=44>40$（mm）。所以符合要求。

第Ⅲ段长度 L_3：由表9-68，查得6207型深沟球轴承的宽度 $B=17$ mm。$L_3=B+\Delta_3+(1\sim3)$ mm，B 为轴承的宽度，Δ_3 为箱体内壁至轴承端面的距离，$(1\sim3)$ mm 为封油环至箱体内壁的距离。当轴承为脂润滑时，应设封油环，取 $\Delta_3=5\sim10$ mm；当轴承为油润滑时，取 $\Delta_3=3\sim5$ mm。由轴承的 dn 值可知，在本设计中轴承为脂润滑，所以取 $\Delta_3=10$ mm，取 $L_3=B+\Delta_3+(1\sim3)=17+10+3=30$（mm）

第Ⅵ段长度 L_4：

$L_4=\Delta_2-3$，Δ_2 为箱体内壁至齿轮端面的距离。

$\Delta_2=10\sim15$ mm，对重型减速器应取大值，取 $\Delta_2=15$ mm，则

$L_4=\Delta_2-3=12$（mm）

第Ⅴ段长度：

为小齿轮轮毂宽度 b_1，由前述取计算可知 $b_1=55$ mm，故可取 $L_5=b_1=55$ mm

第Ⅵ段长度：此段与第Ⅵ段长度相同。即

$$L_6=L_4=\Delta_2-3=12\text{（mm）}$$

第Ⅶ段长度：此段与第Ⅲ段长度相同。即

$$L_7=L_3=30\text{mm}$$

 确定轴总长度

4. 按弯-扭组合强度校核

轴总长度 $L_总=46+62+2\times12+2\times30+55=247$（mm）

（1）计算轴的作用力[图6-3（a）]

① 求圆周力 F_t

$$F_t=\frac{2T_1}{d_1}=\frac{2\times50021.8}{50}=2000.9\text{（N）}$$

② 求径向力 F_r

$$F_r=F_t\tan\alpha=728.3\text{N}$$

③ 因为该轴两轴承对称，则 $L_{AC}=L_{BC}=61$ mm（A、C 点分别为两轴承中点位置）

（2）求支座反力[图6-3（b）、（d）]

求水平面支反力 F_{Ax}，F_{Bx}

$$F_{Ax}=F_{Bx}=\frac{F_{t1}}{2}=1000.45\text{N}$$

求垂直面支反力 F_{Az}，F_{Bz}

带轮上作用的力 $F_Q=1256.7$ N（见前面带传动计算）

$L_2=62$ mm
$L_3=30$ mm
$L_4=12$ mm
$L_5=55$ mm
$L_6=12$ mm
$L_7=30$ mm
$L_总=247$ mm
$F_t=2000.96$ N
$F_r=728.31$ N

续表

计算项目	计算及说明	计算结果
	由力矩平衡方程 $\sum M_A(F)=0$ 有： $$F_Q\times 93.5-F_{Bz}\times 122-F_{r1}\times 61=0$$ $$F_{Bz}=599\text{N}$$ 由力平衡方程 $\sum F_Z=0$ 有： $$F_Q+F_{r1}-F_{Az}+F_{Bz}=0$$ $$F_{Az}=F_Q+F_{r1}+F_{Bz}=2584\text{N}$$ 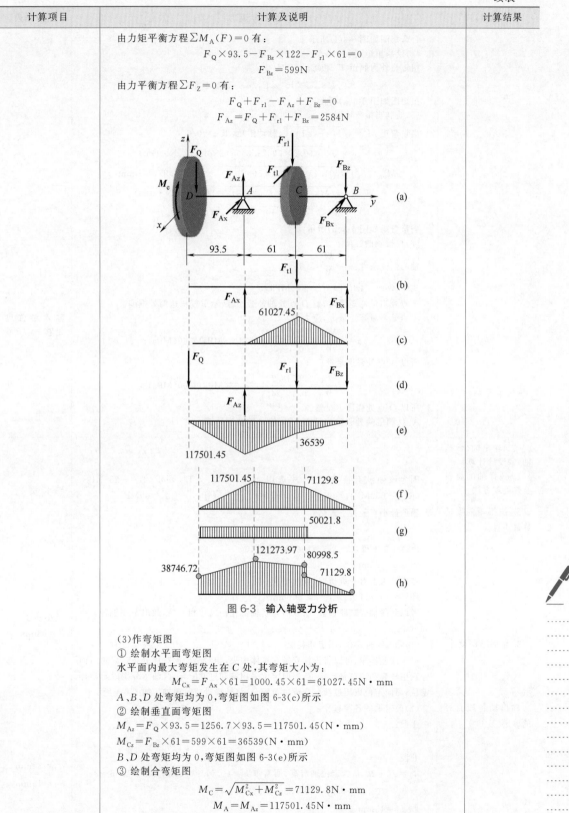 图 6-3　输入轴受力分析 （3）作弯矩图 ① 绘制水平面弯矩图 水平面内最大弯矩发生在 C 处，其弯矩大小为： $$M_{Cx}=F_{Ax}\times 61=1000.45\times 61=61027.45\text{N}\cdot\text{mm}$$ A、B、D 处弯矩均为 0，弯矩图如图 6-3（c）所示 ② 绘制垂直面弯矩图 $$M_{Az}=F_Q\times 93.5=1256.7\times 93.5=117501.45（\text{N}\cdot\text{mm}）$$ $$M_{Cz}=F_{Bz}\times 61=599\times 61=36539（\text{N}\cdot\text{mm}）$$ B、D 处弯矩均为 0，弯矩图如图 6-3（e）所示 ③ 绘制合弯矩图 $$M_C=\sqrt{M_{Cx}^2+M_{Cz}^2}=71129.8\text{N}\cdot\text{mm}$$ $$M_A=M_{Az}=117501.45\text{N}\cdot\text{mm}$$	

计算项目	计算及说明	计算结果
	合弯矩图如图 6-3(f)所示 (4)绘制扭矩图 扭矩与外力偶矩 T_1 相等 $$T_1 = 9.55 \times 10^6 \times P_1/n_1 = 50021.8 \text{N} \cdot \text{mm}$$ 扭矩图如图 6-3(g)所示 (5)绘制当量弯矩图 当量弯矩 $M_e = \sqrt{M^2 + (\alpha T_1)^2}$，脉动扭矩，取 $\alpha = 0.6$ $$M_{eD} = \sqrt{0 + (0.6 \times 50021.8)^2} = 38746.72(\text{N} \cdot \text{mm})$$ $$M_{eA} = \sqrt{117501.45^2 + (0.6 \times 50021.8)^2} = 121273.97(\text{N} \cdot \text{mm})$$ $$M_{eC左} = \sqrt{M_C^2 + (0.6 \times 50021.8)^2} = 80998.5(\text{N} \cdot \text{mm})$$ $$M_{eC右} = \sqrt{M_C^2 + 0} = 71129.8(\text{N} \cdot \text{mm})$$ 当量弯矩如图 6-3(h)所示 (6)校核轴的强度 轴的强度条件：$\sigma_e = \dfrac{M_e}{W} \leqslant [\sigma_b]_{-1} = 60 \text{MPa}$ 式中，$W \approx 0.1 d^3$，$[\sigma_b]_{-1} = 60 \text{MPa}$ A 点处当量弯矩最大，但 D 点处轴径最小，所示需校核这两处强度。 A 点处当量弯矩最大，应力为： $$\sigma_{eA} = \frac{M_{eA}}{W} = \frac{121273.97}{0.1 \times 35^3} = 28.3(\text{MPa}) < 60(\text{MPa})$$ 所以 A 点处强度足够。 $$\sigma_{eD} = \frac{M_{eD}}{W} = \frac{38746.72}{0.1 \times 24^3} = 28.03(\text{MPa}) < 60(\text{MPa})$$ 所以 D 点处强度也足够。 A、D 两危险处强度均足够，所以输入轴强度足够。	输入轴强度足够
(二)输出轴(低速轴)的设计计算 1. 选择轴的材料及热处理方法 2. 按扭矩强度估算最小直径 3. 轴的结构设计 输出轴各段直径的确定	 因为该轴没有特殊要求，故选用 45 钢，调质处理，硬度 217～255HBS，$\sigma_b(R_m) = 650 \text{MPa}$，$\sigma_s(R_{eL}) = 360 \text{MPa}$ $\sigma_{-1} = 300 \text{MPa}$，$[\sigma_b]_{-1} = 60 \text{MPa}$ 轴的最小直径按下式估算： $$d \geqslant C \sqrt[3]{p_2/n_2}$$ 由表 4-3 查得：$C = 117 \sim 106$，取 $C = 110$， 则 $d \geqslant 33.2 \text{mm}$ 考虑轴头上有一键槽，将轴径增大 5% 即 $d = 33.2(1 + 5\%) = 34.85(\text{mm})$ 考虑此段轴安装联轴器，所以需与联轴器孔径尺寸相一致，故取最小轴径 $d = 38 \text{mm}$ (1)轴的零件定位，固定和装配 单级减速器中，可以将齿轮安排在箱体中央，相对两轴承对称分布。齿轮两面分别用轴肩和套筒轴向定位，周向定位采用键和过渡配合，两轴承分别以封油环定位，周向定位则用过渡配合或过盈配合，将轴设计成阶梯轴。如图 6-4 所示。 (2)确定轴的各段直径 Ⅰ段： $$d_1 = 38 \text{mm}$$ Ⅱ段： $d_2 = d_1 + 2h$，h 为定位轴肩高，通常取 $h \geqslant (0.07 \sim 0.1)d$，即 $h \geqslant 2.66 \sim 3.8$， $d_2 = d_1 + 2(2.66 \sim 3.6) = (43.32 \sim 45.2)(\text{mm})$ 取 $d_2 = 45 \text{mm}$	轴 45 钢 最小轴径 $d = 38 \text{mm}$ $d_1 = 38 \text{mm}$ $d_2 = 45 \text{mm}$

计算项目	计算及说明	计算结果
	Ⅲ段： $d_3 = d_2 + 2h$，h 为图中从 d_2 至 d_3 的非定位足肩高度，仅为装配方便和区分加工表面，此外 d_3 段是与滚动轴承相配合段，初选用深沟球轴承 6210，其内径为 50mm，故取 $d_3 = 50$mm Ⅳ段： 该处的轴肩为非定位轴肩，轴肩作用主要是为了区分加工表面，可取 $d_4 = 53$mm Ⅴ段： 该处的轴肩为非定位轴肩，轴肩作用主要是便于齿轮拆装。 取 $d_5 = 56$mm Ⅵ段： 此段为齿轮的轴向定位段。$d_6 = d_5 + 2h$，$h \geqslant (0.07 \sim 0.1)d_5$ 取 $d_6 = 65$mm Ⅶ段： 与滚动轴承相配合段，直径同第Ⅲ段，即 $d_7 = d_3 = 50$mm	初选深沟球轴承 6210 $d_3 = 50$mm $d_4 = 53$mm $d_5 = 56$mm $d_6 = 65$mm $d_7 = 50$mm
	 图 6-4　输出轴结构图	$L_1 = 80$mm
输出轴各段长度的确定	(3)确定输出轴各段长度 第Ⅰ段长度 L_1： 此段按轴上旋转零件的轮毂孔宽度和固定方式确定。联轴器与轴配合的轮毂长度 82mm，为保证联轴器轴向定位可靠，应使轴端挡圈压在联轴器上而不是压在轴的端面上。 故取 $L_1 = 80$mm 第Ⅱ段长度 L_2： 此段要保证轴承端盖固定螺钉的装拆要求。$L_2 = l_2 + e + m$，由表 9-69 查得 6210 型深沟球轴承外径为 90mm，所以选外六角圆柱头螺钉 M8 型，螺钉总长度为 32mm，因要使螺钉旋入端盖，所以 l_2 的长度要大于或等于螺钉的总长度，还要考虑加工应留有余量的问题，所以取 $l_2 = 36$mm。参照表 4-7 凸缘式轴承端盖的结构尺寸，$e = 1.2 d_3$（$d_3 = 8$mm 端盖上螺钉的大径），可取 $e = 10$mm。此处凸缘式轴承端盖的 m 值确定需考虑由输入轴确定的轴承座孔总宽度（$L = 44$mm）、轴承宽度及轴承端面到箱内壁距离 Δ。由表 9-68 查得 6210 型深沟球轴承的宽度 $B = 20$mm。 $$m = L - B - \Delta = 44 - 20 - 10 = 14 \text{(mm)}$$ 所以，取 $L_2 = l_2 + e + m = 36 + 10 + 14 = 60 \text{(mm)}$ 第Ⅲ段长度 L_3： $L_3 = B + \Delta_2 + (1 \sim 3)$mm，$B$ 为轴承的宽度，$(1 \sim 3)$mm 为封油环至箱体内壁的距离。Δ 为箱体内壁至轴承端面的距离，在本设计中轴承为脂润滑，所以取 $\Delta = 10$mm， 取 $L_3 = B + \Delta_2 + (1 \sim 3) = 20 + 10 + 2 = 32 \text{(mm)}$	$L_2 = 60$mm $L_3 = 32$mm

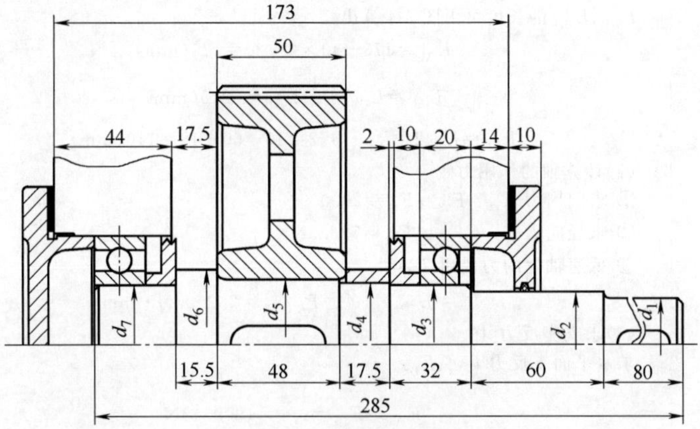

计算项目	计算及说明	计算结果
输出轴总长度	第Ⅵ段长度 L_4： $L_4 = \Delta_2 - 3 + (b_1 - b_2)/2 + (2\sim3) \text{mm}$，$\Delta_2$ 为箱体内壁至齿轮端面的距离。在高速轴设计中已取 $\Delta_2 = 15\text{mm}$，$(2\sim3)\text{mm}$ 是第 Ⅴ 段安装齿轮的轴短于齿轮轮毂的那段长度，一般取 2mm 　　则 $L_4 = \Delta_2 - 2 + (55-50)/2 + 2 = 17.5(\text{mm})$ 第Ⅴ段长度： 　　该段安装齿轮，该轴段的长度应略短于相配齿轮的宽度，以保证固定可靠，由前述计算可知 $b_2 = 50\text{mm}$。 　　故可取 $L_5 = b_2 - 2 = 48(\text{mm})$ 第Ⅵ段长度：由图 6-4 可知： 　　　　$L_6 = \Delta_2 + (b_1 - b_2)/2 - 2 = 15 + 2.5 - 2 = 15.5(\text{mm})$ 第Ⅶ段长度：此段与第Ⅲ段长度相同。 即 $L_7 = L_3 = 32\text{mm}$ 轴总长度 $L_总 = 80 + 60 + 2\times32 + 17.5 + 48 + 15.5 = 285(\text{mm})$	$L_4 = 17.5\text{mm}$ $L_5 = 48\text{mm}$ $L_6 = 15.5\text{mm}$ $L_7 = 32\text{mm}$ $L_总 = 285\text{mm}$
4. 按弯-扭组合强度校核	(1)绘制轴的受力图，如图 6-5(a)所示。 L_{AB}、L_{BD} 的长度可由图 6-4 算出 　　　　$L_{AB} = 173 - 14\times2 - 20 = 125(\text{mm})$ 　　　　$L_{AC} = L_{CB} = \dfrac{1}{2}L_{AB} = 62.5(\text{mm})$ 　　　　$L_{BD} = L_1/2 + L_2 + B/2 = 40 + 60 + 10 = 110(\text{mm})$ (2)计算轴的作用力 ① 求圆周力 F_{t2}　$F_{t2} = F_{t1} = 2000.9\text{N}$ ② 求径向力 F_{r2}　$F_{r2} = F_{r1} = 728.3\text{N}$ ③ 低速轴上的力偶矩 T_2： 　　　　$T_2 = 9.55\times10^6\times P_1/n_1 = 262500\text{N}\cdot\text{mm}$ (3)求支座反力[图 6-5(b)、(d)] 求水平面支反力 F_{Ax}、F_{Bx} 　　　　$F_{Ax} = F_{Bx} = \dfrac{F_{t2}}{2} = 1000.45\text{N}$ 求垂直面支反力 F_{Az}、F_{Bz} 　　　　$F_{Az} = F_{Bz} = \dfrac{1}{2}F_{r2} = 364.15\text{N}$ (4)作弯矩图 ① 绘制水平面弯矩图 水平面内最大弯矩发生在 C 处，其弯矩大小为： 　　　　$M_{Cx} = F_{Ax}\times62.5 = 1000.45\times62.5 = 62528.1(\text{N}\cdot\text{mm})$ B、D 处弯矩均为 0。 弯矩图如图 6-5(c)所示 ② 绘制垂直面弯矩图 垂直面内最大弯矩也发生在 C 处，其弯矩大小为： 　　　　$M_{Cz} = F_{Az}\times62.5 = 364.15\times62.5 = 22759.4(\text{N}\cdot\text{mm})$ A、B、D 处弯矩均为 0。 弯矩图如图 6-3(e)所示 ③ 绘制合弯矩图 　　　　$M_C = \sqrt{M_{Cx}^2 + M_{Cz}^2} = 66541.4\text{N}\cdot\text{mm}$ 合弯矩图如图 6-5(f)所示 (5)绘制扭矩图 扭矩与外力偶矩 T_2 相等，脉动扭矩，取 $\alpha = 0.6$ 　　　　$\alpha T_2 = 0.6\times262500 = 157500(\text{N}\cdot\text{mm})$ 扭矩图如图 6-5(g)所示 (6)绘制当量弯矩图 当量弯矩 $M_e = \sqrt{M^2 + (\alpha T_2)^2}$	

计算项目	计算及说明	计算结果

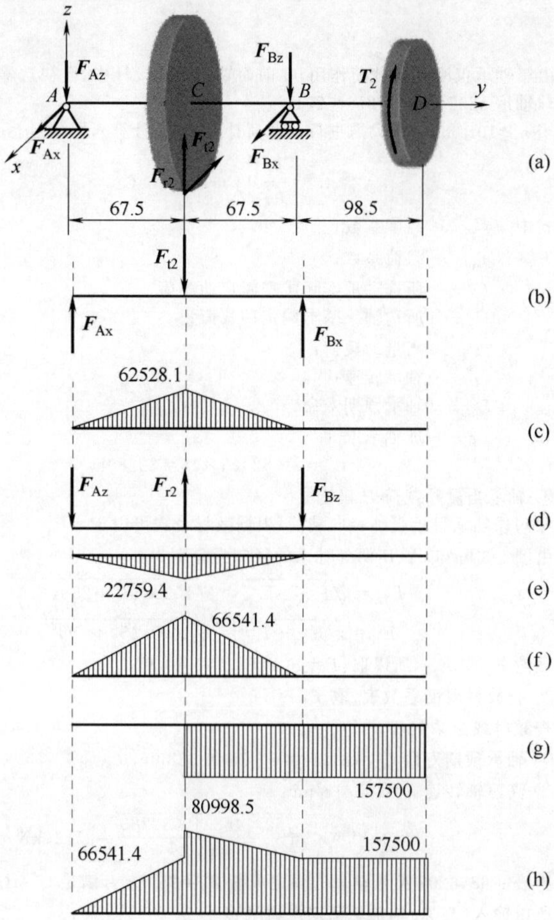

图 6-5　输出轴受力图

$$M_{eA} = 0(N \cdot mm)$$

$$M_{eC左} = \sqrt{M_C^2 + 0} = 66541.4(N \cdot mm)$$

$$M_{eC右} = \sqrt{M_C^2 + (0.6 \times T_2)^2} = 80998.5(N \cdot mm)$$

$$M_{eB} = M_{eD} = \sqrt{0 + (0.6 \times 262500)^2} = 157500(N \cdot mm)$$

当量弯矩如图 6-5(h)所示

(7)校核轴的强度

轴的强度条件：$\sigma_e = \dfrac{M_e}{W} \leqslant [\sigma_b]_{-1}$

式中，$W \approx 0.1d^3$，$[\sigma_b]_{-1} = 60MPa$

C 点处当量弯矩最大，但 D 点处轴径最小，所以需校核这两处强度。

① C 点处当量弯矩最大，应力为：

$$\sigma_{eC} = \frac{M_{eC}}{W} = \frac{80998.5}{0.1 \times 56^3} = 4.61MPa < 60MPa$$

所以 C 点处强度足够。

② D 点处轴径最小，应力为：

$$\sigma_{eD} = \frac{M_{eD}}{W} = \frac{157500}{0.1 \times 38^3} = 28.7MPa < 60MPa$$

所以 D 点处强度也足够。

C、D 两危险处强度均足够，所以输出轴强度足够。

输出轴强度
足够

计算项目	计算及说明	计算结果
七、轴承的选择和轴承寿命的校核 　1. 计算输入（高速）轴轴承	由于轴承仅受径向载荷作用，在前面轴的结构设计中，已初选输入轴轴承为深沟球轴承6207（GB/T 276—2013）。 当 $n \geqslant 10 \mathrm{r/min}$ 时，只需进行动载荷计算（寿命计算），即满足： $$C' = \frac{f_{\mathrm{p}}}{f_{\mathrm{T}}} P \sqrt[\varepsilon]{\frac{60 n L'_{\mathrm{h}}}{10^6}} \leqslant C_{\mathrm{r}}$$ 式中　f_{T}——温度系数； 　　　f_{p}——载荷系数； 　　　C'——所选轴承实际所需额定动载荷； 　　　C_{r}——所选轴承基本额定动载荷； 　　　P——当量动载荷； 　　　n——轴承转速； 　　　L'_{h}——轴承预期寿命； 　　　ε——球轴承取3； 　　　　　　$L'_{\mathrm{h}} = 8 \times 52 \times 5 \times 16 = 33280 \mathrm{h}$ ① 轴承当量动载荷 P 确定 深沟球轴承只承受纯径向载荷，根据教材公式可得 $P = F_{\mathrm{r}}$ 由图6-3可知，A、B 两处轴承的径向力分别为： $$F_{\mathrm{rA}} = \sqrt{F_{\mathrm{Ax}}^2 + F_{\mathrm{Az}}^2} = \sqrt{1000.45^2 + 2584^2}$$ $$F_{\mathrm{rB}} = \sqrt{F_{\mathrm{Bx}}^2 + F_{\mathrm{Bz}}^2} = \sqrt{1000.45^2 + 599^2}$$ 显然 $F_{\mathrm{rA}} > F_{\mathrm{rB}}$，所以取：$P = F_{\mathrm{r}} = F_{\mathrm{rA}} = 2770.9 \mathrm{N}$ ② 查教材温度系数表，取 $f_{\mathrm{T}} = 1.0$ 查教材载荷系数表，取 $f_{\mathrm{p}} = 1.0$ ③ 轴承预期寿命 $L'_{\mathrm{h}} = 8 \times 52 \times 5 \times 16 = 33280 \mathrm{h}$ ④ 高速轴转速 $n = 458.1 \mathrm{r/min}$ $$C' = 2770.9 \times \sqrt[3]{\frac{60 \times 458.1 \times 33280}{10^6}} = 25.2(\mathrm{kN})$$ 查表9-68，6207型号轴承的额定载荷 $C_{\mathrm{r}} = 25.5 \mathrm{kN}$，满足 $C' < C_{\mathrm{r}}$ 所以输入（高速）轴轴承预期寿命足够 输出轴轴承为深沟球轴承6210（GB/T 276—2013）。	输入轴轴承预期寿命足够
2. 计算输出（低速）轴轴承	① 轴承当量动载荷 P 确定 深沟球轴承只承受纯径向载荷，根据教材公式可得 $P = F_{\mathrm{r}}$ 由图6-5可知，A、B 两处轴承的径向力分别为： $$F_{\mathrm{rA}} = \sqrt{F_{\mathrm{Ax}}^2 + F_{\mathrm{Az}}^2} = \sqrt{1000.45^2 + 364.15^2}$$ $$F_{\mathrm{rB}} = \sqrt{F_{\mathrm{Bx}}^2 + F_{\mathrm{Bz}}^2} = \sqrt{1000.45^2 + 364.15^2}$$ 显然 $F_{\mathrm{rA}} = F_{\mathrm{rB}}$，所以取：$P = F_{\mathrm{r}} = F_{\mathrm{rA}} = F_{\mathrm{rB}} = 1064.7 \mathrm{N}$ ② 查教材温度系数表，取 $f_{\mathrm{T}} = 1.0$ 查教材载荷系数表，取 $f_{\mathrm{p}} = 1.0$ ③ 轴承预期寿命 $L'_{\mathrm{h}} = 8 \times 52 \times 5 \times 16 = 33280 \mathrm{h}$ ④ 低速轴转速 $n = 74.6 \mathrm{r/min}$ $$C' = 1064.7 \times \sqrt[3]{\frac{60 \times 76.4 \times 33280}{10^6}} = 5.7(\mathrm{kN})$$ 查表9-68，6210型号轴承的额定载荷 $C_{\mathrm{r}} = 35.0 \mathrm{kN}$，满足 $C' < C_{\mathrm{r}}$，所以输出（低速）轴轴承预期寿命足够	输出轴轴承预期寿命足够
八、联轴器的选择与校核 　1. 选择联轴器的类型	由于减速器功率不大，速度不高，运转较平稳，没有特殊要求，考虑装拆方便及经济问题，选用滑块联轴器（JB/ZQ 4384—2006）。 　　$d = 38 \mathrm{mm}$，$l = 82 \mathrm{mm}$	

续表

计算项目	计算及说明	计算结果
2. 求计算转矩 T_c	查联轴器工作情况系数,根据工作情况,选工作情况系数 $K_A=1.5$,联轴器计算转矩 T_c 必须满足:$T_c=K_A T \leqslant [T]$ $$T=T_{\mathrm{II}}=262500(\mathrm{N \cdot mm})$$ 则:$T_c=K_A T=262500 \times 1.5=393750(\mathrm{N \cdot mm})$	
3. 选择联轴器型号	根据 T_c、d 和 n,查表 9-80,选用 WH6 型滑块联轴器。公称转矩 $[T]=500\mathrm{N \cdot m}$,许用转速 $[n]=3800\mathrm{r/min}$,满足 $T_c < [T]$,$n < [n]$。采用 Y 型轴孔,A 型键,轴孔直径 $d=38\mathrm{mm}$,轴孔长度 $L=82\mathrm{mm}$。 标记示例:WH6 联轴器 38×82 JB/ZQ4384—2006 WH6 型滑块联器有关参数 {{TABLE1}}	选用 WH6 型滑块联轴器
九、键连接的选择与校核 　1. 输入轴外伸端平键	输送机传动系统中的轴与轴上零件有多处周向连接采用普通平键连接,减速器中的轴与带轮、齿轮、联轴器连接的键选择如下: 输入轴外伸端与带轮连接采用平键连接 (1)选择键连接的类型:为了与带轮良好接触和对中,故选用 A 型普通平键连接。 (2)确定键的主要尺寸: 轴径 $d_1=24\mathrm{mm}$,$L_1=46\mathrm{mm}$,$T_1=50021.8\mathrm{N \cdot mm}$ 选用普通 A 型平键,查表 9-50 得: 宽度 $b=8$,高度 $h=7$,长度 $L=L_1-(5\sim10)=41\sim36(\mathrm{mm})$,由键长系列取 $L=40\mathrm{mm}$ 标记示例: GB/T 1096—2003　键 8×7×40 (3)校核键连接强度:因轴、轮毂均为钢材料,查教材键连接的许用挤压应力表,可取 $[\sigma_p]=100\mathrm{MPa}$ 按静连接校核键连接强度: $$\sigma_p=\frac{4T}{hld} \leqslant [\sigma_p]$$ $$\sigma_p=\frac{4 \times 50021.8}{7 \times 40 \times 24}=29.8(\mathrm{MPa})$$ 显然 $\sigma_p < [\sigma_p]$ 所选输入轴键连接强度足够。	输入轴外伸端平键连接强度足够
2. 输出轴与齿轮连接采用平键连接	(1)选择键连接的类型:为了保证齿轮啮合良好,要求轴毂对中性好,故选用 A 型普通平键连接。 (2)确定键的主要尺寸: 轴径 $d_5=56\mathrm{mm}$　$L_5=48\mathrm{mm}$　$T_{\mathrm{II}}=262500\mathrm{N \cdot mm}$ 选用普通 A 型平键,查表 9-50 得: 宽度 $b=16$,高度 $h=10$,长度 $L=L_5-(5\sim10)=43\sim38(\mathrm{mm})$,由键长系列取 $L=42\mathrm{mm}$	输出轴与齿轮连接键连接强度足够

WH6 型滑块联器有关参数

型号	WH6
公称转矩 $T/(\mathrm{N \cdot m})$	500
许用转数 $n/(\mathrm{r/min})$	3800
轴孔直径 d/mm	38
轴孔长度 L/mm	82
外径 D/mm	120
材料	HT200
轴孔类型	Y 型
键槽类型	A 型

计算项目	计算及说明	计算结果
	标记示例: GB/T 1096—2003 键 $16\times10\times42$ (3)校核键连接强度:因轴、轮毂均为钢材料,查教材键连接许用挤压应力表,可取$[\sigma_p]=100$MPa 按静连接校核键连接强度: $$\sigma_p=\frac{4T}{hld}\leqslant[\sigma_p]$$ $$\sigma_p=\frac{4\times262500}{7\times42\times56}=63.8(\text{MPa})$$ 显然 $\sigma_p<[\sigma_p]$ 输出轴与齿轮连接所选平键连接强度足够。	
3. 输出轴与联轴器连接用平键连接	(1)选择键连接的类型:选用 A 型普通平键连接。 (2)确定键的主要尺寸: 轴径 $d_1=38$mm　$L_1=80$mm　$T_{\text{II}}=262500$N·mm 选用普通 A 型平键,查表 9-50 得: 宽度 $b=10$,高度 $h=8$,长度 $L=L_1-(5\sim10)=75\sim70$mm,由键长系列取$L=72$mm 标记示例: GB/T 1096—2003　键 $10\times8\times72$ (3)校核键连接强度:因轴、轮毂均为钢材料,查教材键连接的许用挤压应力表,可取$[\sigma_p]=100$MPa 按静连接校核键连接强度: $$\sigma_p=\frac{4T}{hld}\leqslant[\sigma_p]$$ $$\sigma_p=\frac{4\times262500}{8\times72\times38}=47.97(\text{MPa})$$ 显然 $\sigma_p<[\sigma_p]$ 输出轴与联轴器连接所选平键连接强度足够。	输出轴与联轴器连接所选平键连接强度足够
十、润滑方式、密封装置的选择 　1. 润滑方式、润滑油牌号及用量 　2. 密封形式	(1)齿轮润滑 齿轮圆周速度 $v=1.2$(m/s)<12(m/s),选用浸油润滑; 选用 L-AN22 号机械油(GB 443—1989),浸油深度为:浸没大齿轮轮顶 10mm; (2)滚动轴承润滑 高速轴轴承:$v_1=\dfrac{\pi d_1 n_1}{1000\times60}=\dfrac{3.14\times35\times458.1}{60000}=0.84(\text{m/s})$ 低速轴轴承:$v_2=\dfrac{\pi d_2 n_2}{1000\times60}=\dfrac{3.14\times50\times76.4}{60000}=0.2(\text{m/s})$ 高速轴轴承与低速轴轴承线速度均小于 2m/s,所以采用润滑脂润滑。选用ZL-3 型润滑脂(GB/T 7324—2010),用量为轴承间隙的(1/3)~(1/2)为宜。 (1)箱座与箱盖凸缘接合面的密封 选用在接合面涂密封漆或水玻璃的方法。 (2)观察孔和油孔等处接合面的密封 在观察孔或螺塞与机体之间加石棉胶纸、垫片进行密封。 (3)轴承孔的密封 由于 $v<3$m/s,轴的外伸端与透盖间的间隙可选用毡封圈密封。 (4)轴承靠近机体内壁处应用挡油环加以密封,防止润滑油进入轴承内部。	
十一、箱体的设计	箱体主要结构尺寸: 箱座壁厚 $\delta=0.025a+1\geqslant8$mm　取 8mm 箱盖厚度 $\delta_1=0.025a+1\geqslant8$mm　取 8mm 箱座凸缘厚度 $b=1.5\delta=12$mm 箱盖凸缘厚度 $b_1=1.5\delta_1=12$mm 箱座底凸缘厚度 $b_2=2.5\delta=20$mm	

计算项目	计算及说明	计算结果
	箱座肋厚 $m=0.85\delta=6.8$mm 箱盖肋厚 $m_1=0.85\delta_1=6.8$mm 轴承旁凸台高度 $h=45$mm,凸台半径 $R=20$mm 小齿轮端面到内机壁距离 $\Delta_2=15$mm 大齿轮齿顶与内机壁距离 $\Delta_1=20$mm 输入轴轴承端盖外径 $D_1=92$mm 输出轴承轴端盖外径 $D_2=110$mm 轴承轴端螺 M8,数量 4 个 地脚螺栓 M12,数量 4 个	
十二、减速器的附件及简要说明	列表说明:	

名称	功用	数量	材料	规格
螺栓	安装端盖	24	Q235	M6×16 GB/T 5782—2016
螺栓	安装视孔盖	4	Q235	M5×12 GB/T 5782—2016
螺母	安装	3	A3	M8 GB/T 6170—2015
垫片	调整安装	3	65Mn	8 GB/T 93—1987
定位销	定位	2	35	A6×30 GB/T 117—2000
油标尺	测量油面高度	1	组合体	M12
通气器	透气	1	A3	组件
放油孔及螺塞	排出油污	1	Q235	螺塞 M16×1.5
视孔和视孔盖	观察、检查	1	Q235	组件
起盖螺钉	便于拆卸箱盖	1 或 2	35	M10
起吊装置	便于搬运和装卸	2	Q235	

注：其中"参考资料""设计小结""指导教师评语"省略。

6.4　答辩准备

答辩是课程设计的最后一个重要环节，也是检查学生实际设计能力、掌握设计知识情况和设计成果、评定成绩的重要方式。

答辩前应将设计图纸和设计计算说明书装袋后交指导教师审阅，未完成设计任务者一般不允许答辩。

答辩的方式采用每位学生单独进行（答辩）。

答辩过程包括学生准备答辩、学生陈述设计内容和回答指导教师（或答辩委员会成员）提问三个环节。答辩准备包括资料规范整理、设计内容及相关课程知识复习、学生仪表和心理调整。学生陈述一般控制在 10 分钟内，首先将自己的主要图纸张贴在规定的地方；然后简要介绍自己姓名、专业、班级等基本信息，接着讲解设计原理、特点、创新等主要内容；最后接受教师提问。回答问题时要正确理解题意，紧扣要点，简明扼要。答辩完毕后学生应主动离开教室（答辩场地），避免影响教师评判成绩。有些指导教师采取的答辩方式比较灵活，答辩只须回答三个问题，将设计的相关内容融入问题之中。

　　成绩评定：根据学生的设计图样、设计计算说明书和答辩中回答问题的情况，按照院校教学管理制度规定的比例，并参考学生在设计过程中的表现给出综合评定成绩。成绩分为优、良、及格和不及格四个等级（也有院校分优、良、中、及格和不及格五个等级）。不及格者须在毕业之前重修，否则不准予毕业。

6.5　答辩准备思考题

（1）机械系统的设计主要包括哪些内容，其设计原则是什么？

（2）实现同一设计任务可选的机械装置有哪些？各有什么特点？

（3）你是如何拟定传动方案的，其依据是什么？请说明你所设计的传动方案的优缺点？

（4）传动装置总体设计的内容有哪些？

（5）常用的减速器有哪几种主要类型？其传动比一般为多少，特点如何？

（6）减速器箱体的底座与地基处为何要挖进去一些，而不做成整个一块平面？

（7）减速器上下分箱面为何要涂以水玻璃或密封胶而不允许用任何材料的垫片？

（8）你所设计的减速器如何起吊？其结构形式如何？

（9）减速器上吊钩、吊环或吊耳的作用是什么？其尺寸大小如何确定？

（10）你所设计的减速器中心高是如何确定的？

（11）你所设计的减速器中有哪些附件，各有什么作用？

（12）在箱体上的沉头座孔有何作用，如何加工？

（13）减速器在什么情况下需要开设油沟？试说明油的走向。

（14）减速器箱体装油塞处及装通气器处为何要凸出一些？如何加工？

（15）减速器的油塞起什么作用？布置其位置时应考虑哪些问题？

（16）为何要在减速器上开设通气器？通气器有几种形式？

（17）减速器箱体上油标尺的位置如何确定？为什么设计成斜置的？

（18）如何确定减速器的主要尺寸？铸造减速箱的壁厚为什么要大于 8mm？

（19）确定减速器的润滑方式时，应考虑哪些主要因素？

（20）减速器装润滑油高度应如何确定？与齿轮速度有关吗？

（21）如何保证箱体的密封性能？常用密封件有哪些？

（22）箱缘宽度根据什么条件确定的，你确定的数值是多少？

（23）为减少箱体加工面，在设计中采取哪些措施？

（24）减速器的筋板起什么作用，箱盖要不要设计筋板？

（25）如何确定电动机的功率和转速？

（26）你是如何选择电动机的类型和结构形式？电动机的标准系列代号是什么？

（27）电动机的额定功率与工作功率有何不同？电动机的工作功率如何确定？如何选择电动机的型号？

（28）机械中的总传动比如何计算？如何分配各级传动比？取值有何根据？

（29）传动装置中各轴间的功率、转速和转矩是什么关系？

（30）工作机的实际转速如何确定？

（31）试述带传动或链传动设计的设计步骤。

（32）V 带传动设计时要确定哪些主要参数？

（33）　V 带的根数是如何确定的？

（34）　平带的接头形式有几种？分别是什么？

（35）　什么叫包角？小带轮的包角有何限制？为什么？

（36）　常用的齿轮材料有哪些，选择材料要考虑哪些因素？有哪些热处理方法？

（37）　试述闭式齿轮传动主要失效形式和设计准则。

（38）　设计齿轮时如何选择材料及确定两轮齿面间的硬度差？

（39）　你是如何选择齿轮传动的类型？选择直齿、斜齿、蜗杆传动大致的原则是什么？

（40）　齿轮设计中的齿数、模数如何确定？大轮齿数有限制吗？

（41）　如何确定齿轮各部分的尺寸？

（42）　大、小齿轮的宽度如何确定？两者是否相同？为什么？

（43）　齿轮的轴向固定有哪些方法？你采用了什么方法？周向固定呢？

（44）　齿轮的精度由什么组成？标注 8-7-7 HK　GB/T 10095.1—2001 表示什么含义？

（45）　齿轮加工常用哪几种方法，试谈谈你加工齿轮的体会？

（46）　说明计算载荷中的过载系数 K 的意义？其值如何取？

（47）　为何大、小齿轮的弯曲强度要分别校核？

（48）　在齿轮设计中，当接触强度不满足时，应采用哪些措施提高齿轮的接触强度？

（49）　齿轮接触应力和弯曲应力的变化规律如何？

（50）　齿轮的常用结构形式有几种？在什么情况下设计成齿轮轴，在什么情况下齿轮和轴分开？你是如何确定齿轮结构形式的？

（51）　你所设计的齿轮减速器选用的是软齿面还是硬齿面？使用若干年后，该齿轮将首先发生什么失效？如果该齿轮失效后再重新设计齿轮，将按什么强度设计？按什么强度较核？

（52）　大、小齿轮的硬度为什么有差别？你设计的大、小齿轮齿面硬度是否相同？接触强度计算中用哪一个齿轮的极限应力值？

（53）　请比较直齿圆柱齿轮和斜齿圆柱齿轮啮合的异同点？一般在什么情况下选用直齿圆柱齿轮，在什么情况下选用斜齿圆柱齿轮？

（54）　试述轴的设计步骤和方法？

（55）　轴的材料主要有哪些？你是如何选择轴的材料和许用应力的？

（56）　轴上零件的轴向固定应考虑哪些问题？以输入轴为例，说明轴上零件是怎样定位和固定的？

（57）　以你设计的轴为例，说明每段轴的长度和直径是怎样确定的？

（58）　轴为什么要设计成阶梯轴，支点位置怎么确定？

（59）　轴的强度计算中修正系数 α 意义是什么？其值如何确定？

（60）　键的宽度 b、高度 h 和长度 L 应如何确定？键在轴上的安装位置如何确定？

（61）　加工键槽有几种方法，加工时应注意什么问题？

（62）　键的强度验算主要考虑什么强度？

（63）　定位销有哪些类型，其作用如何？

（64）　减速器上、下箱体连接为什么要定位销，定位销的位置应如何布置？

（65）　联轴器有哪些类型？有何特点？联轴器与减速器的功用有何差别？

（66）　根据什么条件选择联轴器？联轴器与箱边的距离应如何考虑？分析高速级和低速级常用的联轴器有何不同？

（67）　滚动轴承的代号是如何确定的？

（68）说明你选择轴承类型和型号的依据是什么？

（69）在你设计轴承中，轴承的内圈与轴、外圈与座孔是什么配合？如何标注？

（70）对角接触轴承应如何考虑轴向力方向？

（71）角接触轴承正装和反装布置各有哪些优缺点？你选择的布置有何特点？

（72）滚动轴承的寿命不能满足要求时，应如何解决？

（73）轴承如何拆装？在轴的设计中应如何考虑？

（74）轴承为何留有轴向间隙，其值为多少，如何进行调整？

（75）箱体接合面的轴承座宽度与哪些因素有关？

（76）轴承盖的类型有哪些？各有何优缺点？

（77）为什么有的轴承要设置挡油环？挡油环的尺寸如何确定？

（78）轴承的密封方式有几种？你在设计中是如何选择的？

（79）请绘制教室钢窗的机构示意图？

（80）什么叫急回运动？它在生产中有何意义？

（81）凸轮机构有哪些常用的运动规律？有何特点？

（82）何种类型的回转体需要进行动平衡？动平衡条件是什么？

（83）调整垫片的作用是什么？

（84）轴承盖的连接螺钉位置应如何考虑？

（85）减速器上下箱体连接螺栓是受拉还是受剪连接螺栓？简述其所受的外力性质，并说明外力的来源。

（86）启盖螺钉有何作用？其工作原理如何？

（87）上下箱体连接螺栓的位置和个数是根据什么确定的？

（88）孔轴配合有哪几种基准制，一般选用原则是什么？

（89）在轴的零件工作图中，你标注的几何公差有哪些？

（90）ZCuSn5Pb5Zn5 属于什么材料，其符号和数值分别表示什么？

（91）Q235 表示什么钢，其符号和数值分别表示什么？

（92）什么叫正火？它与调质有什么区别？

（93）零件工作图的作用是什么？以你设计的齿轮或轴为例，说明有关尺寸极限偏差、表面粗糙度是如何确定的？

（94）尺寸标注中哪些尺寸需要圆整？哪些尺寸不能圆整？

（95）画装配草图时，应注意哪些事项？

（96）装配图、零件工作图、设计说明书的逻辑关系是什么？完成的先后顺序如何？

（97）在装配图上应标注哪几类尺寸？以你的设计图纸说明。

（98）在装配图上通常要标注哪些技术要求？请举例说明。

（99）请说明形位公差有哪些项目，用什么符号？

（100）表面粗糙度评定参数 Ra 的含义是什么？

（101）试说明齿轮零件工作图中参数表的内容。

（102）编制设计计算说明书有哪些要求？

（103）在课程设计中，你是如何处理团队合作精神与独立创新的？

（104）在你的设计中，哪些方面还需要改进？你认为如何才能提高课程设计质量，有何建议？

（105）结合课程设计，你认为机械设计基础课程应如何改革？

单元7

课程设计参考图例

7.1　减速器装配工作图参考图例

7.1.1　一级直齿圆柱齿轮减速器

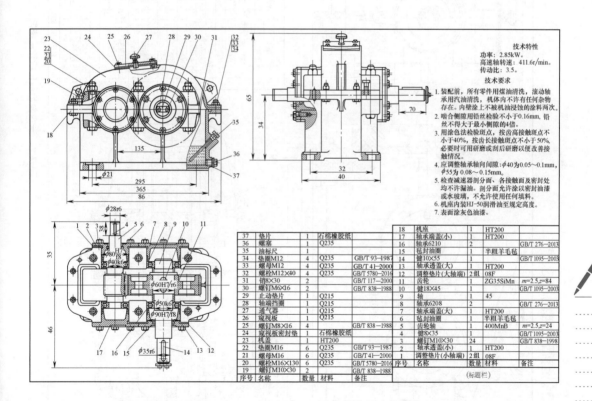

技术特性
功率：2.85kW。
高速轴转速：411.6r/min。
传动比：3.5。

技术要求
1. 装配前，所有零件用煤油清洗，滚动轴承用汽油清洗，机体内不许有任何杂物存在。内壁涂上不被机油侵蚀的涂料两次。
2. 啮合侧隙用铅丝检验不小于0.16mm，铅丝不得大于最小侧隙的4倍。
3. 用涂色法检验斑点，按齿高接触点不小于40%，按齿长接触点不小于50%，必要时可用研磨或刮后研磨以便改善接触情况。
4. 应调整轴承轴向间隙：φ40为0.05～0.1mm，φ55为0.08～0.15mm。
5. 检查减速器剖分面、各接触面及密封处均不许漏油。剖分面允许涂以密封油漆或水玻璃，不允许使用任何填料。
6. 机座内装HJ-50润滑油至规定高度。
7. 表面涂灰色油漆。

序号	名称	数量	材料	备注
37	垫片	1	石棉橡胶纸	
36	螺塞	1	Q235	
35	油标尺	1		
34	垫圈M12	4	Q235	GB/T 93—1987
33	螺母M12	4	Q235	GB/T 41—2000
32	螺栓M12×40	4	Q235	GB/T 5780—2016
31	销8×30	1		GB/T 117—2000
30	螺钉M6×16	2		GB/T 838—1988
29	止动垫片	1	Q215	
28	轴端挡圈	1	Q215	
27	通气器	1	Q215	
26	窥视板	1	Q215	
25	螺钉M8×16	1		GB/T 838—1988
24	窥视板密封垫	1	石棉橡胶纸	
23	机盖	1	HT200	
22	垫圈M16	6	Q235	GB/T 93—1987
21	螺母M16	6	Q235	GB/T 41—2000
20	螺栓M16×130	6	Q235	GB/T 5780—2016
19	螺钉M10×30	2		GB/T 838—1988
18	机座	1	HT200	
17	轴承端盖(小)	1	HT200	
16	轴承6210	2		GB/T 276—2013
15	毡封油圈	1	半粗羊毛毡	
14	键10×55	1		GB/T 1095—2003
13	轴承透盖(大)	1	HT200	
12	调整垫片(大轴端)	2组	08F	
11	齿轮	1	ZG35SiMn	m=2.5,z=84
10	键18×45	1		GB/T 1095—2003
9	轴	1	45	
8	轴承6208	2		GB/T 276—2013
7	轴承端盖(大)	1	HT200	
6	毡封油圈	1	半粗羊毛毡	
5	齿轮轴	1	400MnB	m=2.5,z=24
4	键8×35	1		GB/T 1095—2003
3	螺钉M10×30	24		GB/T 838—1998
2	轴承透盖(小)	1	HT200	
1	调整垫片(小轴端)	2组	08F	
序号	名称	数量	材料	备注

(标题栏)

图 7-1　一级直齿圆柱齿轮减速器

7.1.2　一级斜齿圆柱齿轮减速器

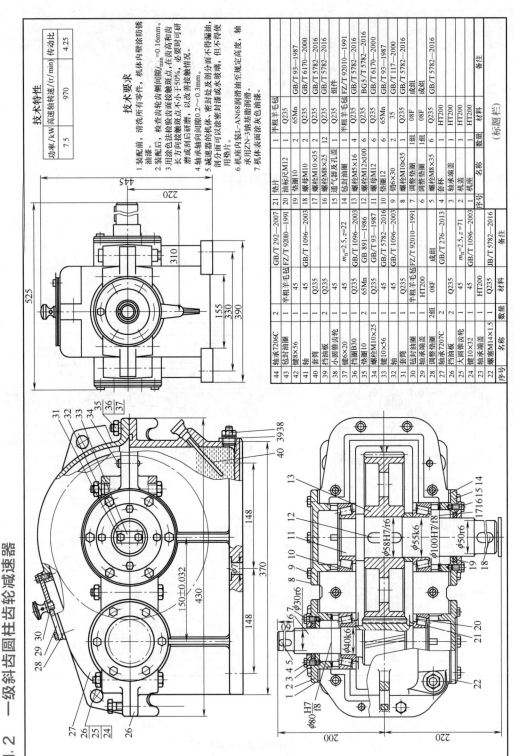

技术特性

功率/kW	高速轴转速/(r/min)	传动比
7.5	970	4.25

技术要求

1. 装配前，清洗所有零件，机体内壁涂漆防锈油漆。
2. 装配后，检查齿轮侧齿隙应≥0.16mm。
3. 用涂色法检验齿面接触斑点，在齿高和齿长方向接触斑点不小于50%，必要时可研磨或刮削后研磨，以改善接触情况。
4. 轴承轴向间隙为0.2～0.3mm。
5. 减速器轴的机体、密封处及剖分面不得漏油，剖分面可以涂密封胶或水玻璃，但不得使用垫片。
6. 机座内装L-AN68润滑油至规定高度，轴承采用ZN-3钠基脂润滑。
7. 机体表面涂灰色油漆。

44	轴承7206C	2		GB/T 292—2007	21	垫片	1	半粗羊毛毡	
43	毡封油圈	1	半粗羊毛毡	FZ/T 92010—1991	20	油标尺M12	1	Q235	
42	键8×56	1	45	GB/T 1096—2003	19	垫圈10	2	65Mn	GB/T 93—1987
41	套筒	1	Q235		18	螺母M10	2	Q235	GB/T 6170—2000
40	挡油板	2	Q235		17	螺栓M10×35	2	Q235	GB/T 5782—2016
39	挡油板	1	45		16	螺栓M8×25	12	Q235	GB/T 5782—2016
38	小圆锥皮轮	1	45	$m_n=2.5, z=22$	15	通气器及孔盖	1	组件	
37	毡封油圈	1	半粗羊毛毡	FZ/T 92010—1991	14	毡封油圈	1	半粗羊毛毡	FZ/T 92010—1991
36	挡圈B30	1	Q235	GB/T 1096—2003	13	螺栓M5×16	4	Q235	GB/T 5782—2016
35	垫圈10	2	65Mn	GB 891—1986	12	螺栓M12×100	6	Q235	BG5/T 5782—2016
34	螺栓M10×25	1	Q235	GB/T 93—1987	11	螺母M12	6	Q235	GB/T 6170—2000
33	键10×56	1	45	GB/T 5782—2016	10	垫圈12	6	65Mn	GB/T 93—1987
32	轴	1	45	GB/T 1096—2003	9	销6×30	2	35	GB/T 117—2000
31	套筒	1	Q235		8	螺栓M10×35	2	Q235	GB/T 5782—2016
30	毡封油圈	1	半粗羊毛毡	FZ/T 92010—1991	7	调整垫圈	1组	08F	成组
29	轴承端盖	1	HT200		6	调整垫圈	1组	08F	成组
28	调整垫圈	2组	08F		5	螺栓M8×35	6	Q235	GB/T 5782—2016
27	轴承7207C	2		GB/T 276—2013	4	套杯	1	HT200	
26	挡油板	2	Q235		3	轴承端盖	1	HT200	
25	大圆锥皮轮	1	45	$m_n=2.5, z=71$	2	机盖	1	HT200	
24	轴承端盖	1	HT200		1	机座	1	HT200	
23	轴承端盖	1	Q235	GB/T 1096—2003	序号	名称	数量	材料	备注
22	螺塞M14×1.5	1	Q235	JB/T 5782—2016					(标题栏)
序号	名称	数量	材料	备注					

图7-2　一级斜齿圆柱齿轮减速器

7.1.3 一级圆锥齿轮减速器

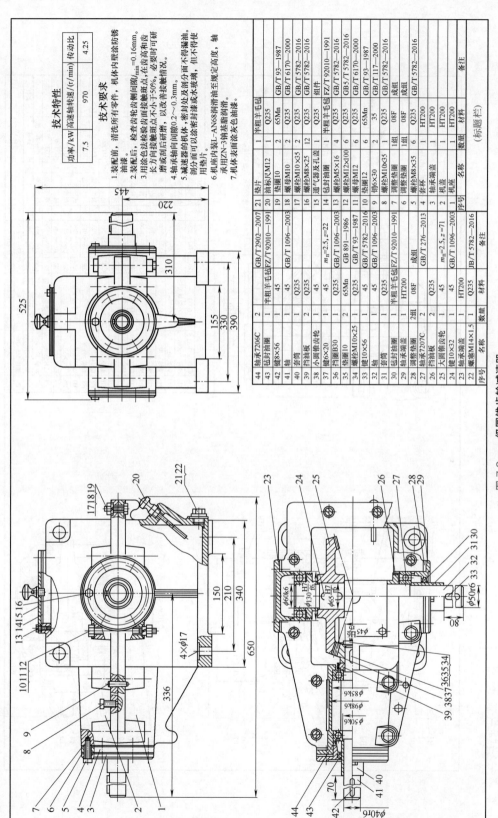

图7-3 一级圆锥齿轮减速器

7.1.4 一级蜗杆减速器

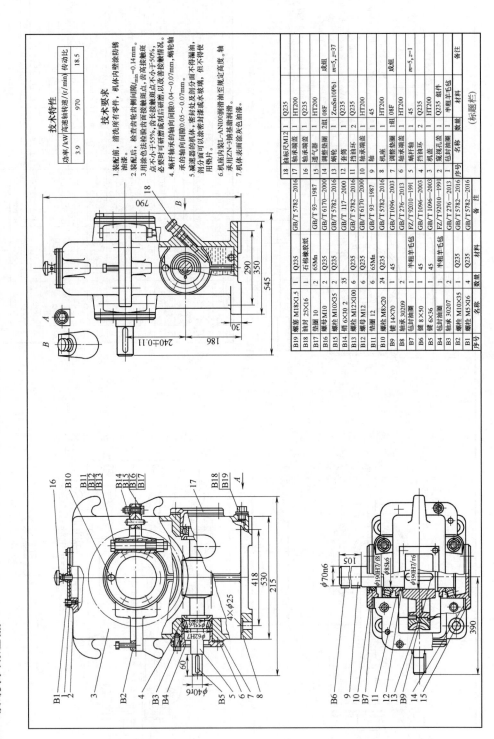

技术特性

功率/kW	高速轴转速/(r/min)	传动比
3.9	970	18.5

技术要求

1. 装配前，清洗所有零件，机体内壁涂防锈油漆。
2. 装配后，检查齿轮箱接触斑点，齿轮接触情况。
3. 用涂色法检验蜗轮齿面接触斑点，沿齿高不小于55%，沿齿长不小于50%，必要时可研磨或刮磨后研磨，以改善接触情况。蜗轮轴承的轴向间隙$\delta_{\min}=0.14$mm。
4. 蜗杆轴承的轴向间隙$0.04\sim0.07$mm，蜗轮轴承的轴向间隙$0.05\sim0.07$mm。
5. 减速器的机体、密封处及剖分面不得漏油，剖分面可以涂密封漆或水玻璃，但不得使用热片。
6. 机座内装L—AN100润滑油至规定高度，轴承采用ZN—3钠基脂润滑。
7. 机体表面涂灰色油漆。

序号	名称	数量	材料	备注
B19	螺塞 M18×1.5	1	Q235	
B18	油封 25×16	1	石棉橡胶纸	
B17	垫圈 10	2	65Mn	
B16	螺母 M10	2	Q235	
B15	螺栓 M10×35	2	Q235	
B14	销 6×30	2	35	
B13	螺栓 M12×100	6	Q235	
B12	螺母 M12	6	Q235	
B11	垫圈 12	6	65Mn	
B10	螺栓 M8×20	24	Q235	
B9	键 14×70	1	45	
B8	毡封油圈	1	半粗羊毛毡	
B7	毡封油圈	1	半粗羊毛毡	
B6	键 8×50	1	45	
B5	键 6×36	1	45	
B4	毡封油圈	1	半粗羊毛毡	
B3	轴承 30207	2		
B2	螺栓 M10×35	1	Q235	
B1	螺栓 M5×16	4	Q235	
序号	名称	数量	材料	备注

序号	名称	数量		材料	备注
18	油标尺M12	1	GB/T 5782—2016	Q235	
17	轴承端盖	1		HT200	
16	轴承端盖	1		HT200	
15	通气器	1	GB/T 93—1987	HT200	
14	调整垫组	2组	GB/T 6170—2000	08F	成组
13	蜗轮	1	GB/T 5782—2016	ZcuSn10Pb1	$m=5$，$z=37$
12	套筒	2	GB/T 117—2000	Q235	
11	挡油环	2	GB/T 5782—2016	Q235	
10	轴承端盖	1	GB/T 6170—2000	HT200	
9	轴	1	GB/T 93—1987	45	
8	机座	1	GB/T 5782—2016	HT200	
7	调整垫组	1组	GB/T1096—2003	08F	成组
6	轴承端盖	1	GB/T 276—2013	45	
5	蜗杆轴	4	GB/T1096—2003	Q235	$m=5$，$z_1=1$
4	挡油环	1	FZ/T92010—1991	HT200	
3	机盖	1	GB/T 276—2013	Q235	
2	窥视孔盖	1	FZ/T92010—1991	Q235	组件
1	毡封羊毛毡	1	GB/T 5782—2016	半粗羊毛毡	
序号	名称	数量	备 注	材 料	备注

（标题栏）

图7-4 一级蜗杆减速器

7.2 减速器零件工作图参考图例

7.2.1 轴零件工作图

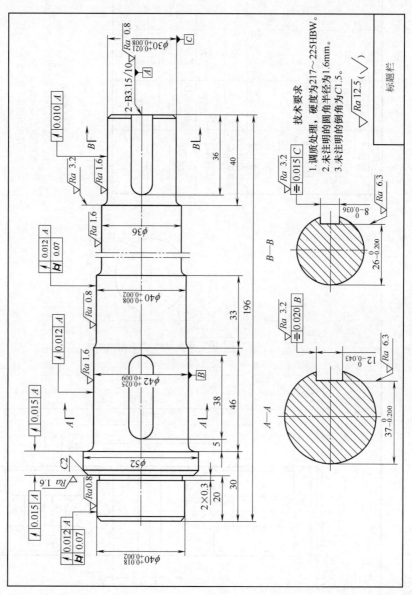

图7-5 轴零件工作图

7.2.2　斜齿轮零件工作图

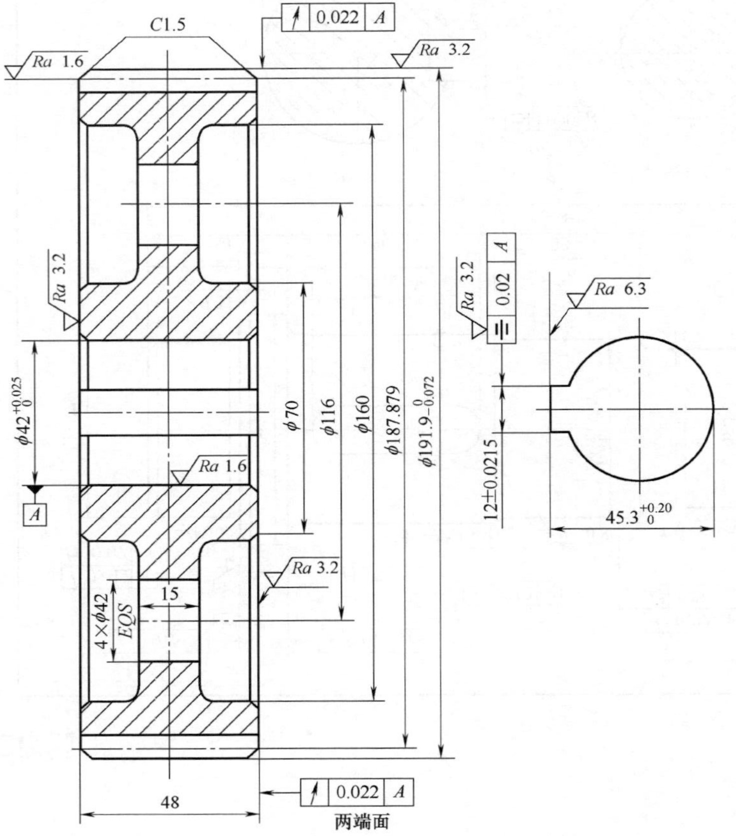

项目	代号	数值	备注
法面模数	m_n	2	
齿数	z	93	
法面压力角	α_n	20°	
齿顶高系数	h_a^*	1	
螺旋方向	β	8°6'34"	右旋
径向变位系数	x	0	
公法线长度及其偏差	W_m	64.675$_{-0.168}^{-0.108}$	
跨测齿数	K	11	
精度等级	7HK(GB/T 10095.1—2008)		
齿轮副中心距及其极限偏差	$a\pm f_a$	120±0.027	
配对齿轮	图号		
	齿数	28	
公差组	检验项目 代号	公差或极限偏差值	
Ⅰ	F_r	0.05	
	F_W	0.036	
Ⅱ	f_f	0.013	
	f_{pt}	±0.016	
Ⅲ	F_β	0.016	

技术要求
1.正火处理，齿面硬度为180~210HBW。
2.未注明的倒角为C2。
3.未注明的圆角半径为5mm。

$\sqrt{Ra\ 12.5}$ $(\sqrt{\ })$

标题栏

图 7-6　斜齿轮零件工作图

7.2.3 锥齿轮零件工作图

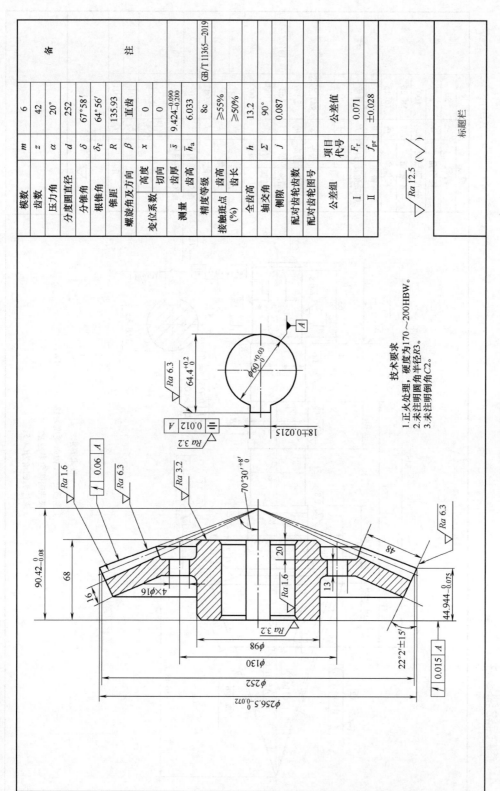

模数	m	6	
齿数	z	42	
压力角	α	20°	
分度圆直径	d	252	
分锥角	δ	67°58′	
根锥角	δ_f	64°56′	
锥距	R	135.93	
螺旋角及方向	β	直齿	
变位系数 高度	x	0	
切向		0	
测量 齿厚	$\bar{s}$	$9.424_{-0.200}^{-0.090}$	
齿高	$\bar{h}_a$	6.033	
精度等级		8c	GB/T 11365—2019
接触斑点 齿高		≥55%	
(%) 齿长		≥50%	
全齿高	h	13.2	
轴交角	Σ	90°	
侧隙	j	0.087	
配对齿轮齿数			
配对齿轮图号			
公差组 项目代号		公差值	
Ⅰ F_r		0.071	
Ⅱ f_{pt}		±0.028	

标题栏

$\sqrt{Ra\ 12.5}\ (\sqrt{\ \ })$

技术要求
1. 正火处理，硬度为170～200HBW。
2. 未注明圆角半径R3。
3. 未注明倒角C2。

图7-7 锥齿轮零件工作图

7.2.4　锥齿轮轴零件工作图

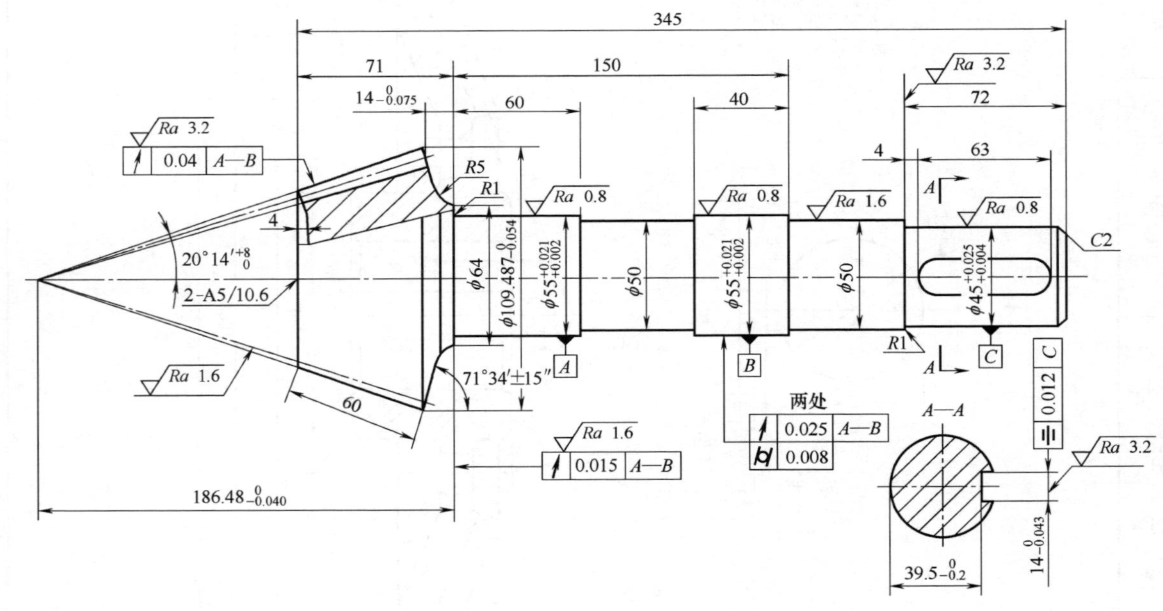

			备注
模数	m	5	
齿数	z_2	20	
压力角	α	20°	
分度圆直径	d_2	100	
分锥角	δ	18°26′	
根锥角	δ_f	16°15′	
锥距	R	158.114	
螺旋角及方向	β	直齿	
变位系数　高度	x	0	
切向		0	
测量　齿厚	$\bar{s}$	$7.847^{-0.059}_{-0.144}$	
齿高	$\bar{h}_a$	5.147	
精度等级		7cB	GB/T 11365—2019
接触斑点(%)　齿高		≥65%	
齿长		≥60%	
全齿高	h	11	
轴交角	Σ	90°	
侧隙	j	0.087	
配对齿轮齿数	z	60	
配对齿轮图号			
公差组	项目代号	公差值	
I	F_r	0.04	
II	f_{pt}	±0.018	

$\sqrt{Ra\ 6.3}$ （$\sqrt{\ }$）

标题栏

技术要求

1.调质处理,齿面硬度为180～210HBW。

2.未注明圆角半径R2。

3.未注明倒角为C1.5。

图7-8　锥齿轮轴零件工作图

7.2.5 蜗杆零件工作图

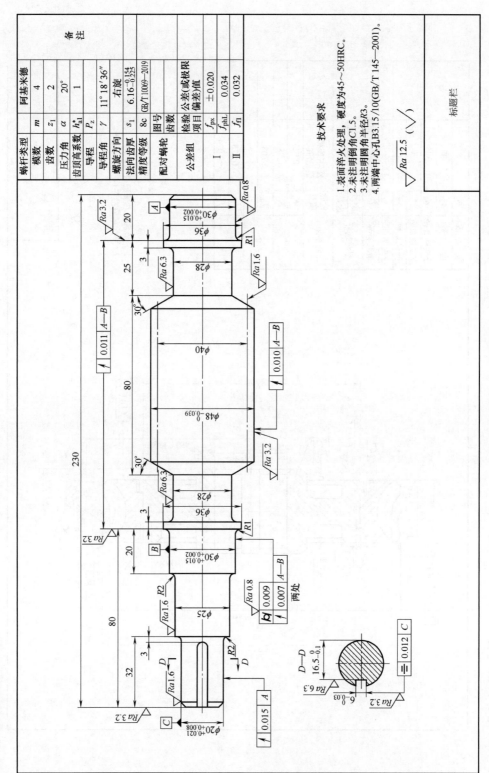

蜗杆类型		阿基米德
模数	m	4
齿数	z_1	2
压力角	α	20°
齿顶高系数	h_{a1}^*	1
导程	P_z	
导程角	γ	11°18′36″
螺旋方向		右旋
法向齿厚	s_1	$6.16_{-0.225}^{-0.154}$
精度等级		8c GB/T 10089—2019
配对蜗轮	图号	
	齿数	
公差组	检验项目	公差或极限偏差值
I	f_{px}	±0.020
	f_{phL}	0.034
II	f_{f1}	0.032

备注

技术要求

1.表面淬火处理，硬度为45～50HRC。
2.未注明倒角C1.5。
3.未注明圆角半径R3。
4.两端中心孔B3.15/10(GB/T 145—2001)。

$\sqrt{Ra\ 12.5}$ ($\sqrt{\ }$)

标题栏

图 7-9　蜗杆零件工作图

7.2.6 蜗轮零件工作图

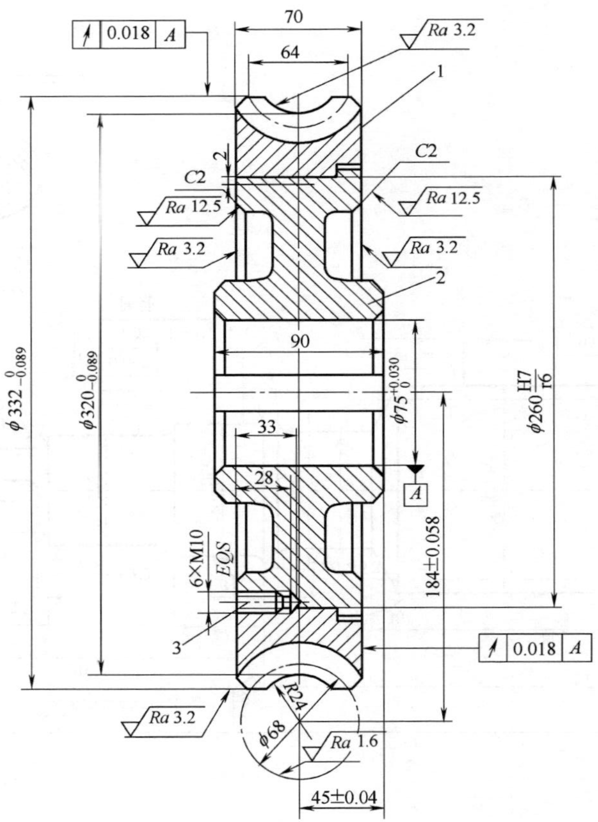

模　数	m		8
齿　数	z_2		38
分度圆直径	d_2		304
齿顶高系数	h_{a2}^*		1
变位系数	x_2		0
分度圆齿厚	s_2		$12.566_{-0.160}^{0}$
精度等级		8c	GB/T 10089—2019
配对蜗杆		图号	
		齿数	
公差组	检验项目		公差(或极限偏差)值
I	F_{pt}		0.125
	F_r		0.080
II	f_{pt}		±0.032
III	f_{f2}		0.028
	f_Σ		±0.024
备　注			

技术要求

1. 轮缘和轮芯装配好后再精车和切制轮齿。
2. 件3拧紧后沿件1、2端面锯平。

$\sqrt[6]{}(\sqrt{})$

标题栏

图 7-10　蜗轮零件工作图

7.2.7 蜗轮轮芯和轮缘零件工作图

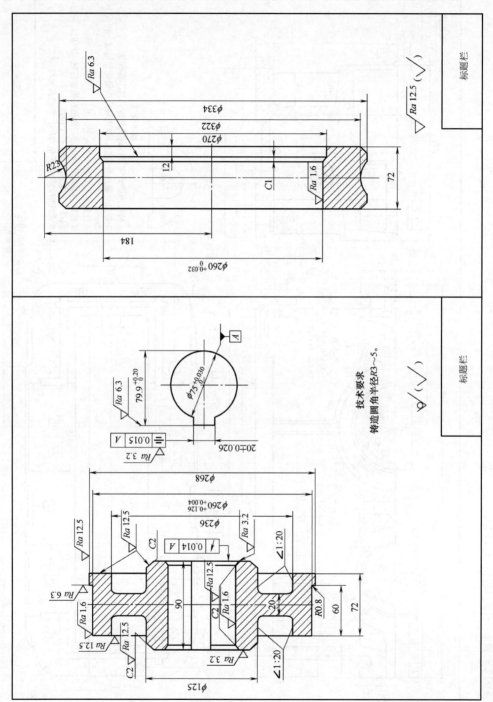

图 7-11 蜗轮轮芯和轮缘零件工作图

7.2.8　单级减速器箱座零件工作图

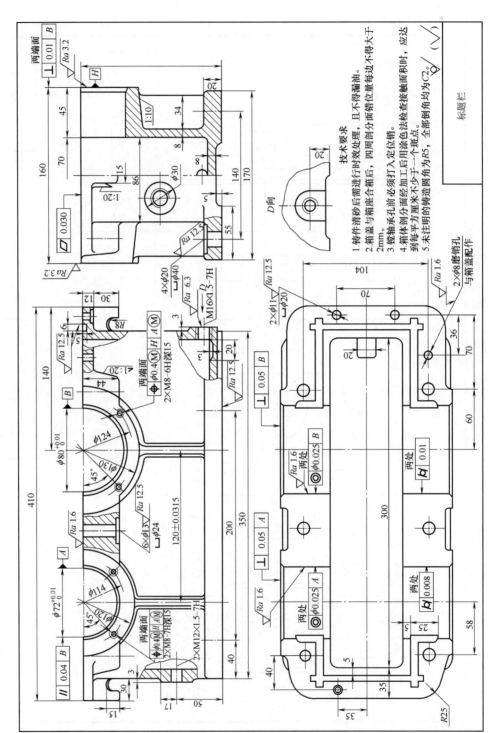

技术要求

1. 铸件清砂后需进行时效处理，且不得漏油。
2. 箱盖与箱座合箱后，四周剖分面错位量每边不得大于2mm。
3. 镗轴承孔前必须合箱，剖分面经刮研入定位销。
4. 箱体剖分面经加工后用涂色法检查接触面积时，应达到每平方厘米不少于一个斑点。
5. 未注明的铸造圆角为R5，全部倒角均为C2。

图7-12　单级减速器箱座零件工作图

7.2.9 单级减速器箱盖零件工作图

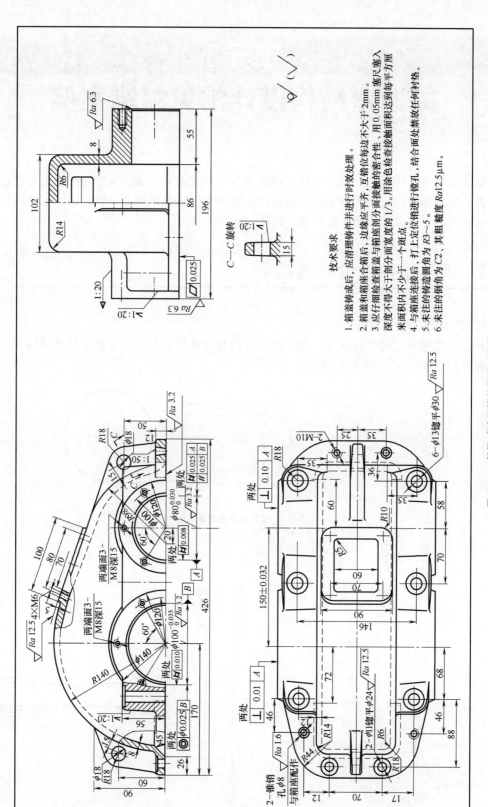

图7-13 单级减速器箱盖零件工作图

技术要求

1. 箱盖铸成后，应清理铸件并进行时效处理。
2. 箱盖和箱座合箱后，边缘应平齐，互错位每边不大于2mm。
3. 应仔细检查箱与箱座合盖的密合性，用0.05mm塞尺塞入深度不得大于剖分面宽度的1/3，用涂色检查接触面积达到每平方厘米面积内不少于一个斑点。
4. 与箱座连接后，打上定位销进行铰孔。
5. 与箱座连接后，打上定位销，结合面处禁放任何衬垫。
6. 未注的铸造圆角为R3~5。
7. 未注的倒角为C2，其粗糙度Ra12.5μm。

单元8
减速器结构设计常见纠错案例

　　减速器基本结构都是由轴系部件、箱体及附件三大部分组成。减速器的轴系部件包括传动零件、轴和轴承组合。传动零件包括箱体外传动零件（如带传动、链传动、开式齿轮传动等）和箱体内传动零件（如齿轮传动、蜗轮-蜗杆传动等）。

8.1　轴系结构设计纠错案例

（1）链轮不能水平布置

　　在重力作用下，链条会下垂，为了防止链轮与链条啮合时产生干涉，甚至掉链现象，应禁止将链轮水平布置，如图 8-1 所示。

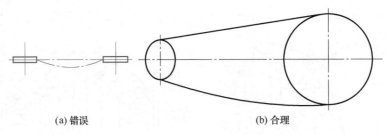

(a) 错误　　　　　　　　　　　　　　　(b) 合理

图 8-1　链轮布置形式示意图

（2）同步带轮应有不同形式的挡圈结构

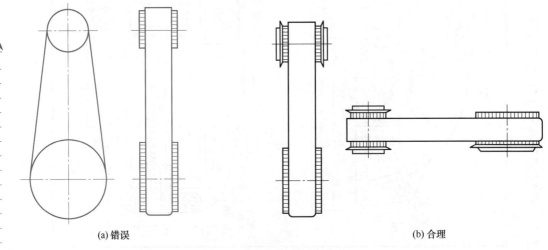

(a) 错误　　　　　　　　　　　　　　　(b) 合理

图 8-2　同步带轮挡圈结构示意图

同步带在工作中，有轻度的侧推力，为了避免带的滑落，应考虑在带轮侧面安装挡圈，如图 8-2 所示。

（3）冷却用的风扇必须装在蜗杆上

蜗杆传动靠自然风冷无法满足热平衡温度要求时，可采用风扇冷却，但风扇必须装在蜗杆上，不能装在蜗轮上，如图 8-3 所示。

（4）中间轴上两斜齿轮的螺旋线方向应相同

在多级减速器设计中，若一根轴上装有两个斜齿轮，为使轴的两端轴承受力均匀，两斜齿轮的螺旋方向必须相同，如图 8-4 所示。

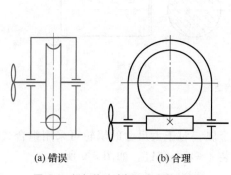

(a) 错误　　　　(b) 合理

图 8-3　蜗杆传动冷却风扇安装示意图

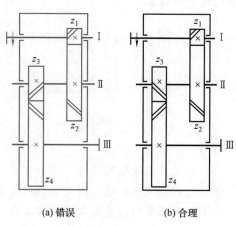

(a) 错误　　　　(b) 合理

图 8-4　斜齿轮安装示意图

（5）轴上零件设置

一般情况下，轴上零件采用等距离设置，因为非对称设置的驱动结构，驱动力到两边力流路程不同，轴的两端将会引起扭转变形差，如图 8-5 所示。

（6）轴颈和孔的配合

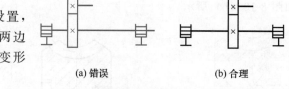

(a) 错误　　　　(b) 合理

图 8-5　等距离与非等距离中央驱动的轴示意图

对于轴颈和孔的配合，如图 8-6 所示，ϕA 已经形成的配合，ϕB 和 ϕC 就不应再形成配合关系，即必须保持 $\phi B > \phi C$，故图 8-6（a）错误，图 8-6（b）合理 。

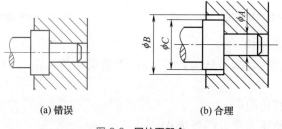

(a) 错误　　　　(b) 合理

图 8-6　圆柱面配合

（7）滚动轴承不宜和滑动轴承组合使用

滚动轴承不宜和滑动轴承组合使用。滑动轴承的径向间隙和磨损比滚动轴承大许多，会导致滚动轴承歪斜，承受过大的附加载荷，而滑动轴承负载不足，如图 8-7 所示（a）错误，图 8-7（b）合理。

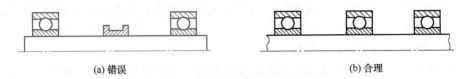

(a) 错误　　　　　　　　　　　　　　(b) 合理

图 8-7　滚动轴承和滑动轴承组合示意图

（8）轴上零件用半圆键连接的要求

图 8-8 所示半圆键连接结构，半圆键顶面与轮毂槽底面间应留有间隙，同一轴上两个半圆键应在一条线上。

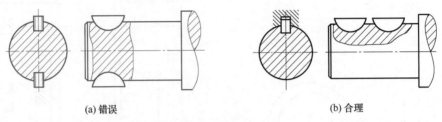

(a) 错误　　　　　　　　　　　　　　(b) 合理

图 8-8　半圆键连接结构

（9）大尺寸蜗轮结构设计

蜗轮可以制成整体的，但为了节约贵重的有色金属，对于大尺寸的蜗轮可采用组合式结构，齿圈和轮芯采用过盈配合，并沿接合面圆周上装 4～8 个螺钉，如图 8-9 所示。

（10）齿轮啮合时齿顶圆的画法

如图 8-10（a）所示，大齿轮啮合时齿顶圆是看不见的，A 大齿轮的齿顶圆应画为虚线，如图 8-10（b）所示。

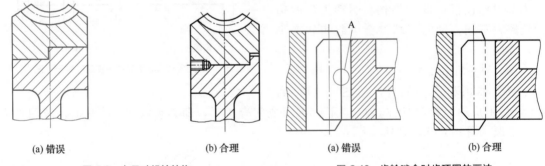

(a) 错误　　　　　　　　(b) 合理　　　　　　(a) 错误　　　　　　(b) 合理

图 8-9　大尺寸蜗轮结构　　　　　　图 8-10　齿轮啮合时齿顶圆的画法

（11）蜗轮传动轴系结构

如图 8-11 所示蜗轮传动轴系结构，图（a）为错误结构，图（b）为合理结构。错误之处为：

① 闷盖不需要设置毡圈；

② 两轴承端盖与箱体间没有调整垫片；

③ 轴的两端应有倒角；

④ 两轴承滚动体应画十字中心线；

⑤ 左轴承套筒外径过大，影响轴承内圈拆卸；

⑥ 与齿轮配合的轴颈长度应比轮毂长短 1～2mm；

⑦ 平键槽不应开到轴环上，应短一点；

⑧ 右轴承左边轴肩过高，影响轴承内圈拆卸；

⑨ 右轴承右边轴径应小于轴承内径，相应锥端轴径也要减小；

⑩ 透盖与轴之间应有间隙，且应有密封毡圈；

⑪ 锥形轴端与联轴器应有半圆键连接，半圆键槽应与蜗轮处平键槽在同一条线上；

⑫ 锥形轴端长度应比联轴器锥孔长短一点，还应有轴端挡圈固定；

⑬ 闷盖、联轴器内凹过渡处及蜗轮辐板与轮毂过渡处均应画出圆角；

⑭ 蜗轮轮毂外圆应是锥面，端部倒角；

⑮ 闷盖和透盖外圆外侧、联轴器端部外圆和内孔、联轴器外圆均应倒角；

⑯ 轴承内外圈剖面线方向应一致。

⑰ 轴承端盖内径不能小于轴承外圈内径。

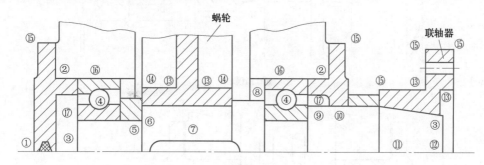

(a) 错误

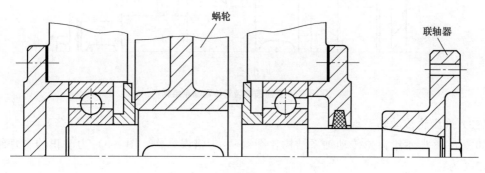

(b) 合理

图 8-11　蜗轮传动轴系结构

（12）直齿圆柱齿轮传动轴系结构

如图 8-12 所示直齿圆柱齿轮传动轴系结构，图（a）为错误结构，图（b）为改正的合理结构。错误之处为：

① 轴的右端面应缩进带轮右端面 1~2mm，且应有轴端挡圈固定带轮；

② 带轮与轴间应有键连接；

③ 带轮左端面靠轴肩定位，下一段轴径加大；

④ 带轮两个槽中不应有线；

⑤ 取消套筒，将套筒定位改为轴肩定位；

⑥ 透盖与轴之间应有间隙，且还应有密封毡圈；

⑦ 应改为喇叭口斜线，用角接触球轴承；

⑧ 与轮毂配合段轴颈长度应比轮毂长度小 1~2mm；

⑨ 轮毂与轴之间应有键连接；

⑩ 两个轴承端盖与箱体间应有调整垫片；

⑪ 箱体上端盖接触面之外的表面应低一些；

⑫ 轴承端盖外侧应倒角；

⑬ 轴承内外圈剖面线方向应一致。

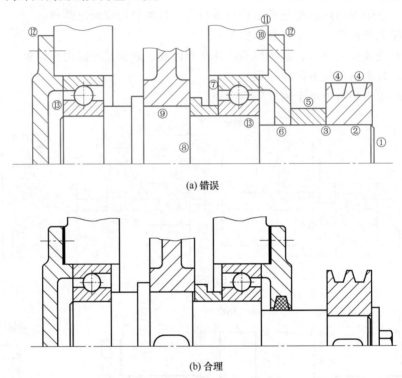

(a) 错误

(b) 合理

图 8-12　直齿圆柱齿轮传动轴系结构

（13）锥齿轮传动轴系结构

如图 8-13 所示锥齿轮传动轴系结构，图（a）为错误结构，图（b）为改正的合理结构。错误之处为：

① 右轴承内圈右端面是固定面，可用圆螺母加止动垫片，螺纹外径略小于轴承内径；

② 透盖段轴径应小于左侧轴段的螺纹内径；

③ 透盖与轴之间应留有间隙，且应有密封毡圈；

④ 为了便于轴承的拆装，两轴承之间的轴径应小于轴承内圈直径；

⑤ 两轴承外圈之间的套筒内径应小于轴承外径，形成轴承外圈定位凸肩；

⑥ 左轴承内圈左侧轴肩过高，应减至内圈高的 2/3 左右；

⑦ 套杯凸缘不应在左边，应在右边；

⑧ 箱体孔的中部直径应加大，以减少精加工面；

⑨ 透盖与右轴承外圈之间应留有间隙；

⑩ 套杯凸缘与箱体间应有调整垫片、套杯凸缘与透盖间应有密封垫片；

⑪ 轴的右端及透盖外圆外侧应有倒角；

⑫ 轴承内外圈剖面线方向应一致。

（14）油脂润滑轴系结构

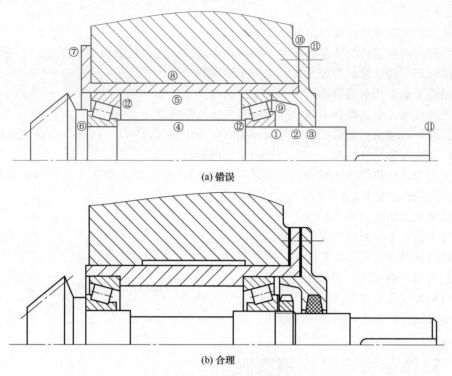

(a) 错误

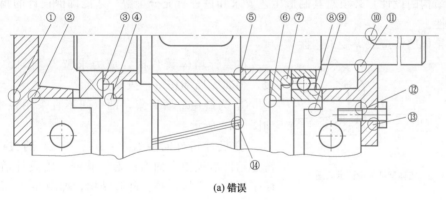

(b) 合理

图 8-13　锥齿轮传动轴系结构

如图 8-14 所示油脂润滑轴系结构，图（a）为错误结构，图（b）为改正的合理结构。

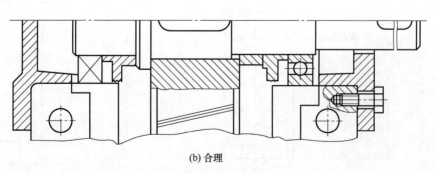

(a) 错误

(b) 合理

图 8-14　油脂润滑轴系结构

错误之处为：

① 从工艺角度分析，应尽量减小加工面积；

② 相配合的两零件的转角处应加工成圆角，以减少应力集中和干涉接触；

③ 挡油环与轴承接触部分太高，不利于轴承转动；

④ 漏画轴承座孔的投影线；

⑤ 三面接触，套筒厚度不够，同时轴头应比齿轮宽度短2mm；

⑥ 挡油环与轴承孔要留间隙，环的外端面应伸出箱体内壁1~2mm，以保证油甩出；

⑦ 挡油环与轴承接触部分太高，不利于轴承转动；

⑧ 为适应轴受热伸长的需要，应留有一定间隙，根据滚动轴承支承结构的不同形式，预留间隙不一样，表达也不一样；

⑨ 采用油脂润滑，不要输油沟；

⑩ 键太长，不应伸到轴承盖里面；

⑪ 轴与轴承盖之间要留有间隙，装密封件；

⑫ 漏画局部剖面线，螺纹孔应深些；

⑬ 漏画螺纹孔与螺钉间隙；

⑭ 斜齿圆柱齿轮上的斜线不应出头。

8.2　箱体结构设计纠错案例

箱体结构的设计，必须对其制造工艺要求和过程有充分了解，才能确保设计的箱体有良好的工艺性。

（1）箱体的铸造或焊接工艺性

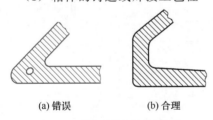

(a) 错误　　(b) 合理

图8-15　箱体壁结构设计示意图

在设计箱体铸件时，应力求壁厚均匀、过渡平缓、金属无局部积聚，拔模方便。

① 为避免金属聚集，两壁间不宜采用锐角连接，如图8-15所示。

② 设计铸件时应有1∶10~1∶20的拔模斜度。铸造箱体沿拔模方向有凸起结构时，需设计活块，为便于拔模，应尽量减少凸起结构，如图8-16所示。当有多个凸起部分时，应尽量将其连成一体，如图8-17所示。

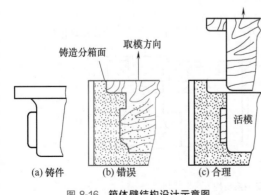

铸造分箱面　取模方向　　　　　　活模

(a) 铸件　　(b) 错误　　(c) 合理

图8-16　箱体壁结构设计示意图

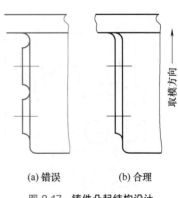

取模方向

(a) 错误　　(b) 合理

图8-17　铸件凸起结构设计

③ 铸件应尽量避免出现狭缝，因为砂型强度差，易产生废品。如图 8-18（a）中两凸台距离太近所形成狭缝为错误结构，图 8-18（b）为正确结构。

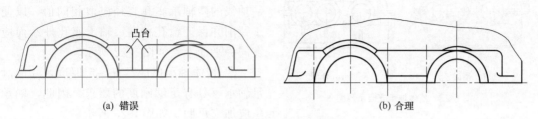

(a) 错误   (b) 合理

图 8-18　铸件凸台设计避免狭缝

④ 焊接箱体时，在断面转折处不宜布置焊缝，易发生断裂。如确实需要，则焊缝在断面转折处不应中断，否则易产生裂纹，如图 8-19 所示。

⑤ 输油沟的形状应避免设计成直角。如图 8-20（a）所示的输油沟画法为错误，输油沟若是采用铣刀加工应画为图 8-20（b）Ⅰ形状；若是采用铸造，应画为图 8-20（b）Ⅱ形状。

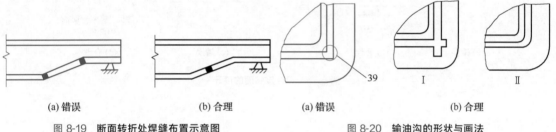

(a) 错误   (b) 合理   (a) 错误   (b) 合理

图 8-19　断面转折处焊缝布置示意图   图 8-20　输油沟的形状与画法

（2）箱体的机械加工工艺性

设计箱体时，要考虑机械加工艺工艺性，尽量减少机械加工面积和刀具的调整次数，加工面与非加工面必须严格区分开。

① 箱体结构设计避免不必要的机械加工，如图 8-21 所示，图（a）为错误结构，图（b）为中、小型箱座合理结构，图（c）为大型箱座合理结构。

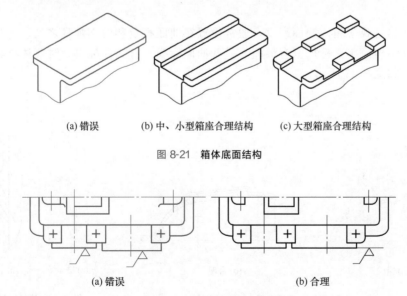

(a) 错误   (b) 中、小型箱座合理结构   (c) 大型箱座合理结构

图 8-21　箱体底面结构

(a) 错误   (b) 合理

图 8-22　箱体轴承座端面结构

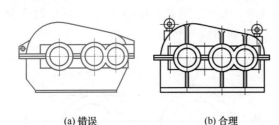

(a) 错误　　　　　(b) 合理

图 8-23　箱体轴承支座示意图

② 为保证加工精度和缩短加工时间，尽量减少机械加工过程中刀具的调整次数。同一轴线的两轴承座孔直径应取相同值，以便于镗削并保证镗孔精度；轴承座孔外端面应在同一平面上，如图 8-22 所示。

③ 箱体轴承座应具有一定厚度，才能满足轴承座具有足够刚度的要求。因此，轴承座应加支承肋，如图 8-23 所示。

④ 两零件的接触面，在同一方向上只要有一对平面接触，这样既保证了零件接触良好，又降低了加工要求。如图 8-24 所示。

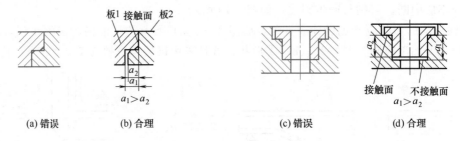

(a) 错误　　　(b) 合理　　　　　　　(c) 错误　　　(d) 合理

图 8-24　零件接触面的设计

8.3　附件及连接件结构设计纠错案例

（1）窥视孔盖

如图 8-25 所示中的 1 处箱盖在窥视孔处无凸台，不便加工；2 处窥视孔的位置距齿轮啮合处太远，不便观察；3 处窥视孔盖下无垫片，易漏油。

（2）油标

油标的作用是观察箱内油面高度，通常设置在油面稳定和便于观察之处。

杆式油标结构简单，标尺上有最高、最低油面标线。杆式油标设计时要注意其安装高度和倾斜位置，如图 8-26 所示。

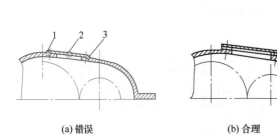

(a) 错误　　　　　　　　(b) 合理

图 8-25　窥视孔盖

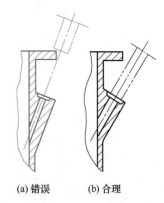

(a) 错误　　(b) 合理

图 8-26　油标尺的倾斜位置

（3）油塞

油塞用于换油时排出箱内的污油，排油孔的位置应位于箱座最底部，其结构与位置如图8-27所示。

| (a) 错误 | (b) 可用 | (c) 合理 |

图 8-27　**油塞**

（4）吊环螺钉、吊耳和吊钩

为了减速器的装拆和搬运，在减速器上装有吊环螺钉或铸出吊耳、吊钩。吊环螺钉一般安装在上箱盖上，通常只用来吊运箱盖。吊环螺钉旋入螺纹孔的螺纹部分不应太短，以保证承载能力，如图8-28所示。

（5）定位销

定位销用于保证箱体轴承座孔的镗孔和装配精度。销孔位置应便于机械加工和拆卸，如图8-29所示。1处定位销长度应稍大于凸缘总厚度，2处相邻零件剖面线方向应不一致。

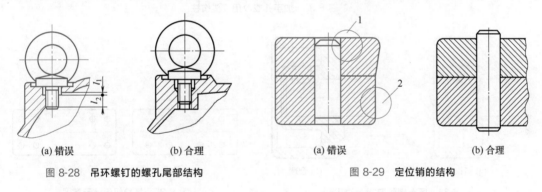

| (a) 错误 | (b) 合理 | | (a) 错误 | (b) 合理 |

图 8-28　**吊环螺钉的螺孔尾部结构**　　　　图 8-29　**定位销的结构**

（6）启盖螺钉

为便于启盖，在箱盖侧面的凸缘上常装有1～2个启盖螺钉，启盖螺钉结构如图8-30所示，1处螺钉孔应设计沉头孔，2处螺纹深度应有余量。

（7）螺栓、螺钉的装拆空间

为使螺栓、螺钉便于装拆，必须考虑其装拆的操作空间。如图8-31所示的螺栓留有扳手空间；如图8-32所示的螺钉要留有装拆空间；如图8-33所示的结构要留有便于螺栓装拆的空间，可留有手孔或采用双头螺栓结构；如图8-34所示的结构应留出螺丝刀的装拆空间。

（8）螺栓连接

螺栓连接承受弯矩或转矩时，应使螺栓位置靠近连接结合面的边缘，以减少螺栓组的受力，如图8-35所示。

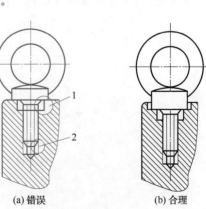

| (a) 错误 | (b) 合理 |

图 8-30　**启盖螺钉的结构**

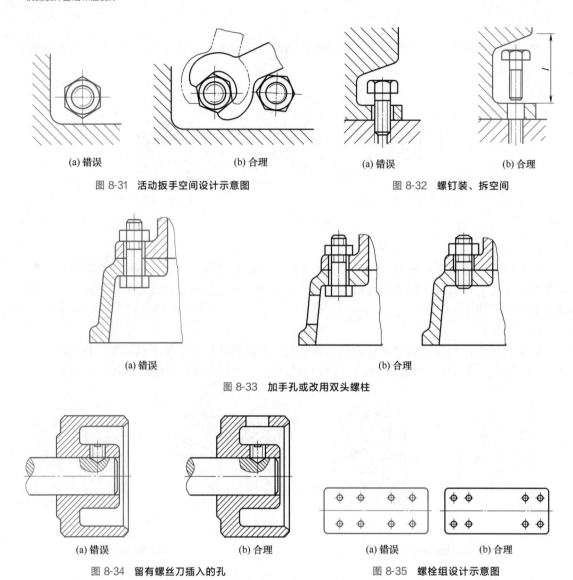

(a) 错误　　　　　(b) 合理

图 8-31　活动扳手空间设计示意图

(a) 错误　　　　　(b) 合理

图 8-32　螺钉装、拆空间

(a) 错误　　　　　(b) 合理

图 8-33　加手孔或改用双头螺柱

(a) 错误　　　　　(b) 合理

图 8-34　留有螺丝刀插入的孔

(a) 错误　　　　　(b) 合理

图 8-35　螺栓组设计示意图

如图 8-36 所示螺栓连接，1 处螺栓连接支承表面应设计成凸台或沉头孔，2 处弹簧垫圈开口方向画反了，3 处螺纹牙底应为细实线，4 处螺栓与连接件孔之间应留有间隙。

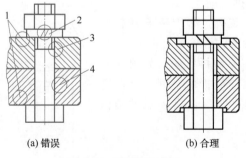

(a) 错误　　　　　(b) 合理

图 8-36　螺栓连接结构

单元9
机械设计基础课程设计常用标准和规范

9.1 一般标准与规范

9.1.1 机械制图

表 9-1 图纸幅面及格式（摘自 GB/T 14689—2008） mm

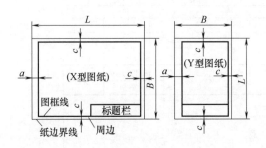
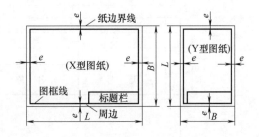

需要装订的图样　　　　　　　　　　　　　不需要装订的图样

基本幅面					加长幅面					
第一选择					第二选择		第三选择			
幅面代号	A0	A1	A2	A3	A4	幅面代号	$B\times L$	幅面代号	$B\times L$	幅面代号	$B\times L$
$B\times L$	841×1189	594×841	420×594	297×420	210×297	A3×3	420×891	A0×2	1189×1682	A3×5	420×1486
						A3×4	420×1189	A0×3	1189×2523	A3×6	420×1783
e	20		10			A4×3	297×630	A1×3	841×1783	A3×7	420×2080
						A4×4	297×841	A1×4	841×2378	A4×6	297×1261
c	10			5		A4×5	297×1051	A2×3	594×1261	A4×7	297×1471
								A2×4	594×1682	A4×8	297×1682
a	25							A2×5	594×2102	A4×9	297×1892

注：1. 绘制技术图样时，应优先采用基本幅面。必要时，也允许选用第二选择的加长幅面或第三选择的加长幅面。

2. 加长幅面的图框尺寸，按所选用的基本幅面大一号的图框尺寸确定。例如 A2×3 的图框尺寸，按 A1 的图框尺寸确定，即 e 为 20（或 c 为 10）；A3×4 的图框尺寸，按 A2 的图框尺寸确定，即 e 为 10（或 c 为 10）。

表 9-2　标题栏（摘自 GB/T 10609.1—2008）　　　　　　　　mm

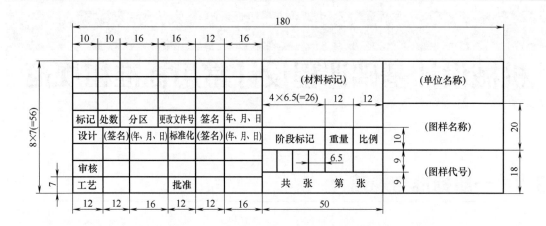

表 9-3　明细栏（GB/T 10609.2—2009）

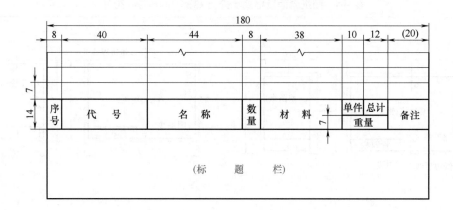

表 9-4　比例（摘自 GB/T 14690—1993）

原值比例	1：1				
缩小比例	1：2 1：2×10^n （1：1.5） （1：1.5×10^n）	1：5 1：5×10^n （1：2.5） （1：2.5×10^n）	1：10 1：1×10^n （1：3） （1：3×10^n）	（1：4） （1：4×10^n）	（1：6） （1：6×10^n）
放大比例	5：1 5×10^n：1 （2.5：1） （2.5×10^n：1）	2：1 2×10^n：1 （4：1） （4×10^n：1）	1×10^n：1		

注：1. 绘制同一机件的一组视图时应采用同一比例，当需要用不同比例绘制某一视图时，应当另行标注；

2. 当图形中孔的直径或薄片的厚度等于或小于 2mm，斜度和锥度较小时，可不按比例而夸大绘制；

3. n 为正整数；

4. 括号内的比例，必要时允许选取。

9.1.2 标准尺寸

表 9-5 标准尺寸（直径、长度和高度等）（摘自 GB/T 2822—2005） mm

R			R'			R			R'			R		
R10	R20	R40	R'10	R'20	R'40	R10	R20	R40	R'10	R'20	R'40	R10	R20	R40
1.00	1.00		1.0	1.0				67.0			67		1120	1120
	1.12			**1.1**			71.0	71.0		71	71			1180
1.25	1.25		**1.2**	**1.2**				75.0			75	1250	1250	1250
	1.40			1.4		80.0	80.0	80.0	80	80	80			1320
1.60	1.60		1.6	1.6				85.0			85		1400	1400
	1.80			1.8			90.0	90.0		90	90			1500
2.00	2.00		2.0	2.0				95.0			95	1600	1600	1600
	2.24			**2.2**		100.0	100.0	100.0	100	100	100			1700
2.50	2.50		2.5	2.5				106			**105**		1800	1800
	2.80			2.8			112	112		**110**	**110**			1900
3.15	3.15		**3.0**	**3.0**				118			**120**	2000	2000	2000
	3.55			**3.5**		125	125	125	125	125	125			2120
4.00	4.00		4.0	4.0				132			**130**		2240	2240
	4.50			4.5			140	140		140	140			2360
5.00	5.00		5.0	5.0				150			150	2500	2500	2500
	5.60			**5.5**		160	160	160	160	160	160			2650
6.30	6.30		**6.0**	**6.0**				170			170		2800	2800
	7.10			**7.0**			180	180		180	180			3000
8.00	8.00		8.0	8.0				190			190	3150	3150	3150
	9.00			9.0		200	200	200	200	200	200			3350
10.00	10.00		10.0	10.0				212			**210**		3550	3550
	11.2			**11**			224	224		**220**	**220**			3750
12.5	12.5	12.5	**12**	**12**	12			236			**240**	4000	4000	4000
		13.2			**13**	250	250	250	250	250	250			4250
	14.0	14.0		14	14			265			**260**		4500	4500
		15.0			15		280	280		280	280			4750
16.0	16.0	16.0	16	16	16	315	315	315	**320**	320	**320**	5000	5000	5000
		17.0			17			335			**340**			5300
	18.0	18.0		18	18		355	355		**360**	**360**		5600	5600
		19.0			19			375			**380**			6000
20.0	20.0	20.0	20	20	20	400	400	400	400	400	400	6300	6300	6300
		21.2			**21**			425			**420**			6700
	22.4	22.4		**22**	**22**		450	450		450	450		7100	7100
		23.6			**24**			475			**480**			7500
25.0	25.0	25.0	25	25	25	500	500	500	500	500	500	8000	8000	8000
		26.5			**26**			530			530			8500
	28.0	28.0		28	28		560	560		560	560		9000	9000
		30.0			30			600			600	10000	10000	10000
31.5	31.5	31.5	**32**	**32**	**32**	630	630	630	630	630	630			10600
		33.5			**34**			670			670		11200	11200
	35.5	35.5		**36**	**36**		710	710		710	710			11800
		37.5			**38**			750			750	12500	12500	12500
40.0	40.0	40.0	40	40	40	800	800	800	800	800	800			13200
		42.5			**42**			850			850		14000	14000
	45.0	45.0		45	45		900	900		900	900			15000
		47.5			**48**			950			950	16000	16000	16000
50.0	50.0	50.0	50	50	50	1000	1000	1000	1000	1000	1000			17000
		53.0			53								18000	18000
	56.0	56.0		56	56		1060							19000
		60.0			60							20000	20000	20000
63.0	63.0	63.0	63	63	63									

注：1. 标准中 0.01～1.0mm 的尺寸，此表未列出。

2. R'系列中的黑体字，为 R 系列相应各项优先数的化整值。

3. 选择尺寸时，优先选用 R 系列，按照 R10、R20、R40 顺序。如必须将数值圆整，可选择相应的 R'系列，应按照 R'10、R'20、R'40 顺序选择。

4. 本标准适用于有互换性或系列化要求的主要尺寸。其他结构尺寸也应尽可能采用。本标准不适用于由主要尺寸导出的因变量尺寸、工艺上工序间的尺寸和已有相应标准规定的尺寸。

9.1.3　中心孔

表 9-6　A 型中心孔的型式和尺寸（摘自 GB/T 145—2001）　　　　mm

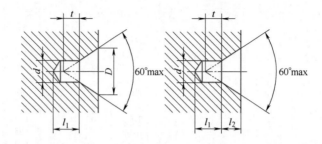

d	D	l_2	t 参考尺寸	d	D	l_2	t 参考尺寸
(0.50)	1.06	0.48	0.5	2.50	5.30	2.42	2.2
(0.63)	1.32	0.60	0.6	3.15	6.70	3.07	2.8
(0.80)	1.70	0.78	0.7	4.00	8.50	3.90	3.5
1.00	2.12	0.97	0.9	(5.00)	10.60	4.85	4.4
(1.25)	2.65	1.21	1.1	6.30	13.20	5.98	5.5
1.60	3.35	1.52	1.4	(8.00)	17.00	7.79	7.0
2.00	4.25	1.95	1.8	10.00	21.20	9.70	8.7

注 1. 尺寸 l_1 取决于中心钻的长度，即使中心钻重磨后再使用，此值也不应小于 t 值；
2. 表中同时列出了 D 和 l_2 尺寸，制造厂可任选其中一个尺寸；
3. 括号内的尺寸尽量不采用。

表 9-7　B 型中心孔的型式和尺寸（摘自 GB/T 145—2001）　　　　mm

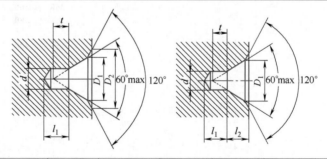

d	D_1	D_2	l_2	t 参考尺寸	d	D_1	D_2	l_2	t 参考尺寸
1.00	2.12	3.15	1.27	0.9	4.00	8.50	12.50	5.05	3.5
(1.25)	2.65	4.00	1.60	1.1	(5.00)	10.60	16.00	6.41	4.4
1.60	3.35	5.00	1.99	1.4	6.30	13.20	18.00	7.36	5.5
2.00	4.25	6.30	2.54	1.8	(8.00)	17.00	22.40	9.36	7.0
2.50	5.30	8.00	3.20	2.2	10.00	21.20	28.00	11.66	8.7
3.15	6.70	10.00	4.03	2.8					

注 1. 尺寸 l_1 取决于中心钻的长度，即使中心钻重磨后再使用，此值也不应小于 t 值；
2. 表中同时列出了 D_2 和 l_2 尺寸，制造厂可任选其中一个尺寸；
3. 尺寸 d 和 D_1 与中心钻的尺寸一致；
4. 括号内的尺寸尽量不采用。

表 9-8　中心孔的型式和尺寸（摘自 GB/T 145—2001）　　　　　mm

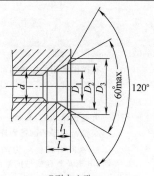
C型中心孔

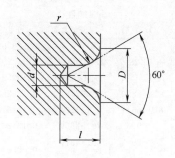
R型中心孔

C 型中心孔尺寸											
d	D_1	D_2	D_3	l	l_1 参考尺寸	d	D_1	D_2	D_3	l	l_1 参考尺寸
M3	3.2	5.3	5.8	2.6	1.8	M10	10.5	14.9	16.3	7.5	3.8
M4	4.3	6.7	7.4	3.2	2.1	M12	13.0	18.1	19.8	9.5	4.4
M5	5.3	8.1	8.8	4.0	2.4	M16	17.0	23.0	25.3	12.0	5.2
M6	6.4	9.6	10.5	5.0	2.8	M20	21.0	28.4	31.3	15.0	6.4
M8	8.4	12.2	13.2	6.0	3.3	M24	26.0	34.2	38.0	18.0	8.0

R 型中心孔尺寸										
d	D	l_{min}	r max	min	d	D	l_{min}	r max	min
1.00	2.12	2.3	3.15	2.50	4.00	8.50	8.9	12.50	10.00
(1.25)	2.65	2.8	4.00	3.15	(5.00)	10.60	11.2	16.00	12.50
1.60	3.35	3.5	5.00	4.00	6.30	13.20	14.0	20.00	16.00
2.00	4.25	4.4	6.30	5.00	(8.00)	17.00	17.9	25.00	20.00
2.50	5.30	5.5	8.00	6.30	10.00	21.20	22.5	31.50	25.00
3.15	6.70	7.0	10.00	8.00					

注：括号内的尺寸尽量不采用。

9.1.4　圆锥的锥度与锥角系列

表 9-9　一般用途圆锥的锥度与锥角系列（摘自 GB/T 157—2001）

锥度 $C = \dfrac{D-d}{2}$，锥度 C 与圆锥角 α 的关系为：$C = 2\tan\dfrac{\alpha}{2} = 1 : \dfrac{1}{2}\cot\dfrac{\alpha}{2}$

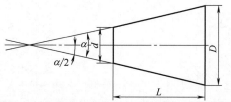

基本值		推算值			应用举例
系列 1	系列 2	圆锥角 α			
		$(°)(')('')$	$(°)$	rad	锥度 C
120°				2.094395	1 : 0.288675	螺纹孔的内倒角,填料盒内填料的锥度
90°				1.570796	1 : 0.500000	沉头螺钉头,螺纹倒角,轴的倒角
	75°	—	—	1.308997	1 : 0.651613	车床顶尖,中心孔
60°		—	—	1.047198	1 : 0.866025	车床顶尖,中心孔
45°		—	—	0.785398	1 : 1.207107	轻型螺旋管接口的锥形密合

基本值		推算值				应用举例
系列 1	系列 2	圆锥角 α			锥度 C	
		(°)(′)(″)	(°)	rad		
30°		—	—	0.523599	1:1.866025	摩擦离合器
1:3		18°55′28.7″	18.924644°	0.330297	—	有极限转矩的摩擦圆锥离合器
1:5		11°25′16.3″	11.421186°	0.199337	—	易拆机件的锥形连接,锥形摩擦离合器
	1:6	9°31′38.2″	9.522783°	0.166282	—	
	1:7	8°10′16.4″	8.171234°	0.142615	—	重型机床顶尖,旋塞
	1:8	7°9′9.6″	7.152669°	0.124838	—	联轴器和轴的圆锥面连接
1:10		5°43′29.3″	5.724810°	0.099917		受轴向力及横向力的锥形零件的接合面,电机及其他机械的锥形轴端
	1:12	4°46′18.8″	4.771888°	0.083285	—	固定球及滚子轴承的衬套
	1:15	3°49′5.9″	3.818305°	0.066642	—	受轴向力的锥形零件的接合面,活塞与活塞杆的连接
1:20		2°51′51.1″	2.864192°	0.049990	—	机床主轴锥度,刀具尾柄,公制锥度铰刀,圆锥螺栓
1:30		1°54′34.9″	1.909683°	0.033330	—	装柄的铰刀及扩孔钻
1:50		1°8′45.2″	1.145877°	0.019999	—	圆锥销,定位销,圆锥销孔的铰刀
1:100		0°34′22.6″	0.572953°	0.010000	—	承受陡振及静变载荷的不需拆开的连接机件
1:200		0°17′11.3″	0.286478°	0.005000	—	承受陡振及冲击变载荷的需拆开的零件,圆锥螺栓
1:500		0°6′62.5″	0.114592°	0.002000	—	

注：系列 1 中 120°～1:3 的数值近似按 R10/2 优先数系列，1:5～1:500 按 R10/3 优先数系列（见 GB/T 321）。

9.1.5　零件倒圆与倒角

表 9-10　零件倒圆与倒角（摘自 GB/T 6403.4—2008）

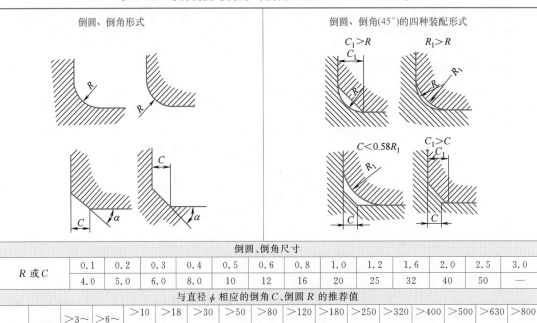

倒圆、倒角尺寸													
R 或 C	0.1	0.2	0.3	0.4	0.5	0.6	0.8	1.0	1.2	1.6	2.0	2.5	3.0
	4.0	5.0	6.0	8.0	10	12	16	20	25	32	40	50	—

与直径 φ 相应的倒角 C、倒圆 R 的推荐值															
φ	～3	>3～6	>6～10	>10～18	>18～30	>30～50	>50～80	>80～120	>120～180	>180～250	>250～320	>320～400	>400～500	>500～630	>630～800	>800～1000
C 或 R	0.2	0.4	0.6	0.8	1.0	1.6	2.0	2.5	3.0	4.0	5.0	6.0	8.0	10	12	16

内角倒角，外角倒圆时 C_{max} 与 R_1 的关系																				
R_1	0.1	0.2	0.3	0.4	0.5	0.6	0.8	1.0	1.2	1.6	2.0	2.5	3.0	4.0	5.0	6.0	8.0	10	12	16	20	25
C_{max} ($C< 0.58R_1$)	—	0.1		0.2		0.3	0.4	0.5	0.6	0.8	1.0	1.2	1.6	2.0	2.5	3.0	4.0	5.0	6.0	8.0	10	12

注：1. α 一般采用 45°，也可采用 30°或 60°。

2. 倒圆半径、倒角的尺寸标准符合 GB/T 4458.4 的要求。

3. 本部分适用于一般机械切削加工零件的外角和内角的倒圆、倒角，不适用于有特殊要求的倒圆、倒角。

9.1.6 砂轮越程槽

表 9-11 砂轮越程槽（摘自 GB/T 6403.5—2008） mm

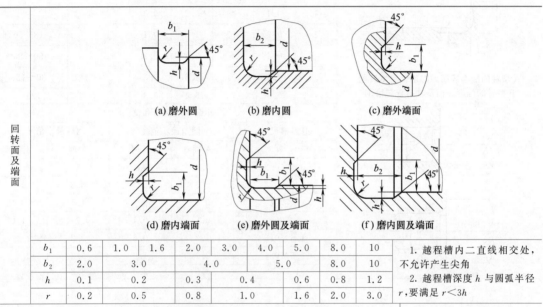

回转面及端面

(a) 磨外圆　(b) 磨内圆　(c) 磨外端面

(d) 磨内端面　(e) 磨外圆及端面　(f) 磨内圆及端面

b_1	0.6	1.0	1.6	2.0	3.0	4.0	5.0	8.0	10
b_2	2.0	3.0		4.0		5.0		8.0	10
h	0.1	0.2		0.3		0.4	0.6	0.8	1.2
r	0.2	0.5		0.8		1.0	1.6	2.0	3.0

1. 越程槽内二直线相交处，不允许产生尖角

2. 越程槽深度 h 与圆弧半径 r，要满足 $r<3h$

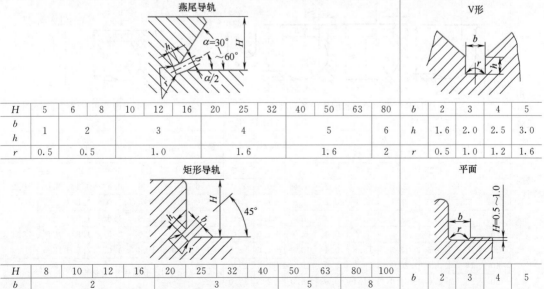

燕尾导轨

V形

H	5	6	8	10	12	16	20	25	32	40	50	63	80	b	2	3	4	5
b h	1	2		3			4			5			6	h	1.6	2.0	2.5	3.0
r	0.5	0.5		1.0		1.6			1.6			2		r	0.5	1.0	1.2	1.6

矩形导轨

平面

H	8	10	12	16	20	25	32	40	50	63	80	100	b	2	3	4	5
b		2			3		5			8							
h		1.6			2.0		3.0		5.0				r	0.5	1.0	1.2	1.6
r		0.5			1.0		1.6		2.0								

9.1.7　退刀槽

表 9-12　外圆退刀槽及相配件的倒角和倒圆（摘自 JB/ZQ 4238—2006）　mm

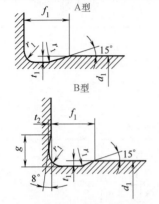

A型

B型

A 型轴的配合表面需磨削轴肩不磨削
B 型轴的配合表面及轴肩皆需磨削

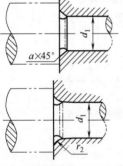

退刀槽的各部尺寸						
退刀槽		f_1	g $\approx$	$t_2{}^{+0.05}_{\ 0}$	推荐的配合直径 d_1	
r_1	$t_1{}^{+0.1}_{\ 0}$				用在一般载荷	用在交变载荷
0.6	0.2	2	1.4	0.1	约 18	—
0.6	0.3	2.5	2.1	0.2	>18～80	
1	0.4	4	3.2	0.3	>80	
1	0.2	2.5	1.8	0.1	—	>18～50
1.6	0.3	4	3.1	0.2		>50～80
2.5	0.4	5	4.8	0.3		>80～125
4	0.5	7	6.4	0.3		125

相配件的倒角和倒圆				
退刀槽尺寸	倒角最小值 a		倒圆最小值 r_2	
$r_1 \times t_1$	A 型	B 型	A 型	B 型
0.6×0.2	0.4	0.1	1	0.3
0.6×0.3	0.3	0	0.8	0
1×0.2	0.6	0	1.5	0
1×0.4	0.8	0.4	2	1
1.6×0.3	1.3	0.6	3.2	1.4
2.5×0.4	2.1	1.0	5.2	2.4
4×0.5	3.5	2.0	8.8	5

C型　　D型　　E型　　C、D、E型的相配件　　F型　　F型相配件

适用于对受载无特殊要求的磨削件

C、D、E 型退刀槽及相配件的各部尺寸										F 型退刀槽及相配件的各部尺寸					
轴						相配件（孔）				轴					
h_{min}	r_1	t	b		f_{max}	a	偏差	r_2	偏差	h_{min}	r_1	t_1	t_2	b	f_{max}
			C、D 型	E 型											
2.5	1.0	0.25	1.6	1.1	0.2	1	+0.6	1.2	+0.6	4	1.0	0.4	0.25	1.2	0.2
4	1.6	0.25	2.4	2.2	0.2	1.6	+0.6	2.0	+0.6	5	1.6	0.6	0.4	2.0	
6	2.5	0.25	3.6	3.4	0.2	2.5	+1.0	3.2	+1.0	8	2.5	1.0	0.6	3.2	
10	4.0	0.4	5.7	5.3	0.4	4.0	+1.0	5.0	+1.0	12.5	4.0	1.6	1.0	5.0	
16	6.0	0.4	8.1	7.7	0.4	6.0	+1.6	8.0	+1.6	20	6.0	2.5	1.6	8.0	0.4
25	10.0	0.6	13.4	12.8	0.4	10.0	+1.6	12.5	+1.6	30	10.0	4.0	2.5	12.5	
40	16.0	0.6	20.3	19.7	0.6	16.0	+2.5	20.0	+2.5	$r_1=10$ 不适用于精整辊					
60	25.0	1.0	32.1	31.1	0.6	25.0	+2.5	32.0	+2.5						

C 型轴的配合表面需磨削，轴肩不磨削；D 型轴的配合表面不磨削，轴肩需磨削；E 型轴的配合表面及轴肩皆需磨削；F 型相配件为锐角的轴的配合表面及轴肩皆需磨削。

续表

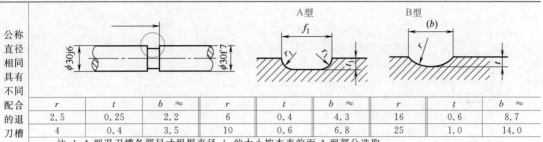

公称直径相同具有不同配合的退刀槽	r	t	$b \approx$	r	t	$b \approx$	r	t	$b \approx$
	2.5	0.25	2.2	6	0.4	4.3	16	0.6	8.7
	4	0.4	3.5	10	0.6	6.8	25	1.0	14.0

注：1. A型退刀槽各部尺寸根据直径 d_1 的大小按本表前面 A 型部分选取；
　　2. B型退刀槽各部尺寸见本部分表中尺寸。

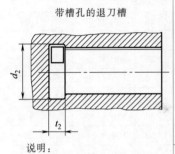

带槽孔的退刀槽

插齿空刀槽

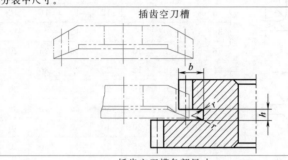

说明：
退刀槽直径 d 可按选用的平键或楔键而定。退刀槽的深度 t_2 一般为 20mm，如因结构上的原因 t_2 的最小值不得小于 10mm。

插齿空刀槽各部尺寸

模数	2	2.5	3	4	5	6	7	8	9	10	12	14	16	18	20	22	25
h_{min}	5		6			7			8			9			10		12
b_{min}	5	6	7.5	10.5	13	15	16	19	22	24	28	33	38	42	46	51	58
r		0.5					1.0										

9.1.8　铸件设计的一般规范

表 9-13　铸造斜度（摘自 JB/ZQ 4257—1997）

斜度 $b:h$	角度 β	使用范围
1：5	11°30′	$h < 25$mm 时钢和铁的铸件
1：10 1：20	5°30′ 3°	$h = 25\sim500$mm 时钢和铁的铸件
1：50	1°	$h > 500$mm 时钢和铁的铸件
1：100	30′	有色金属铸件

注：当设计不同壁厚的铸件时，在转折点处的斜角最大增到 30°～45°（参见表中下图）。

表 9-14　铸造过渡斜度（摘自 JB/ZQ 4254—2006）　　　　mm

适用于减速器、机盖、连接管、汽缸及其他各种连接法兰等铸件的过渡部分尺寸

铸铁和铸钢件的壁厚 δ	K	h	R
10～15	3	15	5
>15～20	4	20	5
>20～25	5	25	5
>25～30	6	30	8
>30～35	7	35	8
>35～40	8	40	10
>40～45	9	45	10
>45～50	10	50	10
>50～55	11	55	10
>55～60	12	60	15
>60～65	13	65	15
>65～70	14	70	15
>70～75	15	75	15

表 9-15　铸造内圆角及过渡尺寸（摘自 JB/ZQ 4255—2006）

$\frac{a+b}{2}$	≤50° 钢	≤50° 铁	>50°~75° 钢	>50°~75° 铁	>75°~105° 钢	>75°~105° 铁	>105°~135° 钢	>105°~135° 铁	>135°~165° 钢	>135°~165° 铁	>165° 钢	>165° 铁
≤8	4	4	4	4	6	4	8	6	16	10	20	16
9~12	4	4	4	4	6	6	10	8	16	12	25	20
13~16	4	4	6	4	8	6	12	10	20	16	30	25
17~20	6	4	8	6	10	8	16	12	25	20	40	30
21~27	6	6	10	8	12	10	20	16	30	25	50	40
28~35	8	6	12	10	16	12	25	20	40	30	60	50
36~45	10	8	16	12	20	16	30	25	50	40	80	60
46~60	12	10	20	16	25	20	35	30	60	50	100	80
61~80	16	12	25	20	30	25	40	35	80	60	120	100
81~110	20	16	25	20	35	30	50	40	100	80	160	120
111~150	20	16	30	25	40	35	60	50	100	80	160	120
151~200	25	20	40	30	50	40	80	60	120	100	200	160
201~250	30	25	50	40	60	50	100	80	160	120	250	200
251~300	40	30	60	50	80	60	120	100	200	160	300	250
>300	50	40	80	60	100	80	160	120	250	200	400	300

内圆角 α 　过渡尺寸 R/mm

$a≈b$　$R_1=R+a$

$b<0.8a$　$R_1=R+b+c$

c 和 h 值 /mm：

	b/a	≤0.4	>0.4~0.65	>0.65~0.8	>0.8
	$c≈$	0.7(a−b)	0.8(a−b)	a−b	—
$h≈$	钢		8c		
	铁		9c		

注：对于锰钢件应比表中数值增大 1.5 倍。

9.1.9　铸造外圆角

表 9-16　铸造外圆角（摘自 JB/ZQ 4256—2006）

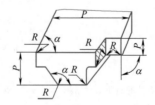

表面的最小边尺寸 P/mm	<50°	51°~75°	76°~105°	106°~135°	136°~165°	>165°
≤25	2	2	2	4	6	8
>25~60	2	4	4	6	10	16
>60~160	4	4	6	8	16	25
>160~250	4	6	8	12	20	30
>250~400	6	8	10	16	25	40
>400~600	6	8	12	20	30	50

R/mm　外圆角 α

注：如果铸件按上表可选出许多不同的圆角"R"时，应尽量减少或只取一适当的"R"值以求统一。

9.2 电动机

9.2.1 Y系列（IP44）三相异步电动机

表 9-17 Y系列（IP44）三相异步电动机（摘自 JB/T 10391—2008）（380V）

型号	额定功率 /kW	满载时				堵转转矩 额定转矩	堵转电流 额定电流	最大转矩 额定转矩	噪声（声功率级） /dB(A)		振动速度 /(mm /s)	转动惯量 /(kg·m²)	质量 (B3) /kg
		额定电流 /A	转速 /(r/min)	效率 /%	功率因数 cosφ				1级	2级			
同步转速 3000r/min													
Y80M1-2	0.75	1.8	2830	75.0	0.84	2.2	6.1	2.3	66	71	1.8	0.00075	16
Y80M2-2	1.1	2.5	2830	76.2	0.86	2.2	7.0	2.3	66	71	1.8	0.0009	17
Y90S-2	1.5	3.4	2840	78.5	0.85	2.2	7.0	2.3	70	75	1.8	0.0012	22
Y90L-2	2.2	4.8	2840	81.0	0.86	2.2	7.0	2.3	70	75	1.8	0.0014	25
Y100L-2	3	6.4	2880	82.6	0.87	2.2	7.5	2.3	74	79	1.8	0.0029	33
Y112M-2	4	8.2	2890	84.2	0.87	2.2	7.5	2.3	74	79	1.8	0.0055	45
Y132S1-2	5.5	11.1	2900	85.7	0.88	2.0	7.5	2.3	78	83	1.8	0.0109	64
Y132S2-2	7.5	15	2900	87.0	0.88	2.0	7.5	2.3	78	83	1.8	0.0126	70
Y160M1-2	11	21.8	2930	88.4	0.88	2.0	7.5	2.3	82	87	2.8	0.0377	117
Y160M2-2	15	29.4	2930	89.4	0.88	2.0	7.5	2.3	82	87	2.8	0.0449	125
Y160L-2	18.5	35.5	2930	90.0	0.89	2.0	7.5	2.2	82	87	2.8	0.055	147
Y180M-2	22	42.2	2940	90.5	0.89	2.0	7.5	2.2	87	91	2.8	0.075	180
Y200L1-2	30	56.9	2950	91.4	0.89	2.0	7.5	2.2	90	93	2.8	0.124	240
Y200L2-2	37	69.8	2950	92.0	0.89	2.0	7.5	2.2	90	93	2.8	0.139	255
Y225M-2	45	84	2970	92.5	0.89	2.0	7.5	2.2	90	95	2.8	0.233	309
Y250M-2	55	103	2970	93.0	0.89	2.0	7.5	2.2	92	95	3.5	0.312	403
Y280S-2	75	139	2970	93.6	0.89	2.0	7.5	2.2	94	97	3.5	0.597	544
Y280M-2	90	166	2970	93.9	0.89	2.0	7.5	2.2	94	97	3.5	0.675	620
Y315S-2	110	203	2980	94.0	0.89	1.8	7.1	2.2	99	97	3.5	1.18	980
Y315M-2	132	242	2980	94.5	0.89	1.8	7.1	2.2	99	100	3.5	1.82	1080
Y315L1-2	160	292	2980	94.6	0.89	1.8	7.1	2.2	99	100	3.5	2.08	1160
Y315L2-2	200	365	2980	94.8	0.89	1.8	7.1	2.2	99	100	3.5	2.41	1190
Y355M1-2	(220)			94.8	0.89	2.2	7.1	2.2		100	3.5		
Y355M2-2	250			95.2	0.90	2.2	7.1	2.2		104	3.5		
Y355L1-2	(280)			95.2	0.90	2.2	7.1	2.2		104	3.5		
Y355L2-2	315			95.4	0.90	2.2	7.1	2.2		104	3.5		
同步转速 1500r/min													
Y80M1-4	0.55	1.5	1390	71.0	0.76	2.4	5.2	2.3	56	67	1.8	0.0018	17
Y80M2-4	0.75	2	1390	73.0	0.76	2.3	6.0	2.3	56	67	1.8	0.0021	18
Y90S-4	1.1	2.7	1400	76.2	0.78	2.3	6.0	2.3	61	67	1.8	0.0021	22
Y90L-4	1.5	3.7	1400	78.5	0.79	2.3	6.0	2.3	62	67	1.8	0.0027	27
Y100L1-4	2.2	5	1430	81.0	0.82	2.2	7.0	2.3	65	68	1.8	0.0054	34
Y100L2-4	3	6.8	1430	82.6	0.81	2.2	7.0	2.3	65	70	1.8	0.0067	38
Y112M-4	4	8.8	1440	84.2	0.82	2.2	7.0	2.3	68	73	1.8	0.0095	43
Y132S-4	5.5	11.6	1440	85.7	0.84	2.2	7.0	2.3	70	73	1.8	0.0214	68

续表

型号	额定功率/kW	满载时				堵转转矩 额定转矩	堵转电流 额定电流	最大转矩 额定转矩	噪声(声功率级)/dB(A)		振动速度/(mm/s)	转动惯量/(kg·m²)	质量(B3)/kg
		额定电流/A	转速/(r/min)	效率/%	功率因数cosφ				1级	2级			
同步转速 1500r/min													
Y132M-4	7.5	15.4	1440	87.0	0.85	2.2	7.0	2.3	71	78	1.8	0.0296	81
Y160M-4	11	22.6	1460	88.4	0.84	2.2	7.0	2.3	75	82	2.8	0.0747	123
Y160L-4	15	30.3	1460	89.4	0.85	2.2	7.5	2.3	77	82	2.8	0.0918	144
Y180M-4	18.5	35.9	1470	90.0	0.86	2.0	7.5	2.2	77	82	2.8	0.139	182
Y180L-4	22	42.5	1470	90.5	0.86	2.0	7.5	2.2	77	82	2.8	0.158	190
Y200L-4	30	56.8	1470	91.4	0.87	2.0	7.2	2.2	79	84	2.8	0.262	270
Y225S-4	37	70.4	1480	92.0	0.87	1.9	7.2	2.2	79	84	2.8	0.406	284
Y225M-4	45	84.2	1480	92.5	0.88	1.9	7.2	2.2	79	84	2.8	0.469	320
Y250M-4	55	103	1480	93.0	0.88	2.0	7.2	2.2	81	86	3.5	0.66	427
Y280S-4	75	140	1480	93.6	0.88	1.9	7.2	2.2	85	90	3.5	1.12	562
Y280M-4	90	164	1480	93.9	0.88	1.9	7.2	2.2	85	90	3.5	1.45	667
Y315S-4	110	201	1480	94.5	0.89	1.8	6.9	2.2	93	94	3.5	3.11	1000
Y315M-4	132	240	1480	94.8	0.89	1.8	6.9	2.2	96	98	3.5	3.62	1100
Y315L1-4	160	289	1480	94.9	0.89	1.8	6.9	2.2	96	98	3.5	4.13	1160
Y315L2-4	200	361	1480	94.9	0.89	1.8	6.9	2.2	96	98	3.5	4.94	1270
Y355M1-4	(220)			94.9	0.87	1.4	6.9	2.2		98	3.5		
Y355M2-4	250			95.2	0.87	1.4	6.9	2.2		102	3.5		
Y355L1-4	(280)			95.2	0.87	1.4	6.9	2.2		102	3.5		
Y355L2-4	315			95.2	0.87	1.4	6.9	2.2		102	3.5		
同步转速 1000r/min													
Y90S-6	0.75	2.3	910	69.0	0.70	2.0	5.5	2.2	56	65	1.8	0.0029	23
Y90L-6	1.1	3.2	910	72.0	0.72	2.0	5.5	2.2	56	65	1.8	0.0035	25
Y100L-6	1.5	4	940	76.0	0.74	2.0	5.5	2.2	62	67	1.8	0.0069	33
Y112M-6	2.2	5.6	940	79.0	0.74	2.0	6.5	2.2	62	67	1.8	0.0138	45
Y132S-6	3	7.2	960	81.0	0.76	2.0	6.5	2.2	66	71	1.8	0.0286	63
Y132M1-6	4	9.4	960	82.0	0.77	2.0	6.5	2.2	66	71	1.8	0.0357	73
Y132M2-6	5.5	12.6	960	84.0	0.78	2.0	6.5	2.2	66	71	1.8	0.0449	84
Y160M-6	7.5	17	970	86.0	0.78	2.0	6.5	2.0	69	75	2.8	0.0881	119
Y160L-6	11	24.6	970	87.5	0.78	2.0	6.5	2.0	70	75	2.8	0.116	147
Y180L-6	15	31.4	970	89.0	0.81	2.0	7.0	2.0	70	78	2.8	0.207	195
Y200L1-6	18.5	37.2	970	90.0	0.83	2.0	7.0	2.0	73	78	2.8	0.315	220
Y200L2-6	22	44.6	970	90.0	0.83	2.0	7.0	2.0	73	78	2.8	0.360	250
Y225M-6	30	59.5	980	91.5	0.85	1.7	7.0	2.0	76	81	2.8	0.547	292
Y250M-6	37	72	980	92.0	0.86	1.7	7.0	2.0	76	81	3.5	0.834	408
Y280S-6	45	85.4	980	92.5	0.87	1.8	7.0	2.0	79	84	3.5	1.39	536
Y280M-6	55	104	980	92.8	0.87	1.8	7.0	2.0	79	84	3.5	1.65	595
Y315S-6	75	141	980	93.5	0.87	1.6	7.0	2.0	87	91	3.5	4.11	990
Y315M-6	90	169	980	93.8	0.87	1.6	7.0	2.0	87	91	3.5	4.78	1080
Y315L1-6	110	206	980	94.0	0.87	1.6	6.7	2.0	87	91	3.5	5.45	1150
Y315L2-6	132	246	980	94.2	0.87	1.6	6.7	2.0	87	92	3.5	6.12	1210
Y355M1-6	160			94.5	0.86	1.3	6.7	2.0		95	3.5		
Y355M2-6	(185)			94.5	0.86	1.3	6.7	2.0		95	3.5		
Y355M3-6	200			94.5	0.86	1.3	6.7	2.0		95	3.5		
Y355L1-6	(220)			94.5	0.86	1.3	6.7	2.0		95	3.5		
Y355L2-6	250			94.5	0.86	1.3	6.7	2.0		98	3.5		

续表

型号	额定功率/kW	满载时				堵转转矩/额定转矩	堵转电流/额定电流	最大转矩/额定转矩	噪声(声功率级)/dB(A)		振动速度/(mm/s)	转动惯量/(kg·m²)	质量(B3)/kg
		额定电流/A	转速/(r/min)	效率/%	功率因数cosφ				1级	2级			
同步转速750r/min													
Y132S-8	2.2	5.8	710	80.5	0.71	2.0	6.0	2.0	61	66	1.8	0.0314	63
Y132M-8	3	7.7	710	82.0	0.72	2.0	6.0	2.0	61	66	1.8	0.0395	79
Y160M1-8	4	9.9	720	84.0	0.73	2.0	6.0	2.0	64	69	2.8	0.0753	118
Y160M2-8	5.5	13.3	720	85.0	0.74	2.0	6.0	2.0	64	69	2.8	0.0931	119
Y160L-8	7.5	17.7	720	86.0	0.75	2.0	6.0	2.0	67	72	2.8	0.126	145
Y180L-8	11	24.8	730	87.5	0.77	1.7	6.6	2.0	67	72	2.8	0.203	184
Y200L-8	15	34.1	730	88.0	0.76	1.8	6.6	2.0	70	75	2.8	0.339	250
Y225S-8	18.5	41.3	730	89.5	0.76	1.7	6.6	2.0	70	75	2.8	0.491	266
Y255M-8	22	47.6	730	90.0	0.78	1.8	6.6	2.0	70	75	2.8	0.547	292
Y250M-8	30	63	730	90.5	0.80	1.8	6.6	2.0	73	78	3.5	0.834	405
Y280S-8	37	78.2	740	91.0	0.79	1.8	6.6	2.0	73	78	3.5	1.39	520
Y280M-8	45	93.2	740	91.7	0.80	1.8	6.6	2.0	73	78	3.5	1.65	592
Y315S-8	55	114	740	92.0	0.80	1.6	6.6	2.0	82	86	3.5	4.79	1000
Y315M-8	75	152	740	92.5	0.81	1.6	6.6	2.0	82	87	3.5	5.58	1100
Y315L1-8	90	179	740	93.0	0.82	1.6	6.6	2.0	82	87	3.5	6.37	1160
Y315L2-8	110	218	740	93.0	0.82	1.6	6.4	2.0	82	87	3.5	7.23	1230
Y355M1-8	132			93.8	0.81	1.3	6.4	2.0		93	3.5		
Y355M2-8	160			94.0	0.81	1.3	6.4	2.0		93	3.5		
Y355L1-8	(185)			94.2	0.81	1.3	6.4	2.0		93	3.5		
Y355L2-8	200			94.3	0.81	1.3	6.4	2.0		93	3.5		
同步转速600r/min													
Y315S-10	45	101	590	91.5	0.74	1.4	6.2	2.0	82	87	3.5	4.79	990
Y315M-10	55	123	590	92.0	0.74	1.4	6.2	2.0	82	87	3.5	6.37	1150
Y315L2-10	75	164	590	92.5	0.75	1.4	6.2	2.0	82	87	3.5	7.15	1220
Y355M1-10	90			93.0	0.77	1.2	6.2	2.0		93	3.5		
Y355M2-10	110			93.2	0.78	1.2	6.0	2.0		93	3.5		
Y355L-10	132			93.5	0.78	1.2	6.0	2.0		96	3.5		

注：1. 额定电流、转速、质量和转动惯量不是标准 JB/T 10391 规定的数据，仅供参考，各厂家可能稍有不同。

2. 带括号功率为非优先推荐功率。

3. S、M、L 后面的数字1、2分别代表同一机座号和转速下不同的功率。

4. 电机型号意义：以 Y132S-8-B3 为例，Y 表示系列代号，132 表示机座中心高，S 表示短机座（M 表示中机座，L 表示长机座），8 表示电动机的极数，B3 表示安装形式。

表9-18　机座带底脚，端盖上无凸缘（B3）的电动机尺寸

mm

安装尺寸及公差

机座号	极数	A 基本尺寸	A/2 基本尺寸	B 基本尺寸	C 基本尺寸	D 基本尺寸	E 基本尺寸	F 基本尺寸	G 基本尺寸	H 基本尺寸	K 基本尺寸	AB	AC	AD	HD	L
80M	2、4	125	62.5	100	50	19	40	6	15.5	80	10	165	175	150	175	290
90S	2、4、6	140	70	100	50	24	50	8	20	90	10	180	195	160	195	315
90L	2、4、6	140	70	125	50	24	50	8	20	90	10	180	195	160	195	340
100L	2、4、6	160	80	140	63	28	60	8	24	100	12	205	215	180	245	380
112M	2、4、6	190	95	140	70	28	60	8	24	112	12	245	240	190	265	400
132S	2、4、6、8	216	108	140	89	38	80	10	33	132	12	280	275	210	315	475
132M	2、4、6、8	216	108	178	89	38	80	10	33	132	12	280	275	210	315	515
160M	2、4、6、8	254	127	210	108	42	110	12	37	160	14.5	330	335	265	385	605
160L	2、4、6、8	254	127	254	108	42	110	12	37	160	14.5	330	335	265	385	650
180M	2、4、6、8	279	139.5	241	121	48	110	14	42.5	180	14.5	355	380	285	430	670
180L	2、4、6、8	279	139.5	279	121	48	110	14	42.5	180	14.5	355	380	285	430	710
200L	2、4、6、8	318	159	305	133	55	110	16	49	200	18.5	395	420	315	475	775
225S	4、8	356	178	286	149	60	140	18	53	225	18.5	435	475	345	530	820
225M	2	356	178	311	149	55	110	16	49	225	18.5	435	475	345	530	815
225M	4、6、8	356	178	311	149	60	140	18	53	225	18.5	435	475	345	530	845
250M	2	406	203	349	168	60	140	18	53	250	24	490	515	385	575	930
250M	4、6、8	406	203	349	168	65	140	18	58	250	24	490	515	385	575	930
280S	2	457	228.5	368	190	65	140	18	58	280	24	550	580	410	640	1000
280S	4、6、8	457	228.5	368	190	75	140	20	67.5	280	24	550	580	410	640	1000
280M	2	457	228.5	419	190	65	140	18	58	280	24	550	580	410	640	1050
280M	4、6、8	457	228.5	419	190	75	140	20	67.5	280	24	550	580	410	640	1050

C 极限偏差：±1.5、±2.0、±3.0、±4.0；D 极限偏差：+0.009/−0.004、+0.018/+0.002、+0.030/+0.011；E 极限偏差：±0.31、±0.37、±0.43、±0.50；F 极限偏差：0/−0.030、0/−0.036、0/−0.043、0/−0.052；G 极限偏差：0/−0.10、0/−0.20；H 极限偏差：0/−0.5、0/−1.0；K 极限偏差：−0.36/0、−0.43/0、−0.52/0；K 位置度公差：φ1.0Ⓜ、φ1.2Ⓜ、φ2.0Ⓜ

机座号80~132　机座号80~315　机座号160~315　机座号335　机座号355　外形尺寸

续表

机座号	极数	A 基本尺寸	A/2 基本尺寸	B 基本尺寸	C 基本尺寸	C 极限偏差	D 基本尺寸	D 极限偏差	E 基本尺寸	E 极限偏差	F 基本尺寸	F 极限偏差	G① 基本尺寸	G 极限偏差	H 基本尺寸	H 极限偏差	K② 基本尺寸	K 极限偏差	K 位置度公差	AB	AC	AD	HD	L
315S	2	508	254	406	216	±4.0	65	$^{+0.030}_{-0.011}$	140	±0.50	18	$^{0}_{-0.043}$	58	$^{0}_{-0.20}$	315	$^{0}_{-1.0}$	28	$^{+0.52}_{0}$	$\phi2.0\,Ⓜ$					1240
	4、6、8、10						80		170		22	$^{0}_{-0.052}$	71											1270
315M	2	508	254	457	216	±4.0	65		140		18	$^{0}_{-0.043}$	58		315		28			635	645	576	865	1310
	4、6、8、10						80		170		22	$^{0}_{-0.052}$	71											1340
315L	2	508	254	508	216	±4.0	65		140		18	$^{0}_{-0.043}$	58		315		28							1310
	4、6、8、10						80		170		22	$^{0}_{-0.052}$	71											1340
355M	2	610	305	560	254	±4.0	75	$^{+0.030}_{+0.011}$	140	±0.50	20	$^{0}_{-0.052}$	67.5		355		28			740	750	680	1035	1540
	4、6、8、10						95	$^{+0.035}_{+0.013}$	170	±0.57	25		86											1570
355L	2	610	305	630	254	±4.0	75	$^{+0.030}_{+0.011}$	140	±0.50	20	$^{0}_{-0.052}$	67.5		355		28							1540
	4、6、8、10						95	$^{+0.035}_{+0.013}$	170	±0.57	25		86											1570

① G＝D－GE，GE、GE 的公差对机座号 80 及以下者为 $\left(^{+0.01}_{0}\right)$，其余为 $\left(^{+0.2}_{0}\right)$；

② K 孔的位置度公差以轴伸的轴线为基准。

注：1. Y2、Y3 系列安装尺寸相同，但个别外形尺寸各厂家可能有差别。

2. 轴伸键的尺寸与公差符合 GB/T 1096 的规定。

9.2.2　Y系列（IP23）三相异步电动机

表 9-19　Y系列（IP23）三相异步电动机（摘自 JB/T 5271—2010）

型号	额定功率/kW	满载时				堵转电流 额定电流	堵转转矩 额定转矩	噪声/dB(A)	质量/kg
		转速/(r/min)	额定电流/A	效率/%	功率因数 cosφ				
Y160M-2	15	2928	29.5	88.0	0.88		1.7		
Y160L1-2	18.5	2929	35.5	89.0			1.8	85	
Y160L2-2	22	2928	42.0	89.5		7.00	2.0		160
Y180M-2	30	2938	57.2				1.7	88	
Y180L-2	37	2939	69.8	90.5	0.89				220
Y200M-2	45	2952	84.5	91.0			1.9	90	
Y200L-2	55	2950	103	91.5					310
Y225M-2	75	2955	140			6.7	1.8	92	380
Y250S-2	90	2966	167	92.0				96	
Y250M-2	110	2966	202				1.7		465
Y280M-2	132	2967	241	92.5			1.6	98	750
Y315S-2	160		296		0.90	6.8			
Y315M1-2	(185)		342				1.4	102	
Y315M2-2	200		367	93.0					
Y315M3-2	(220)		404	93.5					
Y315M4-2	250		457	93.8	0.88		1.2		
Y355M2-2	(280)			94.0		6.5	1.0	104	
Y355M3-2	315				0.89				
Y355L1-2	355			94.3					
Y160M-4	11	1459	22.5	87.5	0.85		1.9	76	
Y160L1-4	15	1458	30.1	88.0			2.0	80	
Y160L2-4	18.5	1458	36.8	89.0	0.86				160
Y180M-4	22	1457	43.5	89.5		7.0	1.9	84	
Y180L-4	30	1467	58	90.5					230
Y200M-4	37	1473	71.4		0.87		2.0	87	
Y200L-4	45	1475	85.9	91.5					310
Y225M-4	55	1476	104				1.8	88	330
Y250S-4	75	1480	141	92.0			2.0	89	
Y250M-4	90	1480	168	92.5		6.7	2.2		400
Y280S-4	110	1482	209				1.7	92	
Y280M-4	132	1483	245	93.0	0.88		1.8		820
Y315S-4	160		306						
Y315M1-4	(185)		349	93.5		6.8	1.4	98	
Y315M2-4	200		375	93.8					
Y315M3-4	(220)		413	94.0					
Y315M4-4	250		467				1.2		
Y355M2-4	(280)			94.3	0.89				
Y355M3-4	315					6.5	1.0	99	
Y355L1-4	355			94.5	0.90				

续表

型号	额定功率/kW	满载时 转速/(r/min)	额定电流/A	效率/%	功率因数 cosφ	堵转电流/额定电流	堵转转矩/额定转矩	噪声/dB(A)	质量/kg
Y160M-6	7.5	971	16.9	85.0	0.79	6.5	2.0	74	150
Y160L-6	11		24.7	86.5	0.78				
Y180M-6	15	974	33.8	88.0	0.81		1.8	78	215
Y180L-6	18.5	975	38.3	88.5	0.83				
Y200M-6	22	978	45.5	89.0	0.85		1.7	81	295
Y200L-6	30	975	60.3	89.5					
Y225M-6	37	982	78.1	90.5	0.87				360
Y250S-6	45	983	87.4	91.0	0.86			83	465
Y250M-6	55	983	106	91.0	0.87		1.8		
Y280S-6	75	986	143	91.5				86	820
Y280M-6	90	986	171	92.0	0.88				
Y315S-6	110		209	93.0	0.87		1.3	90	
Y315M1-6	132		251	93.5					
Y315M2-6	160		304	93.8					
Y355M1-6	(185)					6.0	1.1	95	
Y355M2-6	200			94.0					
Y355M3-6	(220)				0.88				
Y355M4-6	250			94.3					
Y355L1-6	(280)								
Y160M-8	5.5	723	13.7	83.5	0.73	6.0	2.0	73	150
Y160L-8	7.5	723	18.3	85.0					
Y180M-8	11	727	26.1	86.5	0.74		1.8	77	215
Y180L-8	15	726	34.3	87.5	0.76				
Y200M-8	18.5	728	41.8	88.5	0.78		1.7	80	295
Y200L-8	22	729	46.2	89.0			1.8		
Y225M-8	30	734	63.2	89.5	0.81		1.7		360
Y250S-8	37	735	78	90.0	0.80		1.6	81	465
Y250M-8	45	736	94.4	90.5			1.8		
Y280S-8	55	740	115	91.0			1.8	83	820
Y280M-8	75	740	154	91.5					
Y315S-8	90		185	92.2	0.81		1.3	89	
Y315M1-8	110		226	92.8					
Y315M2-8	132		269	93.3					
Y355M2-8	160			93.5		5.5	1.1	93	
Y355M3-8	(185)								
Y355M4-8	200			94.0					
Y355L1-8	(220)								
Y355L2-8	250				0.79				
Y315S-10	55		126	91.5	0.74		1.2	87	
Y315M1-10	75		169	92.0	0.75			90	
Y315M2-10	90		199		0.76				

续表

型号	额定功率/kW	满载时 转速/(r/min)	额定电流/A	效率/%	功率因数 cosφ	堵转电流 额定电流	堵转转矩 额定转矩	噪声/dB(A)	质量/kg
Y355M2-10	110			92.5	0.78			90	
Y355M3-10	132			92.8	0.79			94	97
Y355L1-10	160			92.8	0.79	5.5	1.0	94	97
Y355L2-10	(185)			93.0					
Y355M4-12	90			92.0	0.74			90	93
Y355L1-12	110			92.3	0.75				
Y355L2-12	132			92.5	0.75			94	97

表 9-20　机座带底脚、端盖上无凸缘（B3）的电动机尺寸　　　　　mm

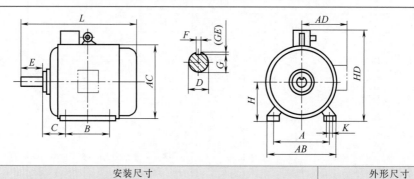

机座号	安装尺寸 D 2极	D 4、6、8、10极	E 2极	E 4、6、8、10极	F 2极	F 4、6、8、10极	G 2极	G 4、6、8、10极	H	A	A/2	B	C	K	外形尺寸 AB	AC	AD	HD	L 2极	L 4、6、8、10极
160M	48k6					14		42.5	$160^{0}_{-0.5}$	254	127	210	108	14.5	330	380	290	440	676	
160L	48k6		110			14		42.5	$160^{0}_{-0.5}$	254	127	254	108	14.5	330	380	290	440	676	
180M	55m6					16		49	$180^{0}_{-0.5}$	279	139.5	241	121	14.5	350	420	325	505	726	
180L	55m6					16		49	$180^{0}_{-0.5}$	279	139.5	279	121	14.5	350	420	325	505	726	
200M	60m6					18		53	$200^{0}_{-0.5}$	318	159	267	133	18.5	400	465	350	570	820	
200L	60m6					18		53	$200^{0}_{-0.5}$	318	159	305	133	18.5	400	465	350	570	886	
225M	60m6	65m6	140					53	58	$225^{0}_{-0.5}$	356	178	311	149	450	520	395	640	880	
250S	65m6	75m6			18	20	58	67.5	$250^{0}_{-0.5}$	406	203	311	168	24	510	550	410	710	930	
250M	65m6	75m6			18	20	58	67.5	$250^{0}_{-0.5}$	406	203	349	168	24	510	550	410	710	960	
280S		80m6				22		71	$280^{0}_{-1.0}$	457	228.5	368	190	24	570	610	485	785	1090	
280M	65m6	80m6			18		58	71	$280^{0}_{-1.0}$	457	228.5	419	190	24	570	610	485	785	1090	1140
315S	70m6	90m6	140	170		25	62.5	81	$315^{0}_{-1.0}$	508	254	406	216	28	630	792	586	928	1130	1160
315M	70m6	90m6	140	170		25	62.5	81	$315^{0}_{-1.0}$	508	254	457	216	28	630	792	586	928	1240	1270
355M	75m6	100m6		20		28	67.5	90	$355^{0}_{-1.0}$	610	305	560	254	28	710	980	630	1120	1550	1620
355L	75m6	100m6		210		28	67.5	90	$355^{0}_{-1.0}$	610	305	630	254	28	710	980	630	1120	1620	1690

注：1. 安装尺寸符合标准 JB/T 5271，外形尺寸各厂家可能稍有不同，选用时应与生产厂家联系；

2. $G = D - GE$，GE 的极限偏差为（$^{+0.2}_{0}$）；

3. 轴伸键的尺寸与公差符合 GB/T 1096 的规定。

9.3　连接件与紧固件

9.3.1　螺纹

表 9-21　普通螺纹的基本尺寸（摘自 GB/T 196—2003）　　mm

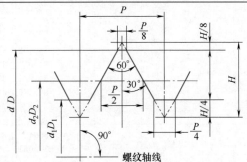

$H=0.866P$；　$d_2=d-0.6495P$；　$d_1=d-1.0825P$

D、d 为内、外螺纹大径；　D_2、d_2 为内、外螺纹中径

D_1、d_1 为内、外螺纹小径；P 为螺距

标记示例：

公称直径 20 的粗牙右旋内螺纹，大径和中径的公差带均为 6H 的标记：

M20-6H

同规格的外螺纹、公差带为 6g 的标记：M20-6g

上述规格的螺纹副的标记：M20-6H/6g

公称直径 20、螺距 2 的细牙左旋外螺纹，中径大径的公差带分别为 5g、6g，短旋合长度的标记：

M20×2 左-5g6g-S

公称直径 D、d			螺距 P	中径 D_2 或 d_2	小径 D_1 或 d_1	公称直径 D、d			螺距 P	中径 D_2 或 d_2	小径 D_1 或 d_1
第一系列	第二系列	第三系列				第一系列	第二系列	第三系列			
1			0.25[①]	0.838	0.729			5.5	0.5	5.175	4.959
			0.2	0.870	0.783	6			1[①]	5.350	4.917
	1.1		0.25[①]	0.938	0.829				0.75	5.513	5.188
			0.2	0.970	0.883	7			1[①]	6.350	5.917
1.2			0.25[①]	1.038	0.929				0.75	6.513	6.188
			0.2	1.070	0.983	8			1.25[①]	7.188	6.647
	1.4		0.3[①]	1.205	1.075				1	7.350	6.917
			0.2	1.270	1.183				0.75	7.513	7.188
1.6			0.35[①]	1.373	1.221			9	(1.25)[①]	8.188	7.647
			0.2	1.470	1.383				1	8.350	7.917
	1.8		0.35[①]	1.573	1.421				0.75	8.513	8.188
			0.2	1.670	1.583	10			1.5[①]	9.026	8.376
2			0.4[①]	1.740	1.567				1.25	9.188	8.647
			0.25	1.838	1.729				1	9.350	8.917
	2.2		0.45[①]	1.908	1.713				0.75	9.513	9.188
			0.25	2.038	1.929			11	(1.5)[①]	10.026	9.376
2.5			0.45[①]	2.208	2.013				1	10.350	9.917
			0.35	2.273	2.121				0.75	10.513	10.188
3			0.5[①]	2.675	2.459	12			1.75[①]	10.863	10.106
			0.35	2.773	2.621				1.5	11.026	10.376
	3.5		(0.6)[①]	3.110	2.850				1.25	11.188	10.647
			0.35	3.273	3.121				1	11.350	10.917
4			0.7[①]	3.545	3.242		14		2[①]	12.701	11.835
			0.5	3.675	3.459				1.5	13.026	12.376
	4.5		(0.75)[①]	4.013	3.688				(1.25)	13.188	12.647
			0.5	4.175	3.959				1	13.350	12.917
5			0.8[①]	4.480	4.134						
			0.5	4.675	4.459						

续表

第一系列	第二系列	第三系列	螺距 P	中径 D_2 或 d_2	小径 D_1 或 d_1
		15	1.5	14.026	13.376
			(1)	14.350	13.917
16			2①	14.701	13.835
			1.5	15.026	14.376
			1	15.350	14.917
		17	1.5	16.026	15.376
			(1)	16.350	15.917
	18		2.5①	16.376	15.294
			2	16.701	15.835
			1.5	17.026	16.376
			1	17.350	16.917
20			2.5①	18.376	17.294
			2	18.701	17.835
			1.5	19.026	18.376
			1	19.350	18.917
	22		2.5①	20.376	19.294
			2	20.701	19.835
			1.5	21.026	20.376
			1	21.350	20.917
24			3①	22.051	20.752
			2	22.701	21.835
			1.5	23.026	22.376
			1	23.350	22.917
		25	2	23.701	22.835
			1.5	24.026	23.376
			(1)	24.350	23.917
		26	1.5	25.026	24.376
	27		3①	25.051	23.752
			2	25.701	24.835
			1.5	26.026	25.376
			1	26.350	25.917
		28	2	26.701	25.835
			1.5	27.026	26.376
			1	27.350	26.917
30			3.5①	27.727	26.211
			(3)	28.051	26.752
			2	28.701	27.835
			1.5	29.026	28.376
			1	29.350	28.917

第一系列	第二系列	第三系列	螺距 P	中径 D_2 或 d_2	小径 D_1 或 d_1
		32	2	30.701	29.835
			1.5	31.026	30.376
	33		3.5①	30.727	29.211
			(3)	31.051	29.752
			2	31.701	30.835
			1.5	32.026	31.376
		35	1.5	34.026	33.376
36			4①	33.402	31.670
			3	34.051	32.752
			2	34.701	33.835
			1.5	35.026	34.376
	38		1.5	37.026	36.376
	39		4①	36.402	34.670
			3	37.051	35.752
			2	37.701	36.835
			1.5	38.026	37.376
		40	(3)	38.051	36.752
			(2)	38.701	37.835
			1.5	39.026	38.376
42			4.5①	39.077	37.129
			(4)	39.402	37.670
			3	40.051	38.752
			2	40.701	39.835
			1.5	41.026	40.376
	45		4.5①	42.077	40.129
			(4)	42.402	40.670
			3	43.051	41.752
			2	43.701	42.835
			1.5	44.026	43.376
48			5①	44.752	42.587
			(4)	45.402	43.670
			3	46.051	44.752
			2	46.701	45.835
			1.5	47.026	46.376
		50	(3)	48.051	46.752
			(2)	48.701	47.835
			1.5	49.026	48.376
	52		5①	48.752	46.587
			(4)	49.402	47.670
			3	50.051	48.752
			2	50.701	49.835
			1.5	51.026	50.376

① 为粗牙螺距，其余为细牙螺距。

注：1. 直径优先选用第一系列，其次第二系列，第三系列尽可能不用。

2. 括号内的螺距尽可能不用。

3. M14×1.25 仅用于火花塞，M35×1.5 仅用于滚动轴承锁紧螺母。

4. 旋合长度：S 为短旋合长度；N 中等旋合长度（不标注）；L 长旋合长度，一般情况用中等旋合长度。

表 9-22　普通螺纹旋合长度（摘自 GB/T 197—2003）　　　　mm

公称直径 D、d >	公称直径 D、d ≤	螺距 P	旋合长度 S ≤	旋合长度 N >	旋合长度 N ≤	旋合长度 L >
2.8	5.6	0.35	1	1	3	3
		0.5	1.5	1.5	4.5	4.5
		0.6	1.7	1.7	5	5
		0.7	2	2	6	6
		0.75	2.2	2.2	6.7	6.7
		0.8	2.5	2.5	7.5	7.5
5.6	11.2	0.5	1.6	1.6	4.7	4.7
		0.75	2.4	2.4	7.1	7.1
		1	3	3	9	9
		1.25	4	4	12	12
		1.5	4	4	15	15
11.2	22.4	0.5	1.8	1.8	5.4	5.4
		0.75	2.7	2.7	8.1	8.1
		1	3.8	3.8	11	11
		1.25	4.5	4.5	13	13
		1.5	5.6	5.6	16	16
		1.75	6	6	18	18
		2	8	8	24	24
		2.5	10	10	30	30
22.4	45	0.75	3.1	3.1	9.4	9.4
		1	4	4	12	12
		1.5	6.3	6.3	19	19
		2	8.5	8.5	25	25
		3	12	12	36	36
		3.5	15	15	45	45
		4	18	18	53	53
		4.5	21	21	63	63
45	90	1	4.8	4.8	14	14
		1.5	7.5	7.5	22	22
		2	9.5	9.5	28	28
		3	15	15	45	45
		4	19	19	56	56
		5	24	24	71	71
		5.5	28	28	85	85
		6	32	32	95	95
90	180	1.5	8.3	8.3	25	25
		2	12	12	36	36
		3	18	18	53	53
		4	24	24	71	71

注：S—短旋合长度；N—中等旋合长度；L—长旋合长度。

表 9-23　梯形螺纹最大实体牙型尺寸（摘自 GB/T 5796.1—2005）　　　　mm

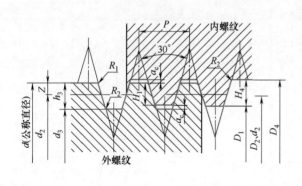

d——外螺纹大径(公称直径)；

P——螺距；

a_c——牙顶间隙；

H_1——基本牙型高度，$H_1=0.5P$；

h_3——外螺纹牙高，$h_3=H_1+a_c=0.5P+a_c$；

H_4——内螺纹牙高，$H_4=H_1+a_c=0.5P+a_c$；

Z——牙顶高，$Z=0.25P=H_1/2$；

d_2——外螺纹中径，$d_2=d-2Z=d-0.5P$；

D_2——内螺纹中径，$D_2=d-2Z=d-0.5P$；

d_3——外螺纹小径，$d_3=d-2h_3$；

D_1——内螺纹小径，$D_1=d-2H_1=d-P$；

D_4——内螺纹大径，$D_4=d+2a_c$；

R_1——外螺纹牙顶圆角，$R_{1max}=0.5a_c$；

R_2——牙底圆角，$R_{2max}=a_c$

螺距 P	a_c	$H_4=h_3$	R_{1max}	R_{2max}	螺距 P	a_c	$H_4=h_3$	R_{1max}	R_{2max}	螺距 P	a_c	$H_4=h_3$	R_{1max}	R_{2max}
1.5	0.15	0.9	0.075	0.15	9		5			24		13		
2		1.25			10	0.5	5.5	0.25	0.5	28		15		
3	0.25	1.75	0.125	0.25	12		6.5			32		17		
4		2.75			14		8			36	1	19	0.5	1
5		2.75			16		9			40		21		
6		3.5			18	1	10	0.5	1	44		23		
7	0.5	4	0.25	0.5	20		11							
8		4.5			22		12							

表 9-24　梯形螺纹直径与螺距系列（摘自 GB/T 5796.3—2005）　　　　mm

公称直径 d		螺距 P	公称直径 d		螺距 P	公称直径 d		螺距 P	公称直径 d		螺距 P
第一系列	第二系列		第一系列	第二系列		第一系列	第二系列		第一系列	第二系列	
8		1.5*	28	26	8,5*,3	52	50	12,8*,3		110	20,12*,4
10	9	2*,1.5		30	10,6*,3		55	14,9*,3	120	130	22,14*,6
	11	3,2*	32		10,6*,3	60		14,9*,3	140		24,14*,6
12		3*,2	36	34		70	65	16,10*,4		150	24,16*,6
	14	3*,2		38	10,7*,3	80	75	16,10*,4	160		28,16*,6
16	18	4*,2	40	42			85	18,12*,4		170	28,16*,6
20		4*,2	44		12,7*,3	90	95	18,12*,4	180		28,18*,8
24	22	8,5*,3	48	46	12,8*,3	100		20,12*,4		190	32,18*,8

注：优先选用第一系列的直径，带 * 者为对应直径优先选用的螺距。

表 9-25　梯形螺纹基本尺寸（摘自 GB/T 5796.3—2005）　　　　mm

公称直径 d		螺距 P	中径 $d_2=D_2$	大径 D_4	小径		公称直径 d		螺距 P	中径 $d_2=D_2$	大径 D_4	小径	
第一系列	第二系列				d_3	D_1	第一系列	第二系列				d_3	D_1
8		1.5	7.25	8.3	6.2	6.5	32		3	30.5	32.5	28.5	29
									6	29	33	25	26
	9	1.5	8.25	9.3	7.2	7.5			10	27	33	21	22
		2	8.00	9.5	6.5	7.0		34	3	32.5	34.5	30.5	31
10		1.5	9.25	10.3	8.2	8.5			6	31	35	27	28
		2	9.00	10.5	7.5	8.0			10	29	35	23	24
	11	2	10.00	11.5	8.5	9.0	36		3	34.5	26.5	32.5	33
		3	9.50	11.5	7.5	8.0			6	33	27	29	30
12		2	11.00	12.5	9.5	10.0			10	31	27	25	26
		3	10.50	12.5	8.5	9.0		38	3	36.5	38.5	34.5	35
	14	2	13	14.5	11.5	12			7	34.5	39	30	31
		3	12.5	14.5	10.5	11			10	33	39	27	28
16		2	15	16.5	13.5	14	40		3	38.5	40.5	36.5	37
		4	14	16.5	11.5	12			7	36.5	41	32	33
	18	2	17	18.5	15.5	16			10	35	41	29	30
		4	16	18.5	13.5	14		42	3	40.5	42.5	38.5	39
20		2	19	20.5	17.5	18			7	38.5	43	34	35
		4	18	20.5	15.5	16			10	37	43	31	32
	22	3	20.5	22.5	18.5	19	44		3	42.5	44.5	40.5	41
		5	19.5	22.5	16.5	17			7	40.5	45	36	37
		8	18	23	13	14			12	38	45	31	32
24		3	22.5	24.5	20.5	21		46	3	44.5	46.5	42.5	43
		5	21.5	24.5	18.5	19			8	42.0	47	37	38
		8	20	25	15	16			12	40.0	47	33	34
	26	3	24.5	26.5	22.5	23	48		3	46.5	48.5	44.5	45
		5	23.5	26.5	20.5	21			8	44	49	39	40
		8	22	27	17	18			12	42	49	35	36
28		3	26.5	28.5	24.5	25		50	3	48.5	50.5	46.5	47
		5	25.5	28.5	22.5	23			8	46	51	41	42
		8	24	29	19	20			12	44	51	37	38
	30	3	28.5	30.5	26.5	27	52		3	50.5	52.5	48.5	49
		6	27	31	23	24			8	48	53	43	44
		10	25	31	19	20			12	46	53	39	40

注：优先选用第一直径系列，其次是第二系列，第三系列尽量不用。

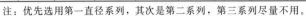

9.3.2 螺纹连接的结构尺寸

表 9-26 螺栓和螺钉通孔用通孔尺寸（摘自 GB/T 5277—1985）　mm

螺纹规格 d		M1	M1.2	M1.4	M1.6	M1.8	M2	M2.5	M3	M3.5	M4	M4.5	M5	M6	M7	M8
螺纹直径	精装配	1.1	1.3	1.5	1.7	2	2.2	2.7	3.2	3.7	4.3	4.8	5.3	6.4	7.4	8.4
	中等装配	1.2	1.4	1.6	2	2.1	2.4	3.2	3.4	3.9	4.5	5	5.5	6.6	7.6	9
	粗装配	1.3	1.5	1.8	2.2	2.4	2.6	3.7	3.6	4.2	4.8	5.3	5.8	6.6	7.6	10
螺纹规格 d		M10	M12	M14	M16	M18	M20	M22	M24	M27	M30	M33	M36	M39	M42	M45
螺纹直径	精装配	10.5	13	15	17	19	21	23	25	28	31	34	37	40	43	46
	中等装配	11	13.5	15.5	17.5	20	22	24	26	30	33	36	39	42	45	48
	粗装配	12	14.5	16.5	18.5	21	24	26	28	32	35	38	42	45	48	52

表 9-27 圆柱头用沉孔（摘自 GB/T 152.3—1988）　mm

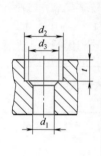

	适用于 GB 70 用的圆柱头沉孔尺寸															
螺纹规格	M1.6	M2	M2.5	M3	M4	M5	M6	M8	M10	M12	M14	M16	M20	M24	M30	M36
d_2	3.3	4.3	5.0	6.0	8.0	10.0	11.0	15.0	18.0	20.0	24.0	26.0	33.0	40.0	48.0	57.0
t	1.8	2.3	2.9	3.4	4.6	5.7	6.8	9.0	11.0	13.0	15.0	17.5	21.5	25.5	32.0	38.0
d_3	—	—	—	—	—	—	—	—	16	18	20	24	28	36	42	
d_1	1.8	2.4	2.9	3.4	4.5	5.5	6.6	9.0	11.0	13.5	15.5	17.5	22.0	26.0	33.0	39.0
	适用于 GB 6190、GB 6191 及 GB 65 用的圆柱头沉孔尺寸															
螺纹规格	M4	M5	M6	M8	M10	M12	M14	M16	M20							
d_2	8	10	11	15	18	20	24	26	33							
t	3.2	4.0	4.7	6.0	7.0	8.0	9.0	10.5	12.5							
d_3	—	—	—	—	—	16	18	20	24							
d_1	4.5	5.5	6.6	9.0	11.0	13.5	15.5	17.5	22.0							

注：尺寸 d_1、d_2 和 t 的公差带均为 H13。

表 9-28 沉头螺钉用沉孔（摘自 GB/T 152.2—2014）　mm

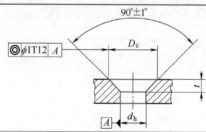

公称规格	螺纹规格		d_h [1]		D_c		t
			min（公称）	max	min（公称）	max	≈
1.6	M1.6	—	1.80	1.94	3.6	3.7	0.95
2	M2	ST2.2	2.40	2.54	4.4	4.5	1.05
2.5	M2.5	—	2.90	3.04	5.5	5.6	1.35
3	M3	ST2.9	3.40	3.58	6.3	6.5	1.55
3.5	M3.5	ST3.5	3.90	4.08	8.2	8.4	2.25
4	M4	ST4.2	4.50	4.68	9.4	9.6	2.55
5	M5	ST4.8	5.50	5.68	10.40	10.65	2.58
5.5	—	ST5.5	6.00 [2]	6.18	11.50	11.75	2.88
6	M6	ST6.3	6.60	6.82	12.60	12.85	3.13
8	M8	ST8	9.00	9.22	17.30	17.55	4.28
10	M10	ST9.5	11.00	11.27	20.0	20.3	4.65

① 按 GB/T 5277 中等装配系列的规定，公差带为 H13；
② GB/T 5277 中无此尺寸。

表 9-29　六角螺栓和六角螺母用沉孔（摘自 GB/T 152.4—1988）　　　　mm

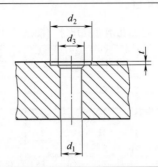

螺纹规格	M1.6	M2	M2.5	M3	M4	M5	M6	M8	M10	M12	M14	M16	M18	M20
d_2	5	6	8	9	10	11	13	18	22	26	30	33	36	40
d_3	—	—	—	—	—	—	—	—	16	18	20	22	24
d_1	1.8	2.4	2.9	3.4	4.5	5.5	6.6	9.0	11.0	13.5	15.5	17.5	20.0	22.0
螺纹规格	M22	M24	M27	M30	M33	M36	M39	M42	M45	M48	M52	M56	M60	M64
d_2	43	48	53	61	66	71	76	82	89	98	107	112	118	125
d_3	26	28	33	36	39	42	45	48	51	56	60	68	72	76
d_1	24	26	30	33	36	39	42	45	48	52	56	62	66	70

表 9-30　普通螺纹的内、外螺纹余留长度、钻孔余留深度、螺栓突出螺母的末端长度
（摘自 JB/ZQ 4247—2006）　　　　mm

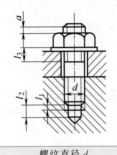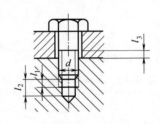

螺距 P	螺纹直径 d		余留长（深）度			末端长度
	粗牙	细牙	内螺纹 l_1	钻孔 l_2	外螺纹 l_3	a
0.5	3	5	1	4	2	1～2
0.7	4		1.5	5	2.5	2～3
0.75		6		6		
0.8	5					
1	6	8,10,14,16,18	2	7	3.5	2.5～4
1.25	8	12	2.5	9	4	
1.5	10	14,16,18,20,22,24,27,30,33	3	10	4.5	3.5～5
1.75	12		3.5	13	5.5	
2	14,16	24,27,30,33,36,39,45,48,52	4	14	6	4.5～6.5
2.5	18,20,22		5	17	7	
3	24,27	36,39,42,45,48,56,60,64,72,76	6	20	8	5.5～8
3.5	30		7	23	9	
4	36	56,60,64,68,72,76	8	26	10	7～11
4.5	42		9	30	11	
5	48		10	33	13	10～15
5.5	56		11	36	16	
6	64,72,76		12	40	18	

表 9-31 粗牙螺栓、螺钉的拧入深度、攻螺纹深度和钻孔深度（参考） mm

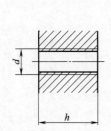
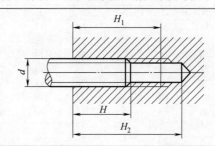

公称直径 d	钢和青铜				铸铁				铝			
	通孔	盲孔			通孔	盲孔			通孔	盲孔		
	拧入深度 h	拧入深度 H	攻螺纹深度 H_1	钻孔深度 H_2	拧入深度 h	拧入深度 H	攻螺纹深度 H_1	钻孔深度 H_2	拧入深度 h	拧入深度 H	攻螺纹深度 H_1	钻孔深度 H_2
3	4	3	4	7	6	5	6	9	8	6	7	10
4	5.5	4	5.5	9	8	6	7.5	11	10	8	10	14
5	7	5	7	11	10	8	10	14	12	10	12	16
6	8	6	8	13	12	10	12	17	15	12	15	20
8	10	8	10	16	15	12	14	20	20	16	18	24
10	12	10	13	20	18	15	18	25	24	20	23	30
12	15	12	15	24	22	18	21	30	28	24	27	36
16	20	16	20	30	28	24	28	33	36	32	36	46
20	25	20	24	36	35	30	35	47	45	40	45	57
24	30	24	30	44	42	35	42	55	55	48	54	68
30	36	30	36	52	50	45	52	68	70	60	67	84
36	45	36	44	62	65	55	64	82	80	72	80	98
42	50	42	50	72	75	65	74	95	95	85	94	115
48	60	48	58	82	85	75	85	108	105	95	105	128

表 9-32 扳手空间（摘自 JB/ZQ 4005—2006) mm

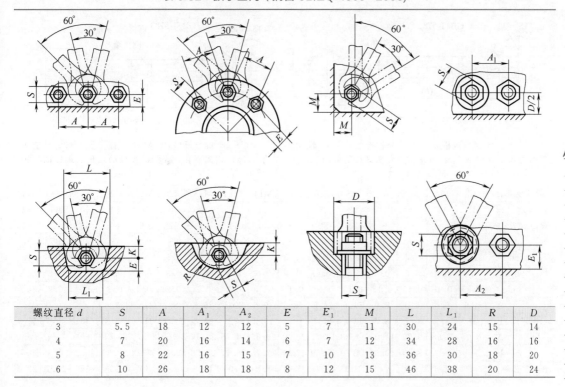

螺纹直径 d	S	A	A_1	A_2	E	E_1	M	L	L_1	R	D
3	5.5	18	12	12	5	7	11	30	24	15	14
4	7	20	16	14	6	7	12	34	28	16	16
5	8	22	16	15	7	10	13	36	30	18	20
6	10	26	18	18	8	12	15	46	38	20	24

螺纹直径 d	S	A	A_1	A_2	E	E_1	M	L	L_1	R	D
8	13	32	24	22	11	14	18	55	44	25	28
10	16	38	28	26	13	16	22	62	50	30	30
12	18	42	—	30	14	18	24	70	55	32	—
14	21	48	36	34	15	20	26	80	65	36	40
16	24	55	38	38	16	24	30	85	70	42	45
18	27	62	45	42	19	25	32	95	75	46	52
20	30	68	48	46	20	28	35	105	85	50	56
22	34	76	55	52	24	32	40	120	95	58	60
24	36	80	58	55	24	34	42	125	100	60	70
27	41	90	65	62	26	36	46	135	110	65	76
30	46	100	72	70	30	40	50	155	125	75	82
33	50	108	76	75	32	44	55	165	130	80	88
36	55	118	85	82	36	48	60	180	145	88	95
39	60	125	90	88	38	52	65	190	155	92	100
42	65	135	96	96	42	55	70	205	165	100	106
45	70	145	105	102	45	60	75	220	175	105	112
48	75	160	115	112	48	65	80	235	185	115	126
52	80	170	120	120	48	70	84	245	195	125	132
56	85	180	126	—	52	—	90	260	205	130	138
60	90	185	134	—	58	—	95	275	215	135	145
64	95	195	140	—	58	—	100	285	225	140	152
68	100	205	145	—	65	—	105	300	235	150	158
72	105	215	155	—	68	—	110	320	250	160	168
76	110	225	—	—	70	—	115	335	265	165	—

9.3.3　螺栓

表 9-33　六角头螺栓 A 和 B 级（摘自 GB/T 5782—2016）、
六角头螺栓-全螺纹 A 和 B 级（摘自 GB/T 5783—2016）　　　　mm

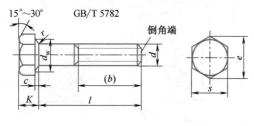

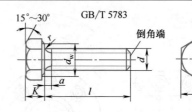

标记示例：螺纹规格 d＝M16、公称长度 l＝100、性能等级为 8.8 级、表面氧化、A 级的六角头螺栓的标记为：螺栓 GB/T 5782—2016 M16×100

标记示例：螺纹规格 d＝M16、公称长度 l＝80、性能等级为 8.8 级、表面氧化、全螺纹、A 级的六角头螺栓的标记为：螺栓 GB/T 5783—2016 M16×80

螺纹规格 d		M3	M4	M5	M6	M8	M10	M12	(M14)	M16	(M18)	M20	(M22)	M24	(M27)	M30	M36
b 参考	$l\leq125$	12	14	16	18	22	26	30	34	38	42	46	50	54	60	66	78
	$125<l\leq200$	—	—	—	—	28	32	36	40	44	48	52	56	60	66	72	84
	$l>200$	—	—	—	—	—	—	—	53	57	61	65	69	73	79	85	97
a	max	1.5	2.1	2.4	3	3.75	4.5	5.25	6	6	7.5	7.5	7.5	9	9	10.5	12
c	max	0.4	0.4	0.5	0.5	0.6	0.6	0.6	0.6	0.8	0.8	0.8	0.8	0.8	0.8	0.8	0.8
	min	0.15	0.15	0.15	0.15	0.15	0.15	0.15	0.15	0.2	0.2	0.2	0.2	0.2	0.2	0.2	0.2
d_w min	A	4.6	5.9	6.9	8.9	11.6	14.6	16.6	19.6	22.5	25.3	28.2	31.7	33.6	—	—	—
	B	—	—	6.7	8.7	11.4	14.4	16.4	19.2	22	24.8	27.7	31.4	33.2	38	42.7	51.1
e min	A	6.07	7.66	8.79	11.05	14.38	17.77	20.03	23.35	26.75	30.14	33.53	37.72	39.98	—	—	—
	B	—	—	8.63	10.89	14.20	17.59	19.85	22.78	26.17	29.56	32.95	37.29	39.55	45.2	50.85	60.79
K	公称	2	2.8	3.5	4	5.3	6.4	7.5	8.8	10	11.5	12.5	14	15	17	18.7	22.5

续表

r	min	0.1	0.2	0.2	0.25	0.4	0.4	0.6	0.6	0.6	0.6	0.8	1	0.8	1	1	1
s	公称	5.5	7	8	10	13	16	18	21	24	27	30	34	36	41	46	55
l 范围		20~30	25~40	25~50	30~60	35~80	40~100	45~120	60~140	55~160	60~180	65~200	70~220	80~240	90~260	90~300	110~360
l 范围（全螺线）		6~30	8~40	10~50	12~60	16~80	20~100	25~100	30~140	35~100	35~180	40~100	45~200	40~100	55~200	40~100	
l 系列		6,8,10,12,16,20~70(5 进位),80~160(10 进位),180~360(20 进位)															

技术条件	材料	力学性能等级	螺纹公差	公差产品等级	表面处理
	钢	8.8	6g	A 级用于 $d \leqslant 24$ 和 $l \leqslant 10d$ 或 $l \leqslant 150$ B 级用于 $d > 24$ 和 $l > 10d$ 或 $l > 150$	氧化或镀锌钝化

注：1. A、B 为产品等级，A 级最精确、C 级最不精确。C 级产品详见 GB/T 5780—2016、GB/T 5781—2016。

2. l 系列中，M14 中的 55、65、M18 和 M20 中的 65、全螺纹中的 55、65 等规格尽量不采用。

3. 括号内为第二系列螺纹直径规格，尽量不采用。

表 9-34 六角头铰制孔用螺栓 A 和 B 级（摘自 GB/T 27—2013） mm

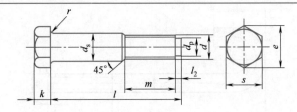

标记示例：

1. 螺纹规格 d＝M12、d_s 尺寸按本表规定、公称长度 l＝80mm、性能等级 8.8 级、表面氧化处理、A 级六角头铰制孔用螺栓，标记为：螺栓 GB/T 27 M12×80

2. d_s 按 m6 制造时应加标记 m6：螺栓 GB/T 27 M12×m6×80

螺纹规格 d	M6	M8	M10	M12	(M14)	M16	(M18)	M20	(M22)	M24	(M27)	M30	M36	M42	M48
d_s （最大）	7	9	11	13	15	17	19	21	23	25	28	32	38	44	50
(h9) （最小）	6.964	8.964	10.957	12.957	14.957	16.957	18.948	20.948	22.948	24.948	27.948	31.938	37.938	43.938	49.938
s（最大）	10	13	16	18	21	24	27	30	34	36	41	46	55	65	75
k（公称）	4	5	6	7	8	9	10	11	12	13	15	17	20	23	26
r（最小）	0.25	0.4	0.4	0.6	0.6	0.6	0.6	0.8	0.8	0.8	1	1	1	1.2	1.6
e	11.05	14.38	17.77	20.03	23.35	26.75	30.14	33.53	37.72	39.98	—	—	—	—	—
d_p	4	5.5	7	8.5	10	12	13	15	17	18	21	23	28	33	38
l_2	1.5	1.5	2	2	3	3	3	4	4	4	5	5	6	7	8
d_1（最小）	1.6	2	2.5	3.2	3.2	4	4	4	5	5	5	6.3	6.3	8	8
l	25~65	25~80	30~120	35~180	40~180	45~200	50~200	55~200	60~200	65~200	75~200	80~230	90~300	110~300	120~300
m	12	15	18	22	25	28	30	32	35	38	42	50	55	65	70
n	4.5	5.5	6	7	8	9	9	10	11	11	13	14	16	19	20
100mm 长的质量/kg≈	0.020	0.036	0.078	0.110	0.148	0.195	0.247	0.303	0.381	0.450	0.587	0.762	1.132	1.515	2.091
l 系列	25,(28),30,(32),35,(38),40,45,50,(55),60,(65),70,(75),80,(85),90,(95),100,110,120,130,140,150,160,170,180,190,200,210,220,230,240,250,260,280,300														
技术条件	材料:钢	螺纹公差:6g	性能等级:$d \leqslant$ M39 时为 8.8；$d >$ M39 时按协议			表面处理:氧化		产品等级:A、B							

注：1. 产品等级 A 级用于 $d \leqslant$ M24 和 $l \leqslant 10d$ 或 $l \leqslant 150$mm 的螺栓，B 级用于 $d >$ M24 和 $l > 10d$ 或 > 150mm 的螺栓（按较小值，A 级比 B 级精确）。

2. 根据使用要求，螺杆上无螺纹部分杆径（d_s）允许按 m6、u8 制造。按 m6 制造的螺栓，螺杆上无螺纹部分的表面粗糙度为 $Ra1.6$；螺杆上无螺纹部分（d_s）末端倒角 45°，根据制造工艺，允许制成大于 45°，小于 1.5P（螺距）的颈部。

3. 尽可能不采用括号内的规格。

表 9-35　地脚螺栓（摘自 GB/T 799—2020)　　　　　　　　　　mm

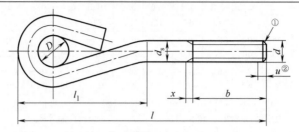

A型

螺纹规格 d		M8	M10	M12	M16	M20	M24	M30	M36	M42	M48	M56	M64	M72
A 型尺寸	$b_{~0}^{+2P}$	31	36	40	50	58	68	80	94	106	120	140	160	180
	l_1	46	65	82	93	127	139	192	244	261	302	343	385	430
	D	10	15	20	20	30	30	45	60	60	70	80	90	100
	x　max	3.2	3.8	4.3	5	6.3	7.5	9	10	11	12.5	14	15	15

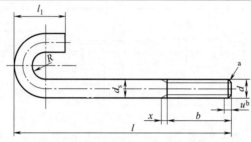

B型

螺纹规格 d		M8	M10	M12	M16	M20	M24	M30	M36	M42	M48	M56	M64	M72
B 型尺寸	$b_{~0}^{+2P}$	31	36	40	50	58	68	80	94	106	120	140	160	180
	l_1	48	60	72	96	120	144	180	216	252	288	336	384	432
	R	16	20	24	32	40	48	60	72	84	96	112	128	144
	x　max	3.2	3.8	4.3	5	6.3	7.5	9	10	11	12.5	14	15	15

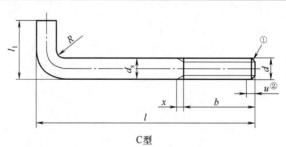

C型

螺纹规格 d		M8	M10	M12	M16	M20	M24	M30	M36	M42	M48	M56	M64	M72
C 型尺寸	$b_{~0}^{+2P}$	31	36	40	50	58	68	80	94	106	120	140	160	180
	l_1	32	40	48	64	80	96	120	144	168	192	224	256	288
	R	16	20	24	32	40	48	60	72	84	96	112	128	144
	x　max	3.2	3.8	4.3	5	6.3	7.5	9	10	11	12.5	14	15	15

标记示例：

螺纹规格 d＝M20、公称长度 l＝400mm、机械性能等级 4.6 级、型式为 A 型，不经表面处理，产品等级为 C 级地脚螺栓的标记为：　地脚螺栓 GB/T 799　M20×400-A

① 末端按 GB/T 2 规定应倒角或倒圆，由制造者选择。

② 不完整螺纹的长度 $u \leqslant 2P$。

注：1. 无螺纹部分杆径 d_s，约等于螺纹中径或螺纹大径。

2. 尺寸代号和标注应符合 GB/T 5276。

9.3.4 螺钉

表 9-36 十字槽盘头螺钉（摘自 GB/T 818—2016） mm

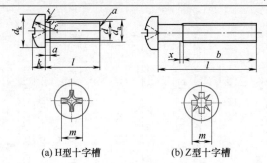

(a) H 型十字槽 (b) Z 型十字槽

标记示例：

螺纹规格 d = M5、公称长度 l = 20mm、性能等级为 4.8 级、不经表面处理的 H 型十字槽盘头螺钉，标记为：螺钉 GB/T 818　M5×20

螺纹规格 d			M1.6	M2	M2.5	M3	(M3.5)[1]	M4	M5	M6	M8	M10
P[2]			0.35	0.4	0.45	0.5	0.6	0.7	0.8	1	1.25	1.5
a	max		0.7	0.8	0.9	1	1.2	1.4	1.6	2	2.5	3
b	min		25	25	25	25	38	38	38	38	38	38
d_a	max		2	2.6	3.1	3.6	4.1	4.7	5.7	6.8	9.2	11.2
d_k	公称=max		3.2	4.0	5.0	5.6	7.00	8.00	9.50	12.00	16.00	20.00
	min		2.9	3.7	4.7	5.3	6.64	7.64	9.14	11.57	15.57	19.48
k	公称=max		1.30	1.60	2.10	2.40	2.60	3.10	3.70	4.6	6.0	7.50
	min		1.16	1.46	1.96	2.26	2.46	2.92	3.52	4.3	5.7	7.14
r	min		0.1	0.1	0.1	0.1	0.1	0.2	0.2	0.25	0.4	0.4
r_f	≈		2.5	3.2	4	5	6	6.5	8	10	13	16
x	max		0.9	1	1.1	1.25	1.5	1.75	2	2.5	3.2	3.8
十字槽	槽号 No.		0			1		2		3		4
	H型	m 参考	1.7	1.9	2.7	3	3.9	4.4	4.9	6.9	9	10.1
		插入深度 max	0.95	1.2	1.55	1.8	1.9	2.4	2.9	3.6	4.6	5.8
		插入深度 min	0.70	0.9	1.15	1.4	1.4	1.9	2.4	3.1	4.0	5.2
	Z型	m 参考	1.6	2.1	2.6	2.8	3.9	4.3	4.7	6.7	8.8	9.9
		插入深度 max	0.90	1.42	1.50	1.75	1.93	2.34	2.74	3.46	4.50	5.69
		插入深度 min	0.65	1.17	1.25	1.50	1.48	1.89	2.29	3.03	4.05	5.24

l[1][3]			每 1000 件钢螺钉的质量(ρ = 7.85kg/dm³) ≈ kg									
公称	min	max										
3	2.8	3.2	0.099	0.178	0.336							
4	3.76	4.24	0.111	0.196	0.366	0.544						
5	4.76	5.24	0.123	0.215	0.396	0.588	0.891	1.3				
6	5.76	6.24	0.134	0.223	0.462	0.632	0.951	1.38	2.32			
8	7.71	8.29	0.157	0.27	0.486	0.72	1.07	1.53	2.57	4.37		
10	9.71	10.29	0.18	0.307	0.546	0.808	1.19	1.69	2.81	4.72	9.96	
12	11.65	12.35	0.203	0.344	0.606	0.896	1.31	1.84	3.06	5.07	10.6	19.8
(14)	13.65	14.35	0.226	0.381	0.666	0.984	1.43	2	3.31	5.42	11.2	20.8
16	15.65	16.35	0.245	0.418	0.726	1.07	1.55	2.15	3.56	5.78	11.9	21.8
20	19.58	20.42		0.492	0.846	1.25	1.79	2.46	4.05	6.48	13.2	23.8
25	24.58	25.42			0.996	1.47	2.09	2.85	4.67	7.36	14.8	26.3
30	29.58	30.42				1.69	2.39	3.23	5.29	8.24	16.4	28.8
35	34.5	35.5					2.68	3.62	5.91	9.12	18	31.3
40	39.5	40.5						4.01	6.52	10	19.6	33.9
45	44.5	45.5							7.14	10.9	21.2	36.4
50	49.5	50.5								11.8	22.8	38.9
(55)	54.05	55.95								12.6	24.4	41.4
60	59.05	60.95								13.5	26	43.9

① 尽可能不采用括号内的规格。

② P——螺距。

③ 公称长度在阶梯虚线以上的螺钉，制出全螺纹（$b = l - a$）。

注：在阶梯实线间为优选长度。

表 9-37　内六角圆柱头螺钉（摘自 GB/T 70.1—2008）

mm

标记示例：

螺纹规格 $D=M5$、公称长度 $l=20\text{mm}$、性能等级 8.8 级、表面氧化的 A 级内六角圆柱螺钉，标记为：

螺钉 GB/T 70.1 M5×20

螺纹规格 d	M1.6	M2	M2.5	M3	M4	M5	M6	M8	M10	M12	(M14)	M16	M20	M24	M30	M36	M42	M48	M56	M64
螺距 P	0.35	0.4	0.45	0.5	0.7	0.8	1	1.25	1.5	1.75	2	2	2.5	3	3.5	4	4.5	5	5.5	6
b	15	16	17	18	20	22	24	28	32	36	40	44	52	60	72	84	96	106	124	140
d_k(最大)①	3	3.8	4.5	5.5	7	8.5	10	13	16	18	21	24	30	36	45	54	63	72	84	96
d_k(最大)②	3.14	3.98	4.68	5.68	7.22	8.72	10.22	13.27	16.27	18.27	21.33	24.33	30.33	36.39	45.39	54.46	63.46	72.46	84.54	96.54
d_a(最大)	2	2.6	3.1	3.6	4.7	5.7	6.8	9.2	11.2	13.7	15.7	17.7	22.4	26.4	33.4	39.4	45.6	52.6	63	71
d_s(最大)	1.6	2	2.5	3	4	5	6	8	10	12	14	16	20	24	30	36	42	48	56	64
e(最小)	1.73	1.73	2.3	2.87	3.44	4.58	5.72	7.78	9.15	11.43	13.72	16	19.44	21.73	25.15	30.85	36.57	41.13	46.83	52.53
l_f(最大)	0.34	0.51	0.51	0.51	0.6	0.6	0.68	1.02	1.02	1.45	1.45	1.45	2.04	2.04	2.89	2.89	3.06	3.91	5.95	5.95
k(最大)	1.6	2	2.5	3	4	5	6	8	10	12	14	16	20	24	30	36	42	48	56	64
r(最小)	0.1	0.1	0.1	0.1	0.2	0.2	0.25	0.4	0.4	0.6	0.6	0.6	0.8	0.8	1	1	1.2	1.6	2	2
s(公称)	1.5	1.5	2	2.5	3	4	5	6	8	10	12	14	17	19	22	27	32	36	41	46
w(最小)	0.55	0.55	0.85	1.15	1.4	1.9	2.3	3.3	4	4.8	5.8	6.8	8.8	10.4	13.1	15.3	16.3	17.5	19	22
商品规格长度 l	2.5~16	3~20	4~25	5~30	6~40	8~50	10~60	12~80	16~100	20~120	25~140	25~160	30~200	40~200	45~200	55~200	60~300	70~300	80~300	90~300
全螺纹长度 l	2.5~16	3~16	4~20	5~20	6~20	8~20	10~30	12~35	16~40	20~50	25~55	25~60	30~70	40~80	45~100	55~110	60~130	70~150	80~160	100~180

l 系列：2.5,3,4,5,6,8,10,12,16,20,25,30,35,40,45,50,55,60,65,70,80,90,100,110,120,130,140,150,160,180,200,220,240,260,280,300

技术条件	材料	钢	不锈钢	有色金属
	性能等级	$d<M3$ 或 $d>M39$:按协议　M3≤d≤M39:8.8、10.9、12.9	d≤M24:A2-70、A3-70、A4-70、A5-70　M24<d≤M39:A2-50、A3-50、A4-50、A5-50　$d>M39$:按协议	CU2、CU3
	表面处理	氧化	简单处理	简单处理
	螺纹公差	12.9 级:5g、6g　其他等级:6g		
	产品等级	A		

① 电镀技术要求按 GB/T 5267.1
② 非电解锌粉覆盖层技术要求按 GB/T 5267.2
③ 如需其他表面镀层或表面处理，应由供需双方协议

① 光滑头部。
② 滚花头部。

表 9-38　紧定螺钉

开槽锥端紧定螺钉（摘自 GB/T 71—2018）、开槽平端紧定螺钉（摘自 GB/T 73—2017)、
开槽长圆柱端紧定螺钉（摘自 GB/T 75—2018）　　　　　mm

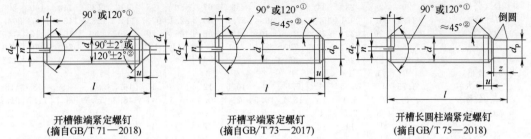

开槽锥端紧定螺钉　　　　　开槽平端紧定螺钉　　　　　开槽长圆柱端紧定螺钉
(摘自GB/T 71—2018)　　　　(摘自GB/T 73—2017)　　　　(摘自GB/T 75—2018)

标记示例：

螺纹规格 d＝M5、公称长度 l＝12mm、性能等级 14H 级、表面氧化的开槽锥端紧定螺钉，标记为：

螺钉 GB/T 71—2018　M5×12

螺纹规格 d			M3	M4	M5	M6	M8	M10	M12
螺距 P			0.5	0.7	0.8	1	1.25	1.5	1.75
$d_f \approx$			螺纹小径						
d_1	max		0.3	0.4	0.5	1.5	2	2.5	3
d_P	max		2	2.5	3.5	4	5.5	7	8.5
n	公称		0.4	0.6	0.8	1	1.2	1.6	2
t	min		0.8	1.12	1.28	1.6	2	2.4	2.8
z	max		1.75	2.25	2.75	3.25	4.3	5.3	6.3
不完整螺纹的长度 u			≤2P						
l 范围 （商品规格）	GB/T 71		4～16	6～20	8～25	8～30	10～40	12～50	14～60
	GB/T 73		3～16	4～20	5～25	6～30	8～40	10～50	12～60
	GB/T 75		5～16	6～20	8～25	8～30	10～40	12～50	14～60
	短螺钉	GB/T 73	3	4	5	6	—	—	—
		GB/T 75	5	6	8	8、10	10、12、14	12、14、16	14、16、20
公称长度 l 的系列			3、4、5、6、8、10、12、(14)、16、20、25、30、35、40、45、50、(55)、60						
技术条件	材料		机械性能等级		螺纹公差		公差产品等级	表面处理	
	钢		14H、22H		6g		A	氧化或镀锌钝化	

① 公称长度在表中 l 范围内的短螺钉应制成 120°。

② 90°或 120°和 45°仅适用于螺纹小径以内的末端部分。

注：尽可能不采用括号内的规格。

表 9-39　吊环螺钉（摘自 GB/T 825—1988）　　　　　mm

适用于A型

标记示例：

规格 20mm、材料 20 钢、经正火处理、不经表面处理的 A 型吊环螺钉，标记为：螺钉 GB/T 825 M20

续表

规格 d	M8	M10	M12	M16	M20	M24	M30	M36	M42	M48	M56	M64	M72×6	M80×6	M100×6
d_1（最大）	9.1	11.1	13.1	15.2	17.4	21.4	25.7	30	34.4	40.7	44.7	51.4	63.8	71.8	79.2
D_1（公称）	20	24	28	34	40	48	56	67	80	95	112	125	140	160	200
d_2（最大）	21.1	25.1	29.1	35.2	41.4	49.4	57.7	69	82.4	97.7	114.7	128.4	143.8	163.8	204.2
l（公称）	16	20	22	28	35	40	45	55	65	70	80	90	100	115	140
d_4（参考）	36	44	52	62	72	88	104	123	144	171	196	221	260	296	350
h	18	22	26	31	36	44	53	63	74	87	100	115	130	150	175
r（最小）	1	1	1	1	1	2	2	3	3	3	4	4	4	4	5
a_1（最大）	3.75	4.5	5.25	6	7.5	9	10.5	12	13.5	15	16.5	18	18	18	18
d_3（公称）	6	7.7	9.4	13	16.4	19.6	25	30.8	35.6	41	48.3	55.7	63.7	71.7	91.7
a（最大）	2.5	3	3.5	4	5	6	7	8	9	10	11	12	12	12	12
b	10	12	14	16	19	24	28	32	38	46	50	58	72	80	88
D_2（公称）	13	15	17	22	28	32	38	45	52	60	68	75	85	95	115
h_2（公称）	2.5	3	3.5	4.5	5	7	8	9.5	10.5	11.5	12.5	13.5	14	14	14
每 1000 个的质量/kg≈	40.5	77.9	131.7	233.7	385.2	705.3	1205	1998	3070	4947	7155	10382	17758	25892	40273
轴向保证载荷/tf	3.2	5	8	12.5	20	32	50	80	125	160	200	320	400	500	800
最大起重量（平稳起吊）/t 单螺钉起吊（最大）	0.16	0.25	0.4	0.63	1	1.6	2.5	4	6.3	8	10	16	20	25	40
最大起重量（平稳起吊）/t 双螺钉起吊（最小）	0.08	0.125	0.2	0.32	0.5	0.8	1.25	2	3.2	4	5	8	10	12.5	20

技术条件	材料:20 或 25 钢	螺纹公差:8g	热处理:整体铸造，正火处理	表面处理:不处理;镀锌钝化;镀铬 按 GB/T 5267 规定

注：M8～M36 为商品规格。吊环螺钉应进行硬度试验，其硬度值为 67～95HRB。

9.3.5　螺母

表 9-40　Ⅰ型六角螺母（摘自 GB/T 6170—2015)与六角薄螺母（摘自 GB/T 6172.1—2016)　mm

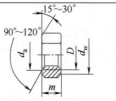 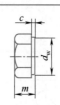

标记示例：

螺纹规格 $D=M12$、性能等级 10 级、不经表面处理、A 级的Ⅰ型六角螺母，标记为：螺母 GB/T 6170　M12

螺纹规格 $D=M12$、性能等级 04 级、不经表面处理、A 级的六角薄螺母，标记为：螺母 GB/T 6172.1　M12

螺纹规格 D		M3	M4	M5	M6	M8	M10	M12	(M14)	M16	(M18)	M20	(M22)	M24	(M27)	M30	M36
d_a	max	3.45	4.6	5.75	6.75	8.75	10.8	13	15.1	17.30	19.5	21.6	23.7	25.9	29.1	32.4	38.9
d_w	min	4.6	5.9	6.9	8.9	11.6	14.6	16.6	19.6	22.5	24.8	27.7	31.4	33.2	38	42.7	51.1
e	min	6.01	7.66	8.79	11.05	14.38	17.77	20.03	23.35	26.75	29.56	32.95	37.29	39.55	45.2	50.85	60.79
s	max	5.5	7	8	10	13	16	18	21	24	27	30	34	36	41	46	55
c	max	0.4	0.4	0.5	0.5	0.6	0.6	0.6	0.6	0.8	0.8	0.8	0.8	0.8	0.8	0.8	0.8
m	六角螺母	2.4	3.2	4.7	5.2	6.8	8.4	10.8	12.8	14.8	15.8	18	19.4	21.5	23.8	25.6	31
（max）	薄螺母	1.8	2.2	2.7	3.2	4	5	6	7	8	9	10	11	12	13.5	15	18

技术条件	材料	机械性能等级	螺纹公差	表面处理	公差产品等级		
	钢	6、8、10	6H	不经处理或镀锌钝化	A 级用于 $D≤M16$ B 级用于 $D＞M16$		

注：尽量不采用括号中的尺寸。

表 9-41　圆螺母（摘自 GB/T 812—1988）　　　　　　　　　　　mm

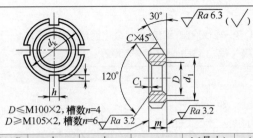

标记示例：
螺纹规格 D＝M16×1.5、材料 45 钢、槽或全部热处理后硬度 35 ～ 45HRC、表面氧化的圆螺母，标记为：
螺母 GB/T 812　M16×1.5

$D≤$M100×2，槽数n=4
$D≥$M105×2，槽数n=6

螺纹规格 $D×P$	d_k	d_1	m	h（最小）	t（最小）	C	C_1	每 1000 个的质量/kg≈
M10×1	22	16	8	4	2	0.5	0.5	16.82
M12×1.25	25	19						21.58
M14×1.5	28	20						26.82
M16×1.5	30	22						28.44
M18×1.5	32	24						31.19
M20×1.5	35	27						37.31
M22×1.5	38	30		5	2.5			54.91
M24×1.5	42	34						68.88
M25×1.5[①]								65.88
M27×1.5	45	37				1		75.49
M30×1.5	48	40	10					82.11
M33×1.5	52	43						92.32
M35×1.5[①]								84.99
M36×1.5	55	46		6	3			100.3
M39×1.5	58	49						107.3
M40×1.5[①]								102.5
M42×1.5	62	53						121.8
M45×1.5	68	59						153.6
M48×1.5	72	61						201.2
M50×1.5[①]								186.8
M52×1.5	78	67		8	3.5			238
M55×2[①]								214.4
M56×2	85	74	12					290.1
M60×2	90	79						320.3
M64×2	95	84						351.9
M65×2[①]								342.4
M68×2	100	88				1.5		380.2
M72×2	105	93		10	4			518
M75×2[①]								477.5
M76×2	110	98	15					562.4
M80×2	115	103						608.4
M85×2	120	108						640.6
M90×2	125	112					1	796.1
M95×2	130	117		12	5			834.7
M100×2	135	122	18					873.3
M105×2	140	127						895
M110×2	150	135						1076
M115×2	155	140						1369
M120×2	160	145	22	14	6			1423
M125×2	165	150						1477
M130×2	170	155						1531
M140×2	180	165						1937
M150×2	200	180	26					2651
M160×3	210	190						2810
M170×3	220	200		16	7			2970
M180×3	230	210				2	1.5	3610
M190×3	240	220	30					3794
M200×3	250	230						3978

技术条件	材料	螺纹公差	热处理及表面处理		
	45 钢	6H	槽或全部热处理后 35～45HRC；调质 24～30HRC；氧化		

① 多用于滚动轴承锁紧装置，易于买到。

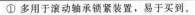

9.3.6 垫圈

表 9-42 平垫片 平垫圈 C 级（摘自 GB/T 95—2002）、平垫圈 A 级（摘自 GB/T 97.1—2002）、平垫圈倒角型 A 级（摘自 GB/T 97.2—2002）　　　　　mm

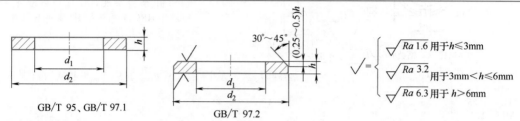

GB/T 95、GB/T 97.1　　　　GB/T 97.2

$$\sqrt{} = \begin{cases} \sqrt{Ra\,1.6} \text{ 用于 } h \leqslant 3\text{mm} \\ \sqrt{Ra\,3.2} \text{ 用于 } 3\text{mm} < h \leqslant 6\text{mm} \\ \sqrt{Ra\,6.3} \text{ 用于 } h > 6\text{mm} \end{cases}$$

标记示例：

标准系列、规格 8mm、由钢制造的硬度等级 200HV、不经表面处理、产品等级 A 级的平垫圈，标记为：

垫圈 GB/T 97.1　8

不锈钢组别：A2、F1、C1、A4、C4（按 GB/T 3098.6）

规格（螺纹大径）	GB/T 95			GB/T 97.1			GB/T 97.2		
	内径 d_1	外径 d_2	厚度 h	内径 d_1	外径 d_2	厚度 h	内径 d_1	外径 d_2	厚度 h
优选尺寸 1.6	1.8	4	0.3	1.7	4	0.3	—	—	—
2	2.4	5	0.3	2.2	5	0.3	—	—	—
2.5	2.9	6	0.5	2.7	6	0.5	—	—	—
3	3.4	7	0.5	3.2	7	0.5	—	—	—
4	4.5	9	0.8	4.3	9	0.8	—	—	—
5	5.5	10	1	5.3	10	1	5.3	10	1
6	6.6	12	1.6	6.4	12	1.6	6.4	12	1.6
8	9	16	1.6	8.4	16	1.6	8.4	16	1.6
10	11	20	2	10.5	20	2	10.5	20	2
12	13.5	24	2.5	13	24	2.5	13	24	2.5
16	17.5	30	3	17	30	3	17	30	3
20	22	37	3	21	37	3	21	37	3
24	26	44	4	25	44	4	25	44	4
30	33	56	4	31	56	4	31	56	4
36	39	66	5	37	66	5	37	66	5
42	45	78	8	45	78	8	45	78	8
48	52	92	8	52	92	8	52	92	8
56	62	105	10	62	105	10	62	105	10
64	70	115	10	70	115	10	70	115	10
非优选尺寸 3.5	3.9	8	0.5	—	—	—	—	—	—
14	15.5	28	2.5	15	28	2.5	15	28	2.5
18	20	34	3	19	34	3	19	34	3
22	24	39	3	23	39	3	23	39	3
27	30	50	4	28	50	4	28	50	4
33	36	60	5	34	60	5	34	60	5
39	42	72	6	42	72	6	42	72	6
45	48	85	8	48	85	8	48	85	8
52	56	98	8	56	98	8	56	98	8
60	66	110	10	66	110	10	66	110	10

技术条件和引用标准					
材料		钢	材料	硬度等级	硬度范围
力学性能	硬度等级	100HV	钢	200HV	200~300HV
	硬度范围	100~200HV		300HV	300~370HV
	精度等级	C(GB/T 95)、A(GB/T 97.1~2)	不锈钢	200HV	200~300HV

表 9-43 标准型弹簧垫圈（摘自 GB/T 93—1987）、轻型弹簧垫圈（摘自 GB/T 859—1987）、重型弹簧垫圈（摘自 GB/T 7244—1987） mm

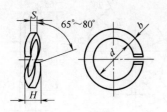 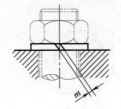

标记示例：
规格 16mm、材料 65Mn、表面氧化的标准型弹簧垫圈，标记为：垫圈 GB/T 93　16

规格（螺纹大径）	d（最小）	GB/T 93				GB/T 859					GB/T 7244				
		$S(b)$（公称）	H（最大）	$m\leqslant$	每 1000 个的质量/kg≈	S（公称）	b（公称）	H（最大）	$m\leqslant$	每 1000 个的质量/kg≈	S（公称）	b（公称）	H（最大）	$m\leqslant$	每 1000 个的质量/kg≈
2	2.1	0.5	1.25	0.25	0.01	—	—	—	—	—	—	—	—	—	—
2.5	2.6	0.65	1.63	0.33	0.01	—	—	—	—	—	—	—	—	—	—
3	3.1	0.8	2	0.4	0.02	0.6	1	1.5	0.3	0.03	—	—	—	—	—
4	4.1	1.1	2.75	0.55	0.05	0.8	1.2	2	0.4	0.05	—	—	—	—	—
5	5.1	1.3	3.25	0.65	0.08	1.1	1.5	2.75	0.55	0.11	—	—	—	—	—
6	6.1	1.6	4	0.8	0.15	1.3	2	3.25	0.65	0.21	1.8	2.6	4.5	0.9	0.39
8	8.1	2.1	5.25	1.05	0.35	1.6	2.5	4	0.8	0.43	2.4	3.2	6	1.2	0.84
10	10.2	2.6	6.5	1.3	0.68	2	3	5	1	0.81	3	3.8	7.5	1.5	1.56
12	12.2	3.1	7.75	1.55	1.15	2.5	3.5	6.25	1.25	1.41	3.5	4.3	8.75	1.75	2.44
(14)	14.2	3.6	9	1.8	1.81	3	4	7.5	1.5	2.24	4.1	4.8	10.25	2.05	3.69
16	16.2	4.1	10.25	2.05	2.68	3.2	4.5	8	1.6	3.08	4.8	5.3	12	2.4	5.4
(18)	18.2	4.5	11.25	2.25	3.65	3.6	5	19	1.8	4.31	5.3	5.8	13.25	2.65	7.31
20	20.2	5	12.5	2.5	5	4	5.5	10	2	5.84	6	6.4	15	3	10.11
(22)	22.5	5.5	13.75	2.75	6.76	4.5	6	11.25	2.25	7.96	6.6	7.2	16.5	3.3	13.97
24	24.5	6	15	3	8.76	5	7	12.5	2.5	11.2	7.1	7.5	17.75	3.55	16.96
(27)	27.5	6.8	17	3.4	12.6	5.5	8	13.75	2.75	16.04	8	8.5	20	4	24.33
30	30.5	7.5	18.75	3.75	17.02	6	9	15	3	21.89	9	9.3	22.5	4.5	33.11
(33)	33.5	8.5	21.25	4.25	23.84	—	—	—	—	—	9.9	10.2	24.75	4.95	43.86
36	36.5	9	22.5	4.5	29.32	—	—	—	—	—	10.8	11	27	5.4	56.13
(39)	39.5	10	25	5	38.92	—	—	—	—	—	—	—	—	—	—
42	42.5	10.5	26.25	5.25	46.44	—	—	—	—	—	—	—	—	—	—
(45)	45.5	11	27.5	5.5	54.84	—	—	—	—	—	—	—	—	—	—
48	48.5	12	30	6	69.2	—	—	—	—	—	—	—	—	—	—

表 9-44　圆螺母用止动垫圈（摘自 GB/T 858—1988）　　　　　　　　　mm

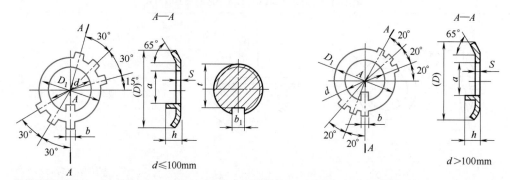

标记示例：规格 16mm、材料 Q215、经退火、表面氧化的圆螺母用止动垫圈，标记为：垫圈 GB/T 858　16

规格（螺纹大径）	d	D（参考）	D_1	S	b	a	h	每 1000 个的质量/kg≈	b_1（轴端）	t（轴端）
10	10.5	25	16	1	3.8	8	3	1.91	4	7
12	12.5	28	19			9		2.3		8
14	14.5	32	20			11		2.5		10
16	16.5	34	22			13		2.99		12
18	18.5	35	24			15		3.04		14
20	20.5	38	27		4.8	17	4	3.5	5	16
22	22.5	42	30			19		4.14		18
24	24.5	45	34			21		5.01		20
25①	25.5	45	34			22		5.4		—
27	27.5	48	37			24		5.7		23
30	30.5	52	40			27		5.87		26
33	33.5	56	43			30		8.75		29
35①	35.5	56	43		5.7	32	5	10.01	6	—
36	36.5	60	46			33		10.33		32
39	39.5	62	49			36		10.76		35
40①	40.5	62	49			37		11.06		36
42	42.5	66	53			39		12.55		38
45	45.5	72	59	1.5		42		16.3		41
48	48.5	76	61			45		15.86		44
50①	50.5	76	61		7.7	47	6	17.67	8	—
52	52.5	82	67			49		17.68		48
55①	56	82	67			52		21.12		—
56	57	90	74			53		26		52
60	61	94	79			57		28.4		56
64	65	100	84	1.5	7.7	61	6	30.35	8	60
65①	66	100	84			62		31.55		—
68	69	105	88			65		33.9		64
72	73	110	93		9.6	69		34.69	10	68
75①	76	110	93			71		37.9		—
76	77	115	98			72		41.27		70
80	81	120	103			76		44.7		74
85	86	125	108			81		46.72		79
90	91	130	112			86		64.82		84
95	96	135	117			91		67.4		89
100	101	140	122		11.6	96	7	69.97	12	94
105	106	145	127			101		72.54		99
110	111	156	135	2	13.5	106		89.08	14	104
115	116	160	140			111		91.33		109
120	121	166	145			116		94.96		114
125	126	170	150			121		97.21		119
130	131	176	155			126		100.8		122
140	141	186	165			136		106.7		132
150	151	206	180	2.5	15.5	146	8	175.9	16	142
160	161	216	190			156		185.1		149
170	171	226	200			166		194		159
180	181	236	210			176		202.9		169
190	191	246	220			186		211.7		179
200	201	256	230			196		220.6		189

① 仅用于滚动轴承锁紧装置。

9.3.7　挡圈

表9-45　螺钉紧固轴端挡圈（摘自 GB/T 891—1986）　螺栓紧固轴端挡圈（摘自 GB/T 892—1986）

mm

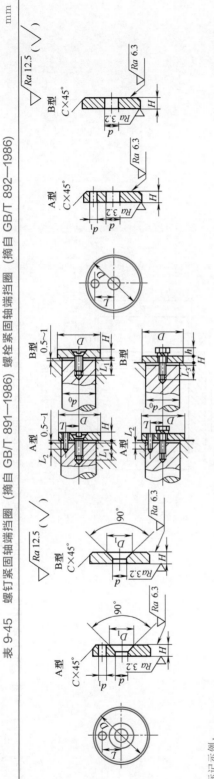

标记示例：

公称直径 D=45mm，材料 Q215，不经表面处理的 A 型螺钉紧固轴端挡圈，标记为：挡圈 GB/T 891 45

按 B 型制造时，应加标记"B"：挡圈 GB/T 891 B45

轴径 $d_0\leqslant$	公称直径 D	H 基本尺寸	H 极限偏差	L 基本尺寸	L 极限偏差	d	d_1	C	D_1	GB/T 891 螺钉 GB/T 819（推荐）	GB/T 891 圆柱销 GB/T 119（推荐）	GB/T 891 每1000个的质量/kg≈ A型	GB/T 891 每1000个的质量/kg≈ B型	GB/T 892 螺栓 GB/T 5783（推荐）	GB/T 892 圆柱销 GB/T 119（推荐）	GB/T 892 垫圈 GB/T 93（推荐）	GB/T 892 每1000个的质量/kg≈ A型	GB/T 892 每1000个的质量/kg≈ B型	安装尺寸 L_1	L_2	L_3	h
14	20	4	0 / −0.30	—		5.5	—	0.5	11	M5×12	—	8.27	8.38	M5×16	—	5	8.95	8.61	14	6	16	5.1
16	22			—								10.33	10.44				11.01	11.12				
18	25			7.5	±0.110		2.1				A2×10	13.79	13.89		A2×10		14.47	14.58				
20	28			7.5								17.68	17.78				18.36	18.47				
22	30			7.5								20.53	20.64				21.2	21.31				
25	32	5		10		6.6	3.2	1	13	M6×16	A3×12	28.62	28.94	M6×20	A3×12	6	29.72	30.04	18	7	20	6
28	35			10								34.78	35.09				35.87	36.19				
30	38			10								41.49	41.81				42.58	42.90				
32	40			10								46.27	46.59				47.36	47.68				
35	45			12								59.28	59.6				60.38	60.7				
40	50			12								73.83	74.15				74.93	75.25				
45	55	6	0 / −0.36	16	±0.135	9	4.2	1.5	17	M8×20	A4×14	105.3	105.9	M8×25	A4×14	8	107.6	108.25	22	8	24	8
50	60			16								126.4	127.05				128.7	129.35				
55	65			16								149.4	150.05				151.7	152.35				
60	70			20								174.2	174.85				176.5	177.15				
65	75	8		20		13	5.2	2	25	M12×25	A5×16	200.1	201.45	M12×30	A5×16	12	203.1	203.75	26	10	28	11.5
70	80			20								229.3	229.95				231.6	232.25				
75	90			25	±0.165							379.9	381.23				387.4	388.73				
85	100			25								473.0	474.33				480.5	481.83				

注：1. 当挡圈装在带中心孔的轴端时，紧固用螺钉（螺栓）允许加长。

2. 标记示例中的材料为最常用的主要材料，其他技术条件按 GB/T 959.3 规定。

mm

表 9-46　孔用弹性挡圈（摘自 GB/T 893—2017）

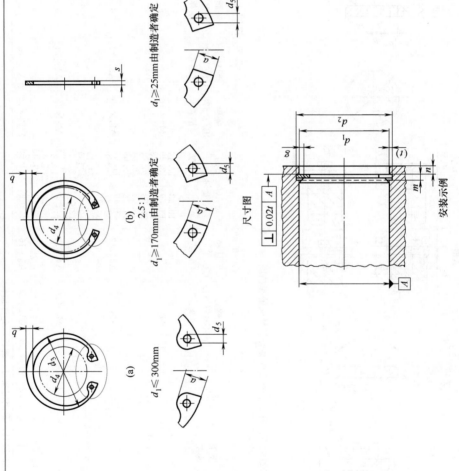

标记示例：

孔径 $d_0 = 50$mm，材料 65Mn，热处理硬度 44～51HRC，经表面氧化处理的 A 型孔用弹性挡圈，标记为：

挡圈 GB/T 893.1　50

孔径 $d_0 = 40$mm，材料 65Mn，热处理硬度 47～54HRC，经表面氧化处理的 B 型孔用弹性挡圈，标记为：

挡圈 GB/T 893.2　40

续表

标准型（A型）

公称规格 d_1	挡圈 s 基本尺寸	挡圈 s 极限偏差	挡圈 d_3 基本尺寸	挡圈 d_3 极限偏差	挡圈 a max	挡圈 b ≈	挡圈 d_5 min	干件质量 ≈/kg	沟槽 d_2 基本尺寸	沟槽 d_2 极限偏差	沟槽 m H13	沟槽 t	沟槽 n min	沟槽 d_4	其他 F_N /kN	其他 F_R /kN	其他 g	其他 F_{Rg} /kN	安装工具规格
8	0.80	0 / −0.05	8.7		2.4	1.1	1.0	0.14	8.4	+0.09 / 0	0.9	0.20	0.6	3.0	0.86	2.00	0.5	1.50	1.0
9	0.80		9.8		2.5	1.3	1.0	0.15	9.4		0.9	0.20	0.6	3.7	0.96	2.00	0.5	1.50	
10	1.00		10.8		3.2	1.4	1.2	0.18	10.4		1.1	0.20	0.6	3.3	1.08	4.00	0.5	2.20	
11	1.00		11.8	+0.36 / −0.10	3.3	1.5	1.2	0.31	11.4		1.1	0.20	0.6	4.1	1.17	4.00	0.5	2.30	1.5
12	1.00		13		3.4	1.7	1.5	0.37	12.5		1.1	0.25	0.8	4.9	1.60	4.00	0.5	2.30	
13	1.00		14.1		3.6	1.8	1.5	0.42	13.6	+0.11 / 0	1.1	0.30	0.9	5.4	2.10	4.20	0.5	2.30	
14	1.00		15.1		3.7	1.9	1.7	0.52	14.6		1.1	0.30	0.9	6.2	2.25	4.50	0.5	2.30	
15	1.00		16.2		3.7	2.0	1.7	0.56	15.7		1.1	0.35	1.1	7.2	2.80	5.00	0.5	2.60	
16	1.00		17.3		3.8	2.0	1.7	0.60	16.8		1.1	0.40	1.2	8.0	3.40	5.50	1.0	2.50	
17	1.00		18.3		3.9	2.1	1.7	0.65	17.8		1.1	0.40	1.2	8.8	3.60	6.00	1.0	2.60	
18	1.00		19.5		4.1	2.2	2.0	0.74	19	+0.13 / 0	1.1	0.50	1.5	9.4	4.80	6.50	1.0	2.50	2.0
19	1.00		20.5	+0.42 / −0.13	4.1	2.2	2.0	0.83	20		1.1	0.50	1.5	10.4	5.10	6.80	1.0	2.50	
20	1.00	0 / −0.06	21.5		4.2	2.3	2.0	0.90	21		1.1	0.50	1.5	11.2	5.40	7.20	1.0	2.60	
21	1.00		22.5		4.2	2.4	2.0	1.00	22		1.1	0.50	1.5	12.2	5.70	7.60	1.0	2.70	
22	1.00		23.5		4.2	2.5	2.0	1.10	23		1.1	0.50	1.5	13.2	5.90	8.00	1.0	4.60	
24	1.20		25.9		4.4	2.6	2.0	1.42	25.2	+0.21 / 0	1.3	0.60	1.8	14.8	7.70	13.90	1.0	4.70	
25	1.20		26.9	+0.42 / −0.21	4.5	2.7	2.0	1.50	26.2		1.3	0.60	1.8	15.5	8.00	14.60	1.0	4.60	
26	1.20		27.9		4.7	2.8	2.0	1.60	27.2		1.3	0.60	1.8	16.1	8.40	13.85	1.0	4.70	
28	1.20		30.1		4.8	2.9	2.0	1.80	29.4		1.3	0.70	2.1	17.9	10.50	13.30	1.0	4.50	
30	1.20		32.1		4.8	3.0	2.5	2.06	31.4		1.3	0.70	2.1	19.9	11.30	13.70	1.0	4.60	
31	1.20		33.4		5.2	3.2	2.5	2.10	32.7		1.3	0.85	2.6	20.0	14.10	13.80	1.0	4.70	
32	1.20		34.4	+0.50 / −0.25	5.4	3.2	2.5	2.21	33.7	+0.25 / 0	1.3	0.85	2.6	20.6	14.60	13.80	1.0	4.70	2.5
34	1.50		36.5		5.4	3.3	2.5	3.20	35.7		1.60	0.85	2.6	22.6	15.40	26.20	1.5	6.30	
35	1.50		37.8		5.4	3.4	2.5	3.54	37.0		1.60	1.00	3.0	23.6	18.80	26.90	1.5	6.40	
36	1.50		38.8		5.4	3.5	2.5	3.70	38.0		1.60	1.00	3.0	24.6	19.40	26.40	1.5	6.40	

续表

重型 B 型

公称规格 d_1	挡圈 s 基本尺寸	s 极限偏差	d_3 基本尺寸	d_3 极限偏差	a max	b ≈	d_5 min	千件质量 ≈/kg	沟槽 d_2 基本尺寸	d_2 极限偏差	m H13	t	n min	d_4	F_N /kN	F_R /kN	g	F_{Rg} /kN	安装工具规格
20	1.50		21.5		4.5	2.4	2.0	1.41	21.0		1.60	0.50	1.5	10.5	5.40	16.0	1.0	5.60	
22	1.50		23.5		4.7	2.8	2.0	1.85	23.0	+0.13 / 0	1.60	0.50	1.5	12.1	5.90	18.0	1.0	6.10	
24	1.50	0 / −0.06	25.9	+0.42 / −0.21	4.9	3.0	2.0	1.98	25.2		1.60	0.60	1.8	13.7	7.70	21.7	1.0	7.20	2.0
25	1.50		26.9		5.0	3.1	2.0	2.16	26.2	+0.21 / 0	1.60	0.60	1.8	14.5	8.00	22.8	1.0	7.30	
26	1.50		27.9		5.1	3.1	2.0	2.25	27.2		1.60	0.60	1.8	15.3	8.40	21.6	1.0	7.20	
28	1.50		30.1		5.3	3.2	2.0	2.48	29.4		1.60	0.70	2.1	16.9	10.50	20.8	1.0	7.00	
30	1.50		32.1		5.5	3.3	2.0	2.84	31.4		1.60	0.70	2.1	18.4	11.30	21.4	1.0	7.20	
32	1.50		34.4	+0.50 / −0.25	5.7	3.4	2.0	2.94	33.7		1.60	0.85	2.6	20.0	14.60	21.4	1.0	7.30	
34	1.75		36.5		5.9	3.7	2.5	4.20	35.7		1.85	0.85	2.6	21.6	15.40	35.6	1.5	8.60	
35	1.75		37.8		6.0	3.8	2.5	4.62	37.0	+0.25 / 0	1.85	1.00	3.0	22.4	18.80	36.6	1.5	8.70	2.5
37	1.75		39.8		6.2	3.9	2.5	4.73	39.0		1.85	1.00	3.0	24.0	19.80	36.8	1.5	8.80	
38	2.00		40.8		6.3	3.9	2.5	4.80	40.0		1.85	1.00	3.0	24.7	22.50	38.3	1.5	9.10	
40	2.00		43.5		6.5	3.9	2.5	5.38	42.5		2.15	1.25	3.8	26.3	27.00	58.4	2.0	10.90	
42	2.00		45.5	+0.90 / −0.39	6.7	4.1	2.5	6.18	44.5		2.15	1.25	3.8	27.9	28.40	58.5	2.0	11.00	
45	2.00		48.5		7.0	4.3	2.5	6.86	47.5		2.15	1.25	3.8	30.3	30.20	56.5	2.0	10.70	
47	2.00	0 / −0.07	50.5		7.2	4.4	2.5	7.00	49.5		2.15	1.25	3.8	31.9	31.40	57.0	2.0	10.80	
50	2.50		54.2		7.5	4.6	2.5	9.15	53.0		2.65	1.50	4.5	34.2	40.50	95.50	2.0	19.00	3.0
52	2.50		56.2		7.7	4.7	2.5	10.20	55.0		2.65	1.50	4.5	35.8	42.00	94.60	2.0	18.80	
55	2.50		59.2		8.0	5.0	2.5	10.40	58.0		2.65	1.50	4.5	38.2	44.40	94.70	2.0	19.60	
60	3.00		64.2	+1.10 / −0.46	8.5	5.4	3.0	16.60	63.0		3.15	1.50	4.5	42.1	48.30	137.00	2.0	29.20	
62	3.00		66.2		8.6	5.5	3.0	16.80	65.0	+0.30 / 0	3.15	1.50	4.5	43.9	49.80	137.00	2.0	29.20	
65	3.00	0 / −0.08	69.2		8.7	5.8	3.0	17.20	68.0		3.15	1.50	4.5	46.7	51.80	174.00	2.5	30.00	
68	3.00		72.5		8.8	6.1	3.0	19.20	71.0		3.15	1.50	4.5	49.5	54.50	174.50	2.5	30.60	
70	3.00		74.5		9.0	6.2	3.0	19.80	73.0		3.15	1.50	4.5	51.1	56.20	171.00	2.5	30.30	
72	3.00		76.5		9.2	6.4	3.0	21.70	75.0		3.15	1.50	4.5	52.7	58.00	172.00	2.5	30.30	
75	3.00		79.5		9.3	6.6	3.0	22.60	78.0		3.15	1.50	4.5	55.5	60.00	170.00	2.5	30.30	

表 9-47　轴用弹性挡圈（摘自 GB/T 894—2017）

mm

(a)　$d_1 \leqslant 9\text{mm}$

(b)　2.5:1　$9\text{mm} < d_1 \leqslant 300\text{mm}$

$d_1 \geqslant 170\text{mm}$ 由制造者确定

尺寸图

安装示例

标记示例：

轴径 $d_1 = 40\text{mm}$，厚度 $s = 1.75\text{mm}$，材料 C67S，表面磷化处理的 A 型轴用弹性挡圈的标记：挡圈 GB/T 89440

轴径 $d_1 = 40\text{mm}$，厚度 $s = 2.0\text{mm}$，材料 C67S，表面磷化处理的 B 型轴用弹性挡圈的标记：挡圈 GB/T 89440

续表

标准型（A型）

公称规格 d_1	挡圈 s 基本尺寸	s 极限偏差	d_3 基本尺寸	d_3 极限偏差	a max	b ≈	d_5 min	千件质量 ≈/kg	沟槽 d_2 基本尺寸	d_2 极限偏差	m H13	t	n min	d_4	其他 F_N /kN	F_R /kN	g	F_{Rg} /kN	n_{ab1} /(r/min)	安装工具规格
3	0.40	0 −0.05	2.7	+0.04 −0.15	1.9	0.8	1.0	0.017	2.8	0 −0.04	0.5	0.10	0.3	7.0	0.15	0.47	0.5	0.27	360000	1.0
4	0.40		3.7		2.2	0.9	1.0	0.022	3.8		0.5	0.10	0.3	8.6	0.20	0.50	0.5	0.30	211000	
5	0.60		4.7		2.5	1.1	1.0	0.066	4.8	0 −0.05	0.7	0.10	0.3	10.3	0.26	1.00	0.5	0.80	154000	
6	0.70		5.6		2.7	1.3	1.2	0.084	5.7		0.8	0.15	0.5	11.7	0.46	1.45	0.5	0.90	114000	
7	0.80		6.5	+0.06 −0.18	3.1	1.4	1.2	0.121	6.7	0 −0.06	0.9	0.15	0.5	13.5	0.54	2.60	0.5	1.40	121000	
8	0.80		7.4		3.2	1.5	1.2	0.158	7.6		0.9	0.20	0.6	14.7	0.81	3.00	0.5	2.00	96000	
9	1.00	0 −0.06	8.4		3.3	1.7	1.2	0.300	8.6		1.1	0.20	0.6	16.0	0.92	3.50	0.5	2.40	85000	
10	1.00		9.3		3.3	1.8	1.5	0.340	9.6		1.1	0.20	0.6	17.0	1.01	4.00	1.0	2.40	84000	1.5
11	1.00		10.2		3.3	1.8	1.5	0.410	10.5		1.1	0.25	0.8	18.0	1.40	4.50	1.0	2.40	70000	
12	1.00		11.0		3.3	1.8	1.7	0.500	11.5		1.1	0.25	0.8	19.0	1.53	5.00	1.0	2.40	75000	
13	1.00		11.9	+0.10 −0.36	3.4	2.0	1.7	0.530	12.4	0 −0.11	1.1	0.30	0.9	20.2	2.00	5.80	1.0	2.40	66000	
14	1.00		12.9		3.5	2.1	1.7	0.640	13.4		1.1	0.30	0.9	21.4	2.15	6.35	1.0	2.40	58000	
15	1.00		13.8		3.6	2.2	1.7	0.670	14.3		1.1	0.35	1.1	22.6	2.66	6.90	1.0	2.40	50000	
16	1.00		14.7		3.7	2.2	1.7	0.700	15.2		1.1	0.40	1.2	23.8	3.26	7.40	1.0	2.40	45000	
17	1.00		15.7		3.8	2.3	1.7	0.820	16.2		1.1	0.40	1.2	25.0	3.46	8.00	1.0	2.40	41000	

续表

重型 B 型

公称规格 d_1	挡圈 s 基本尺寸	s 极限偏差	d_3 基本尺寸	d_3 极限偏差	a max	b ≈	d_5 min	干件质量 ≈/kg	沟槽 d_2 基本尺寸	d_2 极限偏差	m H13	t	n min	d_4	其他 F_N/kN	F_R/kN	g	F_{Rg}/kN	n_{abl}/(r/min)	安装工具规格
15	1.50		13.8		4.8	2.4	2.0	1.10	14.3		1.60	0.35	1.1	25.1	2.66	15.5	1.0	6.40	57000	
16	1.50		14.7	+0.10 −0.36	5.0	2.5	2.0	1.19	15.2	0 −0.11	1.60	0.40	1.2	26.5	3.26	16.6	1.0	6.35	44000	
17	1.50	0 −0.06	15.7		5.0	2.6	2.0	1.39	16.2		1.60	0.40	1.2	27.5	3.46	18.0	1.0	6.70	46000	
18	1.50		16.5		5.1	2.7	2.0	1.56	17.0		1.60	0.50	1.5	28.7	4.58	26.6	1.5	5.85	42750	2.0
20	1.75		18.5	+0.13 −0.42	5.5	3.0	2.0	2.19	19.0	0 −0.13	1.85	0.50	1.5	31.6	5.06	36.3	1.5	8.20	36000	
22	1.75		20.5		6.0	3.1	2.0	2.42	21.0		1.85	0.50	1.5	34.6	5.65	36.0	1.5	8.10	29000	
24	1.75		22.2		6.3	3.2	2.0	2.76	22.9		1.85	0.55	1.7	37.3	6.75	34.2	1.5	7.60	29000	
25	2.00		23.2		6.4	3.4	2.0	3.59	23.9	0 −0.21	2.15	0.55	1.7	38.5	7.05	45.0	1.5	10.30	25000	
28	2.00		25.9	+0.21 −0.42	6.5	3.5	2.0	4.25	26.6		2.15	0.70	2.1	41.7	10.00	57.0	1.5	13.40	22200	
30	2.00	0 −0.07	27.9		6.5	4.1	2.0	5.35	28.6		2.15	0.70	2.1	43.7	10.70	57.0	1.5	13.60	21100	
32	2.00		29.6		6.5	4.1	2.5	5.85	30.3	0 −0.25	2.15	0.85	2.6	45.7	13.80	55.5	2.0	10.00	18400	
34	2.50		31.5	+0.25 −0.50	6.6	4.2	2.5	7.05	32.3		2.65	0.85	2.6	47.9	14.70	87.0	2.0	15.60	17800	
35	2.50		32.2		6.7	4.2	2.5	7.20	33.0		2.65	1.00	3.0	49.1	17.80	86.0	2.0	15.40	16500	2.5
38	2.50		35.2		6.8	4.3	2.5	8.30	36.0		2.65	1.00	3.0	52.3	19.30	101.0	2.0	18.60	14500	
40	2.50		36.5	+0.39 −0.90	7.0	4.4	2.5	8.60	37.5		2.65	1.25	3.8	54.7	25.30	104.0	2.0	19.30	14300	
42	2.50		38.5		7.2	4.5	2.5	9.30	39.5		2.65	1.25	3.8	57.2	26.70	102.0	2.0	19.20	13000	

9.3.8 键连接

表 9-48 键和键连接的类型、特点及应用

类型和标准		简图	特点和应用
平键	普通型 平键 GB/T 1096—2003 薄型 平键 GB/T 1567—2003	A型 B型 C型	键的侧面为工作面,靠侧面传力,对中性好,装拆方便。无法实现轴上零件的轴向固定。定位精度较高,用于高速或承受冲击、变载荷的轴。薄型平键用于薄壁结构和传递转矩较小的地方。A 型键用端铣刀加工轴上键槽,键在槽中固定好,但应力集中较大;B 型键用盘铣刀加工轴上键槽,应力集中较小;C 型键用于轴端
	导向型 平键 GB/T 1097—2003	A型 B型	键的侧面为工作面,靠侧面传力,对中性好,拆装方便。无轴向固定作用。用螺钉把键固定在轴上,中间的螺纹孔用于起出键。用于轴上零件沿轴移动量不大的场合,如变速箱中的滑移齿轮
	滑键		键的侧面为工作面,靠侧面传力,对中性好,拆装方便。键固定在轮毂上,轴上零件能带着键作轴向移动,用于轴上零件移动量较大的地方
半圆键	半圆键 GB/T 1099.1—2003		键的侧面为工作面,靠侧面传力,键可在轴槽中沿槽底圆弧滑动,装拆方便,但要加长键时,必定使键槽加深使轴强度削弱。一般用于轻载,常用于轴的锥形轴端处
楔键	普通型 楔键 GB/T 1564—2003 钩头型 楔键 GB/T 1565—2003 薄型 楔键 GB/T 16922—1997	≥1:100	键的上下面为工作面,键的上表面和毂槽都有 1:100 的斜度,装配时需打入、楔紧、造成偏心,键的上、下两面与轴和轮毂相接触。对轴上零件有轴向固定作用。由于楔紧力的作用使轴上零件偏心,导致对中精度不高,转速也受到限制。钩头供装拆用,但应加保护罩
	切向键 GB/T 1974—2003	≥1:100	由两个斜度为 1:100 的楔键组成。能传递较大的转矩,一对切向键只能传递一个方向的转矩,传递双向转矩时,要用两对切向键,互成 120°~135°。用于载荷大,对中要求不高的场合。键槽对轴的削弱大,常用于直径大于 100mm 的轴
端面键	端面键		在圆盘端面嵌入平键,可用于凸缘间传力,常用于铣床主轴

表 9-49 平键键槽的尺寸与公差(摘自 GB/T 1095—2003)　　　　　mm

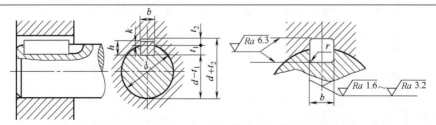

本标准规定了宽度 $b=2\sim100$ mm 的普通型、导向型平键键槽的剖面尺寸

续表

轴的公称直径 d	键尺寸 b×h	键槽										
		宽度 b						深度				半径 r
		基本尺寸	极限偏差					轴 t₁		毂 t₂		
			正常连接		紧密连接	松连接		基本尺寸	极限偏差	基本尺寸	极限偏差	
			轴 N9	毂 JS9	轴和毂 P9	轴 H9	毂 D10					最小	最大
6~8	2×2	2	−0.004 −0.029	±0.0125	−0.006 −0.031	+0.025 0	+0.060 −0.020	1.2	+0.1 0	1.0	+0.1 0	0.08	0.16
>8~10	3×3	3						1.8		1.4		
>10~12	4×4	4	0 −0.030	±0.015	−0.012 −0.042	+0.030 0	+0.078 −0.030	2.5		1.8		0.16	0.25
>12~17	5×5	5						3.0		2.3		
>17~22	6×6	6						3.5		2.8		
>22~30	8×7	8	0 −0.036	±0.018	−0.015 −0.051	+0.036 0	+0.098 −0.040	4.0		3.3		0.25	0.40
>30~38	10×8	10						5.0		3.3		
>38~44	12×8	12	0 −0.043	±0.0215	−0.018 −0.061	+0.043 0	+0.120 −0.050	5.0		3.3		
>44~50	14×9	14						5.5		3.8		
>50~58	16×10	16						6.0	+0.2 0	4.3	+0.2 0	
>58~65	18×11	18						7.0		4.4		
>65~75	20×12	20	0 −0.052	±0.026	−0.022 −0.074	+0.052 0	+0.149 −0.065	7.5		4.9		0.40	0.60
>75~85	22×14	22						9.0		5.4		
>85~95	25×14	25						9.0		5.4		
>95~110	28×16	28						10.0		6.4		
>110~130	32×18	32	0 −0.062	±0.031	−0.026 −0.088	+0.062 0	+0.180 −0.080	11.0		7.4		0.70	1.00
>130~150	36×20	36						12.0		8.4		
>150~170	40×22	40						13.0		9.4		
>170~200	45×25	45						15.0		10.4		
>200~230	50×28	50						17.0		11.4		
>230~260	56×32	56	0 −0.074	±0.037	−0.032 −0.106	+0.074 0	+0.220 −0.100	20.0	+0.3 0	12.4	+0.3 0	1.20	1.60
>260~290	63×32	63						20.0		12.4		
>290~330	70×36	70						22.0		14.4		
>330~380	80×40	80						25.0		15.4		
>380~440	90×45	90	0 −0.087	±0.0435	−0.037 −0.124	+0.087 0	+0.260 −0.120	28.0		17.4		2.00	2.50
>440~500	100×50	100						31.0		19.4		

注：1. 导向平键的轴槽与轮毂槽用较松键连接的公差。

2. 除轴伸外，在保证传递所需转矩条件下，允许采用较小截面的键，但 t_1 和 t_2 的数值必要时应重新计算，使键侧与轮毂槽接触高度各为 $h/2$。

3. 平键轴槽的长度公差用 H14。

4. 键槽的对称度公差：为便于装配，键槽及轮毂槽对轴及轮毂轴心的对称度公差根据不同要求，一般可按 CB/T 1184 中附表对称度公差 7～9 级选取。键槽（轴槽及轮毂槽）的对称度公差的公称尺寸是指键宽 b。

5. 表中（$d-t_1$）和（$d+t_2$）两组组合尺寸的极限偏差按相应的 t_1 和 t_2 的极限偏差选取，但（$d-t_1$）的极限偏差值应取负号。

6. 表中"轴的公称直径 d"是沿用旧标准的数据，仅供设计者初选时参考，然后根据工况验算确定键的规格。

表 9-50　普通平键的尺寸与公差（摘自 GB/T 1096—2003）　　mm

本标准规定了宽度 $b=2～100\text{mm}$ 的普通 A 型、B 型和 C 型的平键尺寸

标记示例：

宽度 $b=16\text{mm}$，$h=10\text{mm}$，$L=100\text{mm}$，普通 A 型平键，标记为：GB/T 1096　键 16×10×100

宽度 $b=16\text{mm}$，$h=10\text{mm}$，$L=100\text{mm}$，普通 B 型平键，标记为：GB/T 1096　键 B16×10×100

宽度 $b=16\text{mm}$，$h=10\text{mm}$，$L=100\text{mm}$，普通 C 型平键，标记为：GB/T 1096　键 C16×10×100

宽度 b	基本尺寸	2	3	4	5	6	8	10	12	14	16	18	20	22
	极限偏差（h8）	0 −0.014	0 −0.014	0 −0.018	0 −0.018	0 −0.018	0 −0.022	0 −0.022	0 −0.027	0 −0.027	0 −0.027	0 −0.033	0 −0.033	0 −0.033
高度 h	基本尺寸	2	3	4	5	6	7	8	8	9	10	11	12	14
极限偏差	矩形（h11）	—	—	—	—	—	0 −0.090	0 −0.090	0 −0.090	0 −0.090	0 −0.090	0 −0.110	0 −0.110	0 −0.110
	方形（h8）	0 −0.014	0 −0.014	0 −0.018	0 −0.018	0 −0.018	—	—	—	—	—	—	—	—
C 或 r		0.16～0.25		0.25～0.40			0.40～0.60					0.60～0.80		

宽度 b	基本尺寸	25	28	32	36	40	45	50	56	63	70	80	90	100
	极限偏差（h8）	0 −0.033	0 −0.033	0 −0.033	0 −0.039	0 −0.039	0 −0.039	0 −0.039	0 −0.046	0 −0.046	0 −0.046	0 −0.054	0 −0.054	0 −0.054
高度 h	基本尺寸	14	16	18	20	22	25	28	32	32	36	40	45	50
极限偏差	矩形（h11）	0 −0.110	0 −0.110	0 −0.110	0 −0.130	0 −0.130	0 −0.130	0 −0.130	0 −0.160	0 −0.160	0 −0.160	0 −0.160	0 −0.160	0 −0.160
	方形（h8）	—			—				—					
C 或 r		0.60～0.80			1.00～1.20				1.60～2.00			2.50～3.00		

长度 L（极限偏差 h14）	10,12,14,16,18,20,22,25,28,32,36,40,45,50,56,63,70,80,90,100,110,125,140,160,180,200,250,280,320,360,400

表 9-51　半圆键键槽的尺寸与公差（摘自 GB/T 1098—2003）　　　　mm

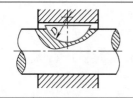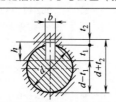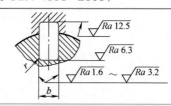

键尺寸 b×h×D	键槽										
	宽度 b						深度				半径 r
	基本尺寸	极限偏差					轴 t₁		毂 t₂		
		正常连接		紧密连接	松连接		基本尺寸	极限偏差	基本尺寸	极限偏差	
		轴 N9	毂 JS9	轴和毂 P9	轴 H9	毂 D10					最小	最大
1×1.4×4 1×1.1×4	1						1.0		0.6			
1.5×2.6×7 1.5×2.1×7	1.5						2.0		0.8			
2×2.6×7 2×2.1×7	2						1.8	+0.1 0	1.0			
2×3.7×10 2×3×10	2	−0.004 −0.029	±0.0125	−0.006 −0.031	+0.025 0	+0.060 +0.020	2.9		1.0	+0.1 0	0.08	0.16
2.5×3.7×10 2.5×3×10	2.5						2.7		1.2			
3×5×13 3×4×13	3						3.8		1.4			
3×6.5×16 3×5.2×16	3						5.3	+0.2 0	1.4			
4×6.5×16 4×5.2×16	4	0 −0.030	±0.015	−0.012 −0.042	+0.030 0	+0.078 +0.030	5.0		1.8		0.16	0.25
4×7.5×19 4×6×19	4						6.0		1.8			

续表

键尺寸 $b \times h \times D$	键槽											
	宽度 b						深度				半径 r	
	基本尺寸	极限偏差					轴 t_1		毂 t_2			
		正常连接		紧密连接	松连接		基本尺寸	极限偏差	基本尺寸	极限偏差		
		轴 N9	毂 JS9	轴和毂 P9	轴 H9	毂 D10					最小	最大
5×6.5×16 5×5.2×19	5						4.5	+0.2 0	2.3	+0.1 0		
5×7.5×19 5×6×19	5						5.5		2.3			
5×9×22 5×7.2×22	5	0 −0.030	±0.015	−0.012 −0.042	+0.030 0	+0.078 +0.030	7.0		2.3		0.16	0.25
6×9×22 9×7.2×22	6						6.5	+0.3 0	2.8			
6×10×25 6×8×25	6						7.5		2.8			
8×11×28 8×8.8×28	8	0 −0.036	±0.018	−0.015 −0.051	+0.036 0	+0.098 +0.040	8.0		3.3	+0.2 0	0.25	0.40
10×13×32 10×10.4×32	10						10		3.3			

表 9-52　普通型半圆键的尺寸与公差（摘自 GB/T 1099.1—2003）　mm

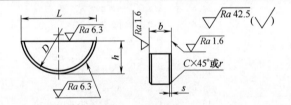

标记示例：

宽度 $b=6\text{mm}$、高度 $h=10\text{mm}$、直径 $D=25\text{mm}$、普通型半圆键，标记为：GB/T 1099.1　键 6×10×25

键尺寸 $b \times h \times D$	宽度 b		高度 h		直径 D		C 或 r	
	基本尺寸	极限偏差	基本尺寸（h12）	极限偏差	基本尺寸	极限偏差（h12）	最小	最大
1×1.4×4	1		1.4	0 −0.10	4	0 −0.12		
1.5×2.6×7	1.5		2.6		7			
2×2.6×7	2		2.6		7	0 −0.15		
2×3.7×10	2		3.7	0 −0.12	10		0.16	0.25
2.5×3.7×10	2.5		3.7		10			
3×5×13	3		5		13	0 −0.18		
3×6.5×16	3	0 −0.025	6.5		16			
4×6.5×16	4		6.5		16			
4×7.5×19	4		7.5		19			
5×6.5×16	5		6.5	0 −0.15	16	0 −0.18	0.25	0.40
5×7.5×19	5		7.5		19			
5×9×22	5		9		22	0 −0.21		
6×9×22	6		9		22			
6×10×25	6		10		25			
8×11×28	8		11	0 −0.18	28		0.40	0.60
10×13×32	10		13		32	0 −0.25		

表 9-53　矩形花键（摘自 GB/T 1144—2001）　　　　　　　　　　　　　mm

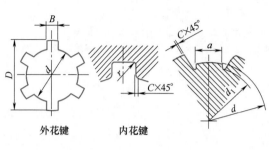

外花键　　　内花键

矩形花键的标记：

矩形花键的标记代号应按顺序包括下列内容：键数 N，小径 d，大径 D，键宽 B，基本尺寸及配合公差带代号和标准号。

花键 $N=6$；$d=23\dfrac{H7}{f7}$；$D=26\dfrac{H10}{a11}$；$B=6\dfrac{H11}{d10}$ 的标记如下：

花键规格	$N\times d\times D\times B$	$6\times23\times26\times6$
花键副	$6\times23\dfrac{H7}{f7}\times26\dfrac{H10}{a11}\times6\dfrac{H11}{d10}$	GB/T 1144—2001
内花键	$6\times23H7\times26H10\times6H11$	GB/T 1144—2001
外花键	$6\times23f7\times26a11\times6d10$	GB/T 1144—2001

小径 d	轻系列					中系列				
	规格	C	r	参考		规格	C	r	参考	
	$N\times d\times D\times B$			d_1(最小)	a(最小)	$N\times d\times D\times B$			d_1(最小)	a(最小)
11						$6\times11\times14\times3$	0.2	0.1		
13						$6\times13\times16\times3.5$				
16						$6\times16\times20\times4$			14.4	1.0
18						$6\times18\times22\times5$	0.3	0.2	16.6	1.0
21						$6\times21\times25\times5$			19.5	2.0
23	$6\times23\times26\times6$	0.2	0.1	22.0	3.5	$6\times23\times28\times6$			21.2	1.2
26	$6\times26\times30\times6$			24.5	3.8	$6\times26\times32\times6$			23.6	1.2
28	$6\times28\times32\times7$			26.6	4.0	$6\times28\times34\times7$			25.8	1.4
32	$8\times32\times36\times6$	0.3	0.2	30.3	2.7	$8\times32\times38\times6$	0.4	0.3	29.4	1.0
36	$8\times36\times40\times7$			34.4	3.5	$8\times36\times42\times7$			33.4	1.0
42	$8\times42\times46\times8$			40.5	5.0	$8\times42\times48\times8$			39.4	2.5
46	$8\times46\times50\times9$			44.6	5.7	$8\times46\times54\times9$			42.6	1.4
52	$8\times52\times58\times10$			49.6	4.8	$8\times52\times60\times10$	0.5	0.4	48.6	2.5
56	$8\times56\times62\times10$			53.5	6.5	$8\times56\times65\times10$			52.0	2.5
62	$8\times62\times68\times12$			59.7	7.3	$8\times62\times72\times12$			57.7	2.4
72	$10\times72\times78\times12$	0.4	0.3	69.6	5.4	$10\times72\times82\times12$			67.4	1.0
82	$10\times82\times88\times12$			79.3	8.5	$10\times82\times92\times12$			77.0	2.9
92	$10\times92\times98\times14$			89.6	9.9	$10\times92\times102\times14$	0.6	0.5	87.3	4.5
102	$10\times102\times108\times16$			99.6	11.3	$10\times102\times112\times16$			97.7	6.2
112	$10\times112\times120\times18$	0.5	0.4	108.8	10.5	$10\times112\times125\times18$			106.2	4.1

9.4　滚动轴承

9.4.1　轴承代号

表 9-54　轴承代号的排列顺序

分段	前置代号	基本代号					后置代号（组）							
		滚动轴承			滚针轴承		1	2	3	4	5	6	7	8
		类型代号	尺寸系列代号	内径代号	类型代号	配合安装特征尺寸表示								
符号意义	成套轴承分部件	类型代号	尺寸系列代号	内径代号	类型代号	配合安装特征尺寸表示	内部结构	密封与防尘套圈变型	保持架及其材料	轴承材料	公差等级	游隙	配置	其他

表 9-55　前置代号

代号	含义	示例
F	凸缘外圈的向心球轴承(仅适用于 $d \leqslant 10\text{mm}$)	F 618/4
L	可分离轴承的可分离内圈或外圈	LNU 207
R	不带可分离内圈或外圈的轴承(滚针轴承仅适用于 NA 型)	RNU 207 RNA 6904
WS	推力圆柱滚子轴承轴圈	WS 81107
GS	推力圆柱滚子轴承座圈	GS 81107
KOW-	无轴圈推力轴承	KOW-51108
KIW-	无座圈推力轴承	KIW-51108
LR	带可分离的内圈或外圈与滚动体组件轴承	—
K	滚子和保持架组件	K 81107

表 9-56　类型代号

代号	轴承类型	代号	轴承类型
0	双列角接触球轴承	6	深沟球轴承
1	调心球轴承	7	角接触球轴承
2	调心滚子轴承和推力调心滚子轴承	8	推力圆柱滚子轴承
3	圆锥滚子轴承	N	圆柱滚子轴承 双列或多列用字母 NN 表示
4	双列深沟球轴承	U	外球面球轴承
5	推力球轴承	QJ	四点接触球轴承

注：在表中代号后或前加字母或数字表示该类轴承中的不同结构。

表 9-57　轴承尺寸系列代号

直径系列代号	向心轴承							推力轴承			
	宽度系列代号							高度系列代号			
	8	0	1	2	3	4	5	6	7	9	1	2
	尺寸系列代号										
7	—	—	17	—	37	—	—	—	—	—	—	—
8	—	08	18	28	38	48	58	68	—	—	—	—
9	—	09	19	29	39	49	59	69	—	—	—	—
0	—	00	10	20	30	40	50	60	70	90	10	—
1	—	01	11	21	31	41			71	91	11	—
2	82	02	12	22	32	42			72	92	12	22
3	83	03	13	23	33				73	93	13	23
4	—	04		24					74	94	14	24
5	—	—	—	—	—					95		

表 9-58　内径代号

公称内径/mm	内径代号	示例
0.6～10 (非整数)	用公称内径毫米数直接表示,在其与尺寸系列代号之间用"/"分开	深沟球轴承 618/2.5, $d = 2.5\text{mm}$
1～9(整数)	用公称内径毫米数直接表示,对深沟球轴承及角接触球轴承 7、8、9 直径系列,内径与尺寸系列代号之间用"/"分开	深沟球轴承 6$\underline{25}$ 618/5, $d = 5\text{mm}$
10～17	10,12 15,17	00,01,02,03	深沟球轴承 6$\underline{200}$, $d = 10\text{mm}$
20～480 (22,28,32 除外)	公称内径除以 5 的商数,商数为个位数,在商数左边加"0",如 08	调心滚子轴承 232$\underline{08}$ $d = 40\text{mm}$
大于和等于 500 以及 22,28,32	用公称内径毫米数直接表示,但在与尺寸系列之间用"/"分开	调心滚子轴承 230/500, $d = 500\text{mm}$ 深沟球轴承 62/22, $d = 22\text{mm}$

表 9-59　内部结构变化代号

代号	含义	示例
A、B、C、D、E	a. 表示内部结构改变 b. 表示标准设计,其含义随不同类型、结构而异 A　①无装球缺口的双列角接触或深沟球轴承 　　②滚针轴承外圈带双锁圈($d>9$mm,$F_w>12$mm) 　　③套圈无挡边的深沟球轴承 B　①角接触球轴承　公称接触角 $\alpha=40°$ 　　②圆锥滚子轴承　接触角加大 C　调心滚子轴承设计改变,内圈无挡圈,活动中挡圈,冲压保持架,对称型滚子,加强型 ①角接触球轴承　公称接触角 $\alpha=15°$ ②调心滚子轴承　C 型 E　加强型	3205A — — 7210 B 32310 B 7005 C 23122C NU 207 E
AC D ZW	角接触球轴承　公称接触角 $\alpha=25°$ 剖分式轴承 滚针保持架组件　双列	7210 AC K $50×55×20$ D K $20×25×40$ ZW
CA CC CAB CABC CAC	C 型调心滚子轴承,内圈带挡边,活动中挡圈,实体保持架 C 型调心滚子轴承,滚子引导方式有改进 CA 型调心滚子轴承,滚子中穿孔,带柱销式保持架 CAB 型调心滚子轴承,滚子引导方式有改进 CA 型调心滚子轴承,滚子引导方式有改进	23084 CA/W 33 22205 CC — — 22252 CACK

表 9-60　公差等级代号

代号	含义		示例
/P0	公差等级	0 级,代号中省略,不表示	6203
/P6	符合标准 规定的	6 级	6203/P6
/P6x		6x 级	30210/P6x
/P5		5 级	6203/P5
/P4		4 级	6203/P4
/P2		2 级	6203/P2
/SP	尺寸精度 相当于	5 级,旋转精度相当于 4 级	234420/SP
/UP		4 级,旋转精度高于 4 级	234730/UP

表 9-61　轴承零件材料改变的代号

代号	含义		示例
/HE	套圈、滚动体和保持架或仅是套圈和滚动体由:	电渣重熔轴承钢(军用钢)ZGCr-15 制造	6204/HE
/HA		真空冶炼轴承钢制造	6204/HA
/HU		不可淬硬不锈钢 1Cr18Ni9Ti 制造	6004/HU
/HV		可淬硬不锈钢(/HV-9Cr18;/HV1-9Cr19Mo/HV2-GCr18Mo)制造	6014/HV
/HN	套圈、滚动体由耐热钢(/HN-Cr4Mo4V;/HN1-Cr14Mo4/HN2-Cr15Mo4V;/HN3-W18Cr4V)制造		NU208/HN
/HC	套圈和滚动体或仅是套圈由渗碳钢(/HC-20Cr2Ni4A;/HC1-20Cr2Mn2MoA;/HC2-15Mn)制造		—
/HP	套圈和滚动体由:	铍青铜或其他防磁材料制造,材料有变化时,附加数字表示	—
/HQ		非金属材料(/HQ-塑料;/HQ1-陶瓷)制造	—
/HG	套圈和滚动体或仅是套圈由其他轴承钢(/HG-5CrMnMo;/HG1-55SiMoVA)制造		—
/CS	轴承零件采用碳素结构钢制造		—

9.4.2　滚动轴承的配合

表 9-62　向心轴承的载荷

向心轴承载荷可分为轻载荷、正常载荷、重载荷三类，载荷的大小用径向当量动载荷 P_r 与径向额定动载荷 C_r 的比值区分

载荷大小	P_r/C_r	正常载荷	$>0.06\sim0.12$
轻载荷	$\leqslant0.06$	重载荷	>0.12

表 9-63　滚动轴承的公差等级

级别		向心轴承	圆锥滚子轴承	推力球、推力滚子轴承	应用	说明
		产品现有级别				
0	普通级	√	√	√	一般轴承用	（1）一般轴承为 0 级，凡属 0 级的在轴承型号上不标注公差等级
6	高级	√	6x	√	机床主轴、精密机械、测量仪和高速机械等要求特别高的工作精度和运转平稳性的支承	（2）使用精密轴承时，只有轴和外壳的形位公差精度和表面粗糙度同轴承精度协调一致时，才能充分发挥其效能
5	精密级	√	√	√		
4	超精密级	√	√	√		
2	最精密级	√				

表 9-64　向心轴承和轴的配合——轴公差带（摘自 GB/T 275—2015）

圆柱孔轴承						
载荷情况		举例	深沟球轴承、调心球轴承和角接触球轴承	圆柱滚子轴承和圆锥滚子轴承	调心滚子轴承	公差带
			轴承公称内径/mm			
内圈承受旋转载荷或方向不定载荷	轻载荷	输送机、轻载齿轮箱	$\leqslant18$	—		h5
			$>18\sim100$	$\leqslant40$	$\leqslant40$	j6[①]
			$>100\sim200$	$>40\sim140$	$>40\sim140$	k6[①]
			—	$>140\sim200$	$>100\sim200$	m6[①]
	正常载荷	一般通用机械、电动机、泵、内燃机、正齿轮传动装置	$\leqslant18$	—		j5 js5
			$>18\sim100$	$\leqslant40$	$\leqslant40$	k5[②]
			$>100\sim140$	$>40\sim100$	$>40\sim65$	m5[②]
			$>140\sim200$	$>100\sim140$	$>65\sim100$	m6
			$>200\sim280$	$>140\sim200$	$>100\sim140$	n6
			—	$>200\sim400$	$>140\sim280$	p6
					$>280\sim500$	r6
	重载荷	铁路机车车辆轴箱、牵引电机、破碎机等	—	$>50\sim140$	$>50\sim100$	n6[③]
				$>140\sim200$	$>100\sim140$	p6[③]
				>200	$>140\sim200$	r6[③]
					>200	r7[③]
内圈承受固定载荷	所有载荷	内圈需在轴向易移动	非旋转轴上的各种轮子	所有尺寸		f6
						g6
		内圈不需在轴向易移动	张紧轮、绳轮			h6
						j6
仅有轴向载荷			所有尺寸			j6、js6
圆锥孔轴承						
所有载荷	铁路机车车辆轴箱		装在退卸套上	所有尺寸		h8(IT6)[④][⑤]
	一般机械传动		装在紧定套上	所有尺寸		h9(IT7)[④][⑤]

① 凡精度要求较高的场合，应用 j5、k5、m5 代替 j6、k6、m6。

② 圆锥滚子轴承、角接触球轴承配合对游隙影响不大，可用 k6、m6 代替 k5、m5。

③ 重载荷下轴承游隙应选大于 N 组。

④ 凡精度要求较高或转速要求较高的场合，应选用 h7（IT5）代替 h8（IT6）等。

⑤ IT6、IT7 表示圆柱度公差数值。

表 9-65　向心轴承和轴承座孔的配合——孔公差带（摘自 GB/T 275—2015）

载荷情况		举例	其他状况	公差带[①]	
				球轴承	滚子轴承
外圈承受固定载荷	轻、正常、重	一般机械、铁路机车车辆轴箱	轴向易移动，可采用剖分式轴承座	H7、G7[②]	
	冲击		轴向能移动，可采用整体或剖分式轴承座	J7、JS7	
方向不定载荷	轻、正常	电机、泵、曲轴主轴承		K7	
	正常、重				
	重、冲击	牵引电机		M7	
外圈承受旋转载荷	轻	皮带张紧轮	轴向不移动，采用整体式轴承座	J7	K7
	正常	轮毂轴承		M7	N7
	重			—	N7、P7

① 并列公差带随尺寸的增大从左至右选择。对旋转精度有较高要求时，可相应提高一个公差等级。

② 不适用于剖分式轴承座。

表 9-66　轴和轴承座孔的几何公差（摘自 GB/T 275—2015）

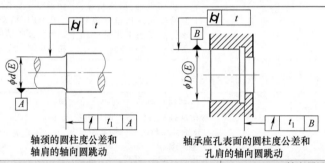

轴颈的圆柱度公差和　　　轴承座孔表面的圆柱度公差和
轴肩的轴向圆跳动　　　　　孔肩的轴向圆跳动

公称尺寸 /mm		圆柱度 $t/\mu m$				轴向圆跳动 $t_1/\mu m$			
		轴颈		轴承座孔		轴肩		轴承座孔肩	
		轴承公差等级							
>	≤	0	6(6X)	0	6(6X)	0	6(6X)	0	6(6X)
—	6	2.5	1.5	4	2.5	5	3	8	5
6	10	2.5	1.5	4	2.5	6	4	10	6
10	18	3	2	5	3	8	5	12	8
18	30	4	2.5	6	4	10	6	15	10
30	50	4	2.5	7	4	12	8	20	12
50	80	5	3	8	5	15	10	25	15
80	120	6	4	10	6	15	10	25	15
120	180	8	5	12	8	20	12	30	20
180	250	10	7	14	9	20	12	30	20
250	315	12	8	16	12	25	15	40	25
315	400	13	9	18	13	25	15	40	25
400	500	15	10	20	15	25	15	40	25
500	630	—	—	22	16			50	30
630	800	—	—	25	18			50	30
800	1000	—	—	28	20			60	40
1000	1250	—	—	33	24			60	40

表 9-67　配合表面及端面的表面粗糙度（摘自 GB/T 275—2015）

轴或轴承座孔直径 /mm		轴或轴承座孔配合表面直径公差等级					
		IT7		IT6		IT5	
		表面粗糙度 $Ra/\mu m$					
>	≤	磨	车	磨	车	磨	车
—	80	1.6	3.2	0.8	1.6	0.4	0.8
80	500	1.6	3.2	1.6	3.2	0.8	1.6
500	1250	3.2	6.3	1.6	3.2	1.6	3.2
端面		3.2	6.3	6.3	6.3	6.3	3.2

9.4.3 常用滚动轴承

表 9-68 深沟球轴承（摘自 GB/T 276—2013） mm

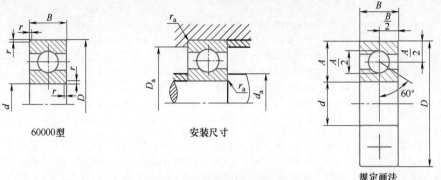

60000型 安装尺寸 规定画法

F_a/C_{0r}	e	Y	径向当量动载荷	径向当量静载荷
0.014	0.19	2.30		
0.028	0.22	1.99		
0.056	0.26	1.71	$$当\frac{F_a}{F_r}\leqslant e,P_r=F_r$$	$$P_{0r}=F_r$$
0.084	0.28	1.55		
0.11	0.30	1.45		$$P_{0r}=0.6F_r+0.5F_a$$
0.17	0.34	1.31		
0.28	0.38	1.15	$$当\frac{F_a}{F_r}>e,P_r=0.56F_r+YF_a$$	取上列两式计算结果的较大值。
0.42	0.42	1.04		
0.56	0.44	1.00		

基本尺寸 /mm			基本额定载荷 /kN		极限转速 /(r/min)		质量 /kg	轴承代号	其他尺寸 /mm			安装尺寸 /mm			球径 /mm	球数
d	D	B	C_r	C_{0r}	脂	油	W ≈	60000 型	d_2 ≈	D_2 ≈	r min	d_a min	D_a max	r_a max	D_W	Z
10	26	8	4.58	1.98	22000	30000	0.019	6000	14.9	21.3	0.3	12.4	23.6	0.3	4.762	7
	30	9	5.10	2.38	20000	26000	0.032	6200	17.4	23.8	0.6	15.0	26	0.6	4.762	8
	35	11	7.65	3.48	18000	24000	0.053	6300	19.4	27.6	0.6	15.0	30.0	0.6	6.35	7
12	21	5	1.90	1.00	24000	32000	0.005	61801	14.6	18.4	0.3	14	19	0.3	2.381	12
	24	6	2.90	1.50	22000	28000	0.008	61901	15.5	20.6	0.3	14.4	22	0.3	3.175	10
	28	7	5.10	2.40	20000	26000	0.015	16001	16.7	23.3	0.3	14.4	25.6	0.3	4.762	8
	28	8	5.10	2.38	20000	26000	0.022	6001	17.4	23.8	0.3	14.4	25.6	0.3	4.762	8
	32	10	6.82	3.05	19000	24000	0.035	6201	18.3	26.1	0.6	17.0	28	0.6	5.953	7
	37	12	9.72	5.08	17000	22000	0.051	6301	19.3	29.7	1	18.0	32	1	7.938	6
15	24	5	2.10	1.30	22000	30000	0.005	61802	17.6	21.4	0.3	17	22	0.3	2.381	14
	28	7	4.30	2.30	20000	26000	0.012	61902	18.3	24.7	0.3	17.4	26	0.3	3.969	10
	32	8	5.60	2.80	19000	24000	0.023	16002	20.2	26.8	0.3	17.4	29.6	0.3	4.762	9
	32	9	5.58	2.85	19000	24000	0.031	6002	20.4	26.6	0.3	17.4	29.6	0.3	4.762	9
	35	11	7.65	3.72	18000	22000	0.045	6202	21.6	29.4	0.6	20.0	32	0.6	5.953	8
	42	13	11.5	5.42	16000	20000	0.080	6302	24.3	34.7	1	21.0	37	1	7.938	7
17	26	5	2.20	1.5	20000	28000	0.007	61803	19.6	23.4	0.3	19	24	0.3	2.381	16
	30	7	4.60	2.6	19000	24000	0.014	61903	20.3	26.7	0.3	19.4	28	0.3	3.969	11
	35	8	6.00	3.3	18000	22000	0.028	16003	22.7	29.3	0.3	19.4	32.6	0.3	4.762	10
	35	10	6.00	3.25	17000	21000	0.040	6003	22.9	29.1	0.3	19.4	32.6	0.3	4.762	10
	40	12	9.58	4.78	16000	20000	0.064	6203	24.6	33.4	0.6	22.0	36	0.6	6.747	9
	47	14	13.5	6.58	15000	18000	0.109	6303	26.8	38.2	1	23.0	41.0	1	8.731	7
	62	17	22.7	10.8	11000	15000	0.268	6403	31.9	47.1	1.1	24.0	55.0	1	12.7	6

基本尺寸 /mm			基本额定载荷 /kN		极限转速 /(r/min)		质量 /kg	轴承代号	其他尺寸 /mm			安装尺寸 /mm			球径 /mm	球数
d	D	B	C_r	C_{0r}	脂	油	W ≈	60000 型	d_2 ≈	D_2 ≈	r min	d_a min	D_a max	r_a max	D_W	Z
20	32	7	3.50	2.20	18000	24000	0.015	61804	23.5	28.6	0.3	22.4	30	0.3	3.175	14
	37	9	6.40	3.70	17000	22000	0.031	61904	25.2	31.8	0.3	22.4	34.6	0.3	4.762	11
	42	8	7.90	4.50	16000	19000	0.052	16004	27.1	34.9	0.3	22.4	39.6	0.3	5.556	10
	42	12	9.38	5.02	16000	19000	0.068	6004	26.9	35.1	0.6	25.0	38	0.6	6.35	9
	47	14	12.8	6.65	14000	18000	0.103	6204	29.3	39.7	1	26.0	42	1	7.938	8
	52	15	15.8	7.88	13000	16000	0.142	6304	29.8	42.2	1.1	27.0	45.0	1	9.525	7
	72	19	31.0	15.2	9500	13000	0.400	6404	38.0	56.1	1.1	27.0	65.0	1	15.081	6
25	37	7	4.3	2.90	16000	20000	0.017	61805	28.2	33.8	0.3	27.4	35	0.3	3.500	15
	42	9	7.0	4.50	14000	18000	0.038	61905	30.2	36.8	0.3	27.4	40	0.3	4.762	13
	47	8	8.8	5.60	13000	17000	0.059	16005	33.1	40.9	0.3	27.4	44.6	0.3	5.556	12
	47	12	10.0	5.85	13000	17000	0.078	6005	31.9	40.1	0.6	30	43	0.6	6.35	10
	52	15	14.0	7.88	12000	15000	0.127	6205	33.8	44.2	1	31	47	1	7.938	9
	62	17	22.2	11.5	10000	14000	0.219	6305	36.0	51.0	1.1	32	55	1	11.5	7
	80	21	38.2	19.2	8500	11000	0.529	6405	42.3	62.7	1.5	34	71	1.5	17	6
30	42	7	4.70	3.60	13000	17000	0.019	61806	33.2	38.8	0.3	32.4	40	0.3	3.500	18
	47	9	7.20	5.00	12000	16000	0.043	61906	35.2	41.8	0.3	32.4	44.6	0.3	4.762	14
	55	9	11.2	7.40	11000	14000	0.084	16006	38.1	47.0	0.3	32.4	52.6	0.3	6.350	12
	55	13	13.2	8.30	11000	14000	0.113	6006	38.4	47.7	1	36	50.0	1	7.144	11
	62	16	19.5	11.5	9500	13000	0.200	6206	40.8	52.2	1	36	56	1	9.525	9
	72	19	27.0	15.2	9000	11000	0.349	6306	44.8	59.2	1.1	37	65	1	12	8
	90	23	47.5	24.5	8000	10000	0.710	6406	48.6	71.4	1.5	39	81	1.5	19.05	6
35	47	7	4.90	4.00	11000	15000	0.023	61807	38.2	43.8	0.3	37.4	45	0.3	3.500	20
	55	10	9.50	6.80	10000	13000	0.078	61907	41.1	48.9	0.6	40	51	0.6	5.556	14
	62	9	12.2	8.80	9500	12000	0.107	16007	44.6	53.5	0.3	37.4	59.6	0.3	6.350	14
	62	14	16.2	10.5	9500	12000	0.148	6007	43.3	53.7	1	41	56	1	8	11
	72	17	25.5	15.2	8500	11000	0.288	6207	46.8	60.2	1.1	42	65	1	11.112	9
	80	21	33.4	19.2	8000	9500	0.455	6307	50.4	66.6	1.5	44	71	1.5	13.494	8
	100	25	56.8	29.5	6700	8500	0.926	6407	54.9	80.1	1.5	44	91	1.5	21	6
40	52	7	5.10	4.40	10000	13000	0.026	61808	43.2	48.8	0.3	42.4	50	0.3	3.500	22
	62	12	13.7	9.90	9500	12000	0.103	61908	46.3	55.7	0.6	45	58	0.6	6.747	14
	68	9	12.6	9.60	9000	11000	0.125	16008	49.6	58.5	0.3	42.4	65.6	0.3	6.350	15
	68	15	17.0	11.8	9000	11000	0.185	6008	48.8	59.2	1	46	62	1	8	12
	80	18	29.5	18.0	8000	10000	0.368	6208	52.8	67.2	1.1	47	73	1	12	9
	90	23	40.8	24.0	7000	8500	0.639	6308	56.5	74.6	1.5	49	81	1.5	15.081	8
	110	27	65.5	37.5	6300	8000	1.221	6408	63.9	89.1	2	50	100	2	21	7
45	58	7	6.40	5.60	9000	12000	0.030	61809	48.3	54.7	0.3	47.4	56	0.3	3.969	22
	68	12	14.1	10.90	8500	11000	0.123	61909	51.8	61.2	0.6	50	63	0.6	6.747	15
	75	10	15.6	12.2	8000	10000	0.155	16009	55.0	65.0	0.6	50	70	0.6	7.144	15
	75	16	21.0	14.8	8000	10000	0.230	6009	54.2	65.9	1	51	69	1	9	12
	85	19	31.5	20.5	7000	9000	0.416	6209	58.8	73.2	1.1	52	78	1	12	10
	100	25	52.8	31.8	6300	7500	0.837	6309	63.0	84.0	1.5	54	91	1.5	17.462	8
	120	29	77.5	45.5	5600	7000	1.520	6409	70.7	98.3	2	55	110	2	23	7

续表

基本尺寸/mm			基本额定载荷/kN		极限转速/(r/min)		质量/kg	轴承代号	其他尺寸/mm			安装尺寸/mm			球径/mm	球数
d	D	B	C_r	C_{0r}	脂	油	W ≈	60000型	d_2 ≈	D_2 ≈	r min	d_a min	D_a max	r_a max	D_W	Z
50	65	7	6.6	6.1	8500	10000	0.043	61810	54.3	60.7	0.3	52.4	62.6	0.3	3.969	24
	72	12	14.5	11.7	8000	9500	0.122	61910	56.3	65.7	0.6	55	68	0.6	6.747	16
	80	10	16.1	13.1	8000	9500	0.166	16010	60.0	70.0	0.6	55	75	0.6	7.144	16
	80	16	22.0	16.2	7000	9000	0.250	6010	59.2	70.9	1	56	74	1	9	13
	90	20	35.0	23.2	6700	8500	0.463	6210	62.4	77.6	1.1	57	83	1	12.7	10
	110	27	61.8	38.0	6000	7000	1.082	6310	69.1	91.9	2	60	100	2	19.05	8
	130	31	92.2	55.2	5300	6300	1.855	6410	77.3	107.8	2.1	62	118	2.1	25.4	7
55	72	9	9.1	8.4	8000	9500	0.070	61811	60.2	66.9	0.3	57.4	69.6	0.3	4.762	23
	80	13	15.9	13.2	7500	9000	0.170	61911	62.9	72.2	1	61	75	1	7.144	16
	90	11	19.4	16.2	7000	8500	0.207	16011	67.3	77.7	0.6	60	85	0.6	7.938	16
	90	18	30.2	21.8	7000	8500	0.362	6011	65.4	79.7	1.1	62	83	1	11	12
	100	21	43.2	29.2	6000	7500	0.603	6211	68.9	86.1	1.5	64	91	1.5	14.288	10
	120	29	71.5	44.8	5600	6700	1.367	6311	76.1	100.9	2	65	110	2	20.638	8
	140	33	100	62.5	4800	6000	2.316	6411	82.8	115.2	2.1	67	128	2.1	26.988	7
60	78	10	9.1	8.7	7000	8500	0.093	61812	66.2	72.9	0.3	62.4	75.6	0.3	4.762	24
	85	13	16.4	14.2	6700	8000	0.181	61912	67.9	77.2	1	66	80	1	7.144	17
	95	11	19.9	17.5	6300	7500	0.224	16012	72.3	82.7	0.6	65	90	0.6	7.938	17
	95	18	31.5	24.2	6300	7500	0.385	6012	71.4	85.7	1.1	67	89	1	11	13

表 9-69　调心球轴承（摘自 GB/T 281—2013）

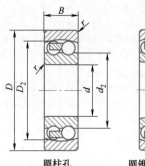

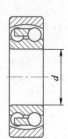
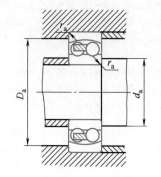

圆柱孔
10000(TN、M)型　　圆锥孔(锥度1:12)
10000K(KTN、KM)型

基本尺寸/mm			基本额定载荷/kN		极限转速/(r/min)		质量/kg	轴承代号		其他尺寸/mm			安装尺寸/mm			计算系数			
d	D	B	C_r	C_{0r}	脂	油	W ≈	圆柱孔 10000(TN、M)型	圆锥孔 10000 K (KTN、KM)型	d_2 ≈	D_2 ≈	r min	d_a max	D_a max	r_a max	e	Y_1	Y_2	Y_0
12	32	14	8.50	1.90	22000	26000	0.059	2201 TN	—	17.6	25.6	0.6	17	27	0.6	0.45	1.4	2.2	1.5
	37	12	9.42	2.12	18000	22000	0.07	1301	1301 K	20.0	30.8	1	18	31	1	0.35	1.8	2.8	1.9
	37	12	9.40	2.10	18000	22000	0.071	1301 TN	—	20.0	29.2	1	18	31	1	0.34	1.8	2.8	1.9
	37	17	12.5	2.72	17000	22000	—	2301	2301 K	—	—	1	18	31	1	—	—	—	—
	37	17	11.5	2.60	17000	22000	0.105	2301 TN	—	18.8	27.5	1	18	31	1	0.53	1.1	1.9	1.3

基本尺寸/mm			基本额定载荷/kN		极限转速/(r/min)		质量/kg	轴承代号		其他尺寸/mm			安装尺寸/mm			计算系数			
								圆柱孔 10000(TN、M)型	圆锥孔 10000 K (KTN、KM)型										
d	D	B	C_r	C_{0r}	脂	油	$W \approx$			d_2	D_2	r min	d_a max	D_a max	r_a max	e	Y_1	Y_2	Y_0
15	35	11	7.48	1.75	18000	22000	0.051	1202	1202 K	20.9	29.9	0.6	20	30	0.6	0.33	1.9	3.0	2.0
	35	11	7.40	1.70	18000	22000	0.051	1202 TN	1202 KTN	21.0	29.0	0.6	20	30	0.6	0.30	2.1	3.2	2.2
	35	14	7.65	1.80	18000	22000	0.06	2202	2202 K	20.8	30.4	0.6	20	30	0.6	0.50	1.3	2.0	1.3
	35	14	8.70	2.00	18000	22000	0.066	2202 TN	—	20.5	28.6	0.6	20	30	0.6	0.39	1.6	2.5	1.7
	42	13	9.50	2.28	16000	20000	0.1	1302	1302 K	23.6	34.1	1	21	36	1	0.33	1.9	2.9	2.0
	42	13	10.8	2.60	16000	20000	0.097	1302 TN	—	23.9	33.7	1	21	36	1	0.31	2.0	3.1	2.1
	42	17	12.0	2.88	14000	18000	0.11	2302	2302 K	23.2	35.2	1	21	36	1	0.51	1.2	1.9	1.3
	42	17	11.8	2.90	14000	18000	0.126	2302 TN	—	23.9	33.5	1	21	36	1	0.46	1.4	2.1	1.4
17	40	12	7.90	2.02	16000	20000	0.076	1203	1203 K	24.2	33.7	0.6	22	35	0.6	0.31	2.0	3.2	2.1
	40	12	8.90	2.20	16000	20000	0.075	1203 TN	1203 KTN	24.1	32.8	0.6	22	35	0.6	0.30	2.1	3.2	2.2
	40	16	9.00	2.45	16000	20000	0.09	2203	2203 K	33.5	34.3	0.6	22	35	0.6	0.50	1.2	1.9	1.3
	40	16	10.5	2.50	16000	20000	0.098	2203 TN	—	23.6	33.1	0.6	22	35	0.6	0.40	1.6	2.4	1.6
	47	14	12.5	3.18	14000	17000	0.14	1303	1303 K	26.4	38.3	1	23	41	1	0.33	1.9	3.0	2.0
	47	14	12.8	3.40	14000	17000	0.131	1303 TN	—	28.9	39.5	1	23	41	1	0.30	2.1	3.2	2.2
	47	19	14.5	3.58	13000	16000	0.17	2303	2303 K	25.8	39.4	1	23	41	1	0.52	1.2	1.9	1.3
	47	19	14.5	3.60	13000	16000	0.175	2303 TN	—	26.5	37.5	1	23	41	1	0.50	1.3	1.9	1.3
20	47	14	9.95	2.65	14000	17000	0.12	1204	1204 K	28.9	39.1	0.6	26	41	1	0.27	2.3	3.6	2.4
	47	14	12.8	3.40	14000	17000	0.12	1204 TN	1204 KTN	29.2	39.6	0.6	26	41	1	0.30	2.1	3.2	2.2
	47	18	12.5	3.28	14000	17000	0.15	2204	2204 K	28.0	40.4	1	26	41	1	0.48	1.3	2.0	1.4
	47	18	16.8	4.20	14000	17000	0.152	2204 TN	2204 KTN	27.4	39.3	1	26	41	1	0.40	1.6	2.4	1.6
	52	15	12.5	3.38	12000	15000	0.17	1304	1304 K	31.3	43.6	1.1	27	45	1	0.29	2.2	3.4	2.3
	52	15	14.2	4.00	12000	15000	0.169	1304 TN	1304 KTN	32.4	43.4	1.1	27	45	1	0.28	2.2	3.4	2.3
	52	21	17.8	4.75	11000	14000	0.22	2304	2304 K	28.8	43.7	1.1	27	45	1	0.51	1.2	1.9	1.3
	52	21	18.2	4.70	11000	14000	0.238	2304 TN	2304 KTN	29.5	40.9	1.1	27	45	1	0.44	1.4	2.2	1.5
25	52	15	12.0	3.30	12000	14000	0.14	1205	1205 K	33.1	44.9	1	31	46	1	0.27	2.3	3.6	2.4
	52	15	14.2	4.00	12000	14000	0.148	1205 TN	1205 KTN	33.3	44.2	1	31	46	1	0.28	2.3	3.5	2.4
	52	18	12.5	3.40	12000	14000	0.19	2205	2205 K	33.0	44.7	1	31	46	1	0.41	1.5	2.3	1.5
	52	18	16.8	4.40	12000	14000	0.17	2205 TN	2205 KTN	32.6	44.6	1	31	46	1	0.33	1.9	3.0	2.0
	62	17	17.8	5.05	10000	13000	0.26	1305	1305 K	37.8	52.5	1.1	32	55	1	0.27	2.3	3.5	2.4
	62	17	18.8	5.50	10000	13000	0.272	1305 TN	1305 KTN	37.3	50.3	1.1	32	55	1	0.28	2.2	3.5	2.3
	62	24	24.5	6.48	9500	12000	0.35	2305	2305 K	35.2	52.5	1.1	32	55	1	0.47	1.3	2.1	1.4
	62	24	24.5	6.50	9500	12000	0.375	2305 TN	2305 KTN	36.1	50.0	1.1	32	55	1	0.41	1.5	2.3	1.6
30	62	16	15.8	4.70	10000	12000	0.23	1206	1206 K	40.1	53.2	1	36	56	1	0.24	2.6	4.0	2.7
	62	16	15.5	4.70	10000	12000	0.228	1206 TN	1206 KTN	40.0	51.7	1	36	56	1	0.25	2.5	3.9	2.7
	62	20	15.2	4.60	10000	12000	0.26	2206	2206 K	40.0	53.0	1	36	56	1	0.39	1.6	2.4	1.7
	62	20	23.8	6.60	10000	12000	0.275	2206 TN	2206 KTN	38.8	53.4	1	36	56	1	0.33	1.9	3.0	2.0
	72	19	21.5	6.28	8500	11000	0.4	1306	1306 K	44.9	60.9	1.1	37	65	1	0.26	2.4	3.8	2.6
	72	19	21.2	6.30	8500	11000	0.399	1306 TN	1306 KTN	44.9	59.0	1.1	37	65	1	0.25	2.5	3.9	2.6
	72	27	31.5	8.68	8000	10000	0.5	2306	2306 K	41.7	60.9	1.1	37	65	1	0.44	1.4	2.2	1.5
	72	27	31.5	8.70	8000	10000	0.556	2306 TN	2306 KTN	41.9	58.5	1.1	37	65	1	0.43	1.5	2.3	1.5

续表

基本尺寸/mm			基本额定载荷/kN		极限转速/(r/min)		质量/kg	轴承代号		其他尺寸/mm			安装尺寸/mm			计算系数			
d	D	B	C_r	C_{0r}	脂	油	$W \approx$	圆柱孔 10000(TN、M)型	圆锥孔 10000 K (KTN、KM)型	d_2	D_2	r min	d_a max	D_a max	r_a max	e	Y_1	Y_2	Y_0
35	72	17	15.8	5.08	8500	10000	0.32	1207	1207 K	47.5	60.7	1.1	42	65	1	0.23	2.7	4.2	2.9
	72	17	18.8	5.90	8500	10000	0.328	1207 TN	1207 KTN	47.1	60.2	1.1	42	65	1	0.23	2.7	4.2	2.9
	72	23	21.8	6.65	8500	10000	0.44	2207	2207 K	46.0	62.2	1.1	42	65	1	0.38	1.7	2.6	1.8
	72	23	30.5	8.70	8500	10000	0.425	2207 TN	2207 KTN	45.1	61.9	1.1	42	65	1	0.31	2.0	3.1	2.1
	80	21	25.0	7.95	7500	9500	0.54	1307	1307 K	51.5	69.5	1.5	44	71	1.5	0.25	2.6	4.0	2.7
	80	21	26.2	8.50	7500	9500	0.534	1307 TN	1307 KTN	51.7	67.1	1.5	44	71	1.5	0.25	2.5	3.9	2.6
	80	31	39.2	11.0	7100	9000	0.68	2307	2307 K	46.5	68.4	1.5	44	71	1.5	0.46	1.4	2.1	1.4
	80	31	39.5	11.2	7100	9000	0.763	2307 TN	2307 KTN	47.7	66.6	1.5	44	71	1.5	0.39	1.6	2.5	1.7
40	80	18	19.2	6.40	7500	9000	0.41	1208	1208 K	53.6	68.8	1.1	47	73	1	0.22	2.9	4.4	3.0
	80	18	20.0	6.90	7500	9000	0.43	1208 TN	1208 KTN	53.6	66.7	1.1	47	73	1	0.22	2.9	4.5	3.0
	80	23	22.5	7.38	7500	9000	0.53	2208	2208 K	52.4	68.8	1.1	47	73	1	0.24	1.9	2.9	2.0
	80	23	31.8	10.2	7500	9000	0.523	2208 TN	2208 KTN	52.1	69.3	1.1	47	73	1	0.29	2.2	3.4	2.3
	90	23	29.5	9.50	6700	8500	0.71	1308	1308 K	57.5	76.8	1.5	49	81	1.5	0.24	2.6	4.0	2.7
	90	23	33.7	11.3	6700	8500	0.723	1308 TN	1308 KTN	60.6	78.7	1.5	49	81	1.5	0.24	2.6	4.1	2.8
	90	33	44.8	13.2	6300	8000	0.93	2308	2308 K	53.5	76.8	1.5	49	81	1.5	0.43	1.5	2.3	1.5
	90	33	54.0	15.8	6300	8000	1.013	2308 TN	2308 KTN	53.4	76.2	1.5	49	81	1.5	0.40	1.6	2.5	1.7
45	85	19	21.8	7.32	7100	8500	0.49	1209	1209 K	57.3	73.7	1.1	52	78	1	0.21	2.9	4.6	3.1
	85	19	23.5	8.30	7100	8500	0.489	1209 TN	1209 KTN	57.4	71.7	1.1	52	78	1	0.22	2.9	4.5	3.0
	85	23	23.2	8.00	7100	8500	0.55	2209	2209 K	57.5	74.1	1.1	52	78	1	0.31	2.1	3.2	2.2
	85	23	32.5	10.5	7100	8500	0.574	2209 TN	2209 KTN	55.3	72.4	1.1	52	78	1	0.26	2.4	3.8	2.5
	100	25	38.0	12.8	6000	7500	0.96	1309	1309 K	63.7	85.7	1.5	54	91	1.5	0.25	2.5	3.9	2.6
	100	25	38.8	13.5	6000	7500	0.978	1309 TN	1309 KTN	67.7	87.0	1.5	54	91	1.5	0.23	2.7	4.2	2.8
	100	36	55.0	16.2	5600	7100	1.25	2309	2309 K	60.2	86.0	1.5	54	91	1.5	0.42	1.5	2.3	1.6
	100	36	63.8	19.2	5600	7100	1.351	2309 TN	2309 KTN	60.0	85.0	1.5	54	91	1.5	0.37	1.7	2.6	1.8
50	90	20	22.8	8.08	6300	8000	0.54	1210	1210 K	62.3	78.7	1.1	57	83	1	0.20	3.1	4.8	3.3
	90	20	26.5	9.50	6300	8000	0.55	1210 TN	1210 KTN	62.3	77.5	1.1	57	83	1	0.21	3.0	4.6	3.1
	90	23	23.2	8.45	6300	8000	0.68	2210	2210 K	62.5	79.3	1.1	57	83	1	0.29	2.2	3.4	2.3
	90	23	33.5	11.2	6300	8000	0.596	2210 TN	2210 KTN	61.3	79.3	1.1	57	83	1	0.24	2.7	4.1	2.8
	110	27	43.2	14.2	5600	6700	1.21	1310	1310 K	70.1	95.0	2	60	100	2	0.24	2.7	4.1	2.8
	110	27	43.8	15.2	5600	6700	1.301	1310 TN	1310 KTN	70.3	90.6	2	60	100	2	0.24	2.7	4.1	2.8
	110	40	64.5	19.8	5000	6300	1.64	2310	2310 K	65.8	94.4	2	60	100	2	0.43	1.5	2.3	1.6
	110	40	64.8	20.2	5000	6300	1.839	2310 TN	2310 KTN	67.7	91.4	2	60	100	2	0.34	1.9	2.9	2.0
55	100	21	26.8	10.0	6000	7100	0.72	1211	1211 K	70.1	88.4	1.5	64	91	1.5	0.20	3.2	5.0	3.4
	100	21	27.8	10.5	6000	7100	0.717	1211 TN	1211 KTN	70.7	86.4	1.5	64	91	1.5	0.19	3.3	5.1	3.4
	100	25	26.8	9.95	6000	7100	0.81	2211	2211 K	69.7	87.8	1.5	64	91	1.5	0.28	2.3	3.5	2.4
	100	25	39.2	13.5	6000	7100	0.81	2211 TN	2211 KTN	67.6	87.4	1.5	64	91	1.5	0.23	2.7	4.2	2.8
	120	29	51.5	18.2	5000	6300	1.58	1311	1311 K	77.7	104	2	65	110	2	0.23	2.7	4.2	2.8
	120	29	52.8	18.8	5000	6300	1.641	1311 TN	1311 KTN	78.7	101.5	2	65	110	2	0.23	2.7	4.2	2.8
	120	43	75.2	23.5	4800	6000	2.1	2311	2311 K	72	103	2	65	110	2	0.41	1.5	2.4	1.6
	120	43	75.2	24.0	4800	6000	2.345	2311 TN	2311 KTN	73.9	99.7	2	65	110	2	0.33	1.9	3.0	2.0

基本尺寸 /mm			基本额定载荷/kN		极限转速 /(r/min)		质量 /kg	轴承代号		其他尺寸 /mm			安装尺寸 /mm			计算系数			
d	D	B	C_r	C_{0r}	脂	油	W ≈	圆柱孔 10000(TN、M)型	圆锥孔 10000 K (KTN、KM)型	d_2	D_2	r min	d_a max	D_a max	r_a max	e	Y_1	Y_2	Y_0
60	110	22	30.2	11.5	5300	6300	0.9	1212	1212 K	77.8	97.5	1.5	69	101	1.5	0.19	3.4	5.3	3.6
	110	22	31.2	12.2	5300	6300	0.917	1212 TN	1212 KTN	78.6	95.7	1.5	69	101	1.5	0.18	3.4	5.3	3.6
	110	28	34.0	12.5	5300	6300	1.1	2212	2212 K	75.5	96.1	1.5	69	101	1.5	0.28	2.3	3.5	2.4
	110	28	46.5	16.2	5300	6300	1.109	2212 TN	2212 KTN	74.8	96.0	1.5	69	101	1.5	0.24	2.6	4.0	2.7
	130	31	57.2	20.8	4500	5600	1.96	1312	1312 K	87	115	2.1	72	118	2.1	0.23	2.8	4.3	2.9
	130	31	58.2	21.2	4500	5600	2.023	1312 TN	1312 KTN	87.1	111.5	2.1	72	118	2.1	0.23	2.8	4.3	2.9
	130	46	86.8	27.5	4300	5300	2.6	2312	2312 K	76.9	112	2.1	72	118	2.1	0.41	1.6	2.5	1.6
	130	46	87.5	28.2	4300	5300	2.912	2312 TN	2312 KTN	80.0	108.5	2.1	72	118	2.1	0.33	1.9	3.0	2.0
65	120	23	31.0	12.5	4800	6000	0.92	1213	1213 K	85.3	105	1.5	74	111	1.5	0.17	3.7	5.7	3.9
	120	23	35.0	13.8	4800	6000	1.155	1213 TN	1213 KTN	85.7	104.0	1.5	74	111	1.5	0.18	3.6	5.6	3.8
	120	31	43.5	16.2	4800	6000	1.5	2213	2213 K	81.9	105	1.5	74	111	1.5	0.28	2.3	3.5	2.4
	120	31	56.8	20.2	4800	6000	1.504	2213 TN	2213 KTN	80.9	104.5	1.5	74	111	1.5	0.24	2.6	4.0	2.7
	140	33	61.8	22.8	4300	5300	2.39	1313	1313 K	92.5	122	2.1	77	128	2.1	0.23	2.8	4.3	2.9
	140	33	62.8	22.8	4300	5300	2.528	1313 TN	1313 KTN	90.4	115.7	2.1	77	128	2.1	0.23	2.7	4.2	2.9
	140	48	96.0	32.5	3800	4800	3.2	2313	2313 K	85.5	122	2.1	77	128	2.1	0.38	1.6	2.6	1.7
	140	48	97.2	31.8	3800	4800	3.477	2313 TN	2313 KTN	87.6	118.4	2.1	77	128	2.1	0.32	2.0	3.1	2.1
70	125	24	34.5	13.5	4800	5600	1.29	1214	1214 K	87.4	109	1.5	79	116	1.5	0.18	3.5	5.4	3.7
	125	24	34.5	13.5	4800	5600	1.345	1214 M	1214 KM	88.7	106.9	1.5	79	116	1.5	0.18	3.5	5.4	3.7
	125	31	44.0	17.0	4500	5600	1.62	2214	2214 K	87.5	111	1.5	79	116	1.5	0.27	2.4	3.7	2.5

表 9-70　单列角接触球轴承（摘自 GB/T 292—2007）

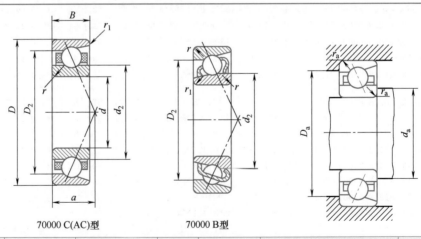

70000 C(AC)型　　70000 B型

基本尺寸 /mm			基本额定载荷/kN		极限转速 /(r/min)		质量 /kg	轴承代号	其他尺寸 /mm					安装尺寸 /mm		
d	D	B	C_r	C_{0r}	脂	油	W ≈	70000 C (AC,B)型	d_2 ≈	D_2 ≈	a	r min	r_1 min	d_a min	D_a max	r_a max
10	26	8	4.92	2.25	19000	28000	0.018	7000 C	14.9	21.1	6.4	0.3	0.15	12.4	23.6	0.3
	26	8	4.75	2.12	19000	28000	0.018	7000 AC	14.9	21.1	8.2	0.3	0.15	12.4	23.6	0.3
	30	9	5.82	2.95	18000	26000	0.03	7200 C	17.4	23.6	7.2	0.6	0.15	15	25	0.6
	30	9	5.58	2.82	18000	26000	0.03	7200 AC	17.4	23.6	9.2	0.6	0.15	15	25	0.6

单元9
机械设计基础课程设计常用标准和规范　171

续表

基本尺寸 /mm			基本额定载荷/kN		极限转速 /(r/min)		质量 /kg	轴承代号	其他尺寸 /mm					安装尺寸 /mm		
d	D	B	C_r	C_{0r}	脂	油	W ≈	70000 C (AC,B)型	d_2 ≈	D_2 ≈	a	r min	r_1 min	d_a min	D_a max	r_a max
12	28	8	5.42	2.65	18000	26000	0.02	7001 C	17.4	23.6	6.7	0.3	0.15	14.4	25.6	0.3
	28	8	5.20	2.55	18000	26000	0.02	7001 AC	17.4	23.6	8.7	0.3	0.15	14.4	25.6	0.3
	32	10	7.35	3.52	17000	24000	0.035	7201 C	18.3	26.1	8	0.6	0.15	17	27	0.6
	32	10	7.10	3.35	17000	24000	0.035	7201 AC	18.3	26.1	10.2	0.6	0.15	17	27	0.6
15	32	9	6.25	3.42	17000	24000	0.028	7002 C	20.4	26.6	7.6	0.3	0.15	17.4	29.6	0.3
	32	9	5.95	3.25	17000	24000	0.028	7002 AC	20.4	26.6	10	0.3	0.15	17.4	29.6	0.3
	35	11	8.68	4.62	16000	22000	0.043	7202 C	21.6	29.4	8.9	0.6	0.15	20	30	0.6
	35	11	8.35	4.40	16000	22000	0.043	7202 AC	21.6	29.4	11.4	0.6	0.15	20	30	0.6
17	35	10	6.60	3.85	16000	22000	0.036	7003 C	22.9	29.1	8.5	0.3	0.15	19.4	32.6	0.3
	35	10	6.30	3.68	16000	22000	0.036	7003 AC	22.9	29.1	11.1	0.3	0.15	19.4	32.6	0.3
	40	12	10.8	5.95	15000	20000	0.062	7203 C	24.6	33.4	9.9	0.6	0.3	22	35	0.6
	40	12	10.5	5.65	15000	20000	0.062	7203 AC	24.6	33.4	12.8	0.6	0.3	22	35	0.6
20	42	12	10.5	6.08	14000	19000	0.064	7004 C	26.9	35.1	10.2	0.6	0.15	25	37	0.6
	42	12	10.0	5.78	14000	19000	0.064	7004 AC	26.9	35.1	13.2	0.6	0.15	25	37	0.6
	47	14	14.5	8.22	13000	18000	0.1	7204 C	29.3	39.7	11.5	1	0.3	26	41	1
	47	14	14.0	7.82	13000	18000	0.1	7204 AC	29.3	39.7	14.9	1	0.3	26	41	1
	47	14	14.0	7.85	13000	18000	0.11	7204 B	30.5	37	21.1	1	0.3	26	41	1
25	47	12	11.5	7.45	12000	17000	0.074	7005 C	31.9	40.1	10.8	0.6	0.15	30	42	0.6
	47	12	11.2	7.08	12000	17000	0.074	7005 AC	31.9	40.1	14.4	0.6	0.15	30	42	0.6
	52	15	16.5	10.5	11000	16000	0.12	7205 C	33.8	44.2	12.7	1	0.3	31	46	1
	52	15	15.8	9.88	11000	16000	0.12	7205 AC	33.8	44.2	16.4	1	0.3	31	46	1
	52	15	15.8	9.45	9500	14000	0.13	7205 B	35.4	42.1	23.7	1	0.3	31	46	1
	62	17	26.2	15.2	8500	12000	0.3	7305 B	39.2	48.4	26.8	1.1	0.6	32	55	1
30	55	13	15.2	10.2	9500	14000	0.11	7006 C	38.4	47.7	12.2	1	0.3	36	49	1
	55	13	14.5	9.85	9500	14000	0.11	7006 AC	38.4	47.7	16.4	1	0.3	36	49	1
	62	16	23.0	15.0	9000	13000	0.19	7206 C	40.8	52.2	14.2	1	0.3	36	56	1
	62	16	22.0	14.2	9000	13000	0.19	7206 AC	40.8	52.2	18.7	1	0.3	36	56	1
	62	16	20.5	13.8	8500	12000	0.21	7206 B	42.8	50.1	27.4	1	0.3	36	56	1
	72	19	31.0	19.2	7500	10000	0.37	7306 B	46.5	56.2	31.1	1.1	0.6	37	65	1
35	62	14	19.5	14.2	8500	12000	0.15	7007 C	43.3	53.7	13.5	1	0.3	41	56	1
	62	14	18.5	13.5	8500	12000	0.15	7007 AC	43.3	53.7	18.3	1	0.3	41	56	1
	72	17	30.5	20.0	8000	11000	0.28	7207 C	46.8	60.2	15.7	1.1	0.6	42	65	1
	72	17	29.0	19.2	8000	11000	0.28	7207 AC	46.8	60.2	21	1.1	0.6	42	65	1
	72	17	27.0	18.8	7500	10000	0.3	7207 B	49.5	58.1	30.9	1.1	0.6	42	65	1
	80	21	38.2	24.5	7000	9500	0.51	7307 B	52.4	63.4	34.6	1.5	0.6	44	71	1.5
40	68	15	20.0	15.2	8000	11000	0.18	7008 C	48.8	59.2	14.7	1	0.3	46	62	1
	68	15	19.0	14.5	8000	11000	0.18	7008 AC	48.8	59.2	20.1	1	0.3	46	62	1
	80	18	36.8	25.8	7500	10000	0.37	7208 C	52.8	67.2	17	1.1	0.6	47	73	1
	80	18	35.2	24.5	7500	10000	0.37	7208 AC	52.8	67.2	23	1.1	0.6	47	73	1
	80	18	32.5	23.5	6700	9000	0.39	7208 B	56.4	65.7	34.5	1.1	0.6	47	73	1
	90	23	46.2	30.5	6300	8500	0.67	7308 B	59.3	71.5	38.8	1.5	0.6	49	81	1.5
	110	27	67.0	47.5	6000	8000	1.4	7408 B	64.6	85.4	38.7	2	1	50	100	2

基本尺寸 /mm			基本额定载荷/kN		极限转速 /(r/min)		质量 /kg	轴承代号	其他尺寸 /mm					安装尺寸 /mm		
d	D	B	C_r	C_{0r}	脂	油	W ≈	70000 C (AC,B)型	d_2 ≈	D_2 ≈	a	r min	r_1 min	d_a min	D_a max	r_a max
45	75	16	25.8	20.5	7500	10000	0.23	7009 C	54.2	65.9	16	1	0.3	51	69	1
	75	16	25.8	19.5	7500	10000	0.23	7009 AC	54.2	65.9	21.9	1	0.3	51	69	1
	85	19	38.5	28.5	6700	9000	0.41	7209 C	58.8	73.2	18.2	1.1	0.6	52	78	1
	85	19	36.8	27.2	6700	9000	0.41	7209 AC	58.8	73.2	24.7	1.1	0.6	52	78	1
	85	19	36.0	26.2	6300	8500	0.44	7209 B	60.5	70.2	36.8	1.1	0.6	52	78	1
	100	25	59.5	39.8	6000	8000	0.9	7309 B	66	80	42.0	1.5	0.6	54	91	1.5
50	80	16	26.5	22.0	6700	9000	0.25	7010 C	59.2	70.9	16.7	1	0.3	56	74	1
	80	16	25.2	21.0	6700	9000	0.25	7010 AC	59.2	70.9	23.2	1	0.3	56	74	1
	90	20	42.8	32.0	6300	8500	0.46	7210 C	62.4	77.7	19.4	1.1	0.6	57	83	1
	90	20	40.8	30.5	6300	8500	0.46	7210 AC	62.4	77.7	26.3	1.1	0.6	57	83	1
	90	20	37.5	29.0	5600	7500	0.49	7210 B	65.5	75.2	39.4	1.1	0.6	57	83	1
	110	27	68.2	48.0	5000	6700	1.15	7310 B	74.2	88.8	47.5	2	1	60	100	2
	130	31	95.2	64.2	5000	6700	2.08	7410 B	77.6	102.4	46.2	2.1	1.1	62	118	2.1
55	90	18	37.2	30.5	6000	8000	0.38	7011 C	65.4	79.7	18.7	1.1	0.6	62	83	1
	90	18	35.2	29.2	6000	8000	0.38	7011 AC	65.4	79.7	25.9	1.1	0.6	62	83	1
	100	21	52.8	40.5	5600	7500	0.61	7211 C	68.9	86.1	20.9	1.5	0.6	64	91	1.5
	100	21	50.5	38.5	5600	7500	0.61	7211 AC	68.9	86.1	28.6	1.5	0.6	64	91	1.5
	100	21	46.2	36.0	5300	7000	0.65	7211 B	72.4	83.4	43	1.5	0.6	64	91	1.5
	120	29	78.8	56.5	4500	6000	1.45	7311 B	80.5	96.3	51.4	2	1	65	110	2
60	95	18	38.2	32.8	5600	7500	0.4	7012 C	71.4	85.7	19.4	1.1	0.6	67	88	1
	95	18	36.2	31.5	5600	7500	0.4	7012 AC	71.4	85.7	27.1	1.1	0.6	67	88	1
	110	22	61.0	48.5	5300	7000	0.8	7212 C	76	94.1	22.4	1.5	0.6	69	101	1.5
	110	22	58.2	46.2	5300	7000	0.8	7212 AC	76	94.1	30.8	1.5	0.6	69	101	1.5
	110	22	56.0	44.5	4800	6300	0.84	7212 B	79.3	91.5	46.7	1.5	0.6	69	101	1.5
	130	31	90.0	66.3	4800	5600	1.85	7312 B	87.1	104.2	55.4	2.1	1.1	72	118	2.1
	150	35	118	85.5	4300	5600	3.56	7412 B	91.4	118.6	55.7	2.1	1.1	72	138	2.1
65	100	18	40.0	35.5	5300	7000	0.43	7013 C	75.3	89.8	20.1	1.1	0.6	72	93	1
	100	18	38.0	33.8	5300	7000	0.43	7013 AC	75.3	89.8	28.2	1.1	0.6	72	93	1
	120	23	69.8	55.2	4800	6300	1	7213 C	82.5	102.5	24.2	1.5	0.6	74	111	1.5
	120	23	66.5	52.5	4800	6300	1	7213 AC	82.5	102.5	33.5	1.5	0.6	74	111	1.5
	120	23	62.5	53.2	4300	5600	1.05	7213 B	88.4	101.2	51.1	1.5	0.6	74	111	1.5
	140	33	102	77.8	4000	5300	2.25	7313 B	93.9	112.4	59.5	2.1	1.1	77	128	2.1
70	110	20	48.2	43.5	5000	6700	0.6	7014 C	82	98	22.1	1.1	0.6	77	103	1
	110	20	45.8	41.5	5000	6700	0.6	7014 AC	82	98	30.9	1.1	0.6	77	103	1
	125	24	70.2	60.0	4500	6700	1.1	7214 C	89	109	25.3	1.5	0.6	79	116	1.5
	125	24	69.2	57.5	4500	6700	1.1	7214 AC	89	109	35.1	1.5	0.6	79	116	1.5
	125	24	70.2	57.2	4300	5600	1.15	7214 B	91.1	104.9	52.9	1.5	0.6	79	116	1.5
	150	35	115	87.2	3600	4800	2.75	7314 B	100.9	120.5	63.7	2.1	1.1	82	138	2.1
75	115	20	49.5	46.5	4800	6300	0.63	7015 C	88	104	22.7	1.1	0.6	82	108	1
	115	20	46.8	44.2	4800	6300	0.63	7015 AC	88	104	32.2	1.1	0.6	82	108	1
	130	25	79.2	65.8	4300	5600	1.2	7215 C	94	115	26.4	1.5	0.6	84	121	1.5
	130	25	75.2	63.0	4300	5600	1.2	7215 AC	94	115	36.6	1.5	0.6	84	121	1.5
	130	25	72.8	62.0	4000	5300	1.3	7215 B	96.1	109.9	55.5	1.5	0.6	84	121	1.5
	160	37	125	98.5	3400	4500	3.3	7315 B	107.9	128.6	68.4	2.1	1.1	87	148	2.1
80	125	22	58.5	55.8	4500	6000	0.85	7016 C	95.2	112.8	24.7	1.1	0.6	87	118	1
	125	22	55.5	53.2	4500	6000	0.85	7016 AC	95.2	112.8	34.9	1.1	0.6	87	118	1
	140	26	89.5	78.2	4000	5300	1.45	7216 C	100	122	27.7	2	1	90	130	2

表 9-71　圆柱滚子轴承（摘自 GB/T 283—2007）

基本尺寸/mm			基本额定载荷/kN		极限转速/(r/min)		质量/kg	轴承代号			其他尺寸/mm						安装尺寸/mm			
d	D	B	C_r	C_{0r}	脂	油	$W \approx$	N 型	NF 型	NH(NJ+HJ) 型	E_W	d_2	D_2	B_1	r min	r_1 min	d_a min	D_a max	r_a max	r_b max
15	35	11	8.35	5.5	15000	19000	—	N 202	NF 202	—	29.3	22	26.4	—	0.6	0.3	19	—	0.6	0.3
17	40	12	9.55	7.0	14000	18000	—	N 203	NF 203	—	33.9	25.5	30.9	—	0.6	0.3	21	—	0.6	0.3
20	42	12	11.0	8.0	13000	17000	0.09	N 1004	—	—	36.5	28.3	—	3	0.6	0.3	24	—	0.6	0.3
	47	14	13.0	11.0	12000	16000	0.11	N 204 E	NF 204	NJ 204+HJ 204	40	29.9	36.7	—	1	0.6	25	42	1	0.6
	47	14	27.0	24.0	12000	16000	0.117	N 2204 E	—	—	41.5	29.7	—	—	1	0.6	25	42	1	0.6
	47	18	32.2	30.0	12000	16000	0.149	—	—	—	41.5	29.7	—	—	1	0.6	25	42	1	0.6
	52	15	18.0	15.0	11000	15000	0.17	N 304 E	NF 304	NJ 304+HJ 304	44.5	31.8	39.8	4	1.1	0.6	26.5	47	1	0.6
	52	15	30.5	25.5	11000	15000	0.155	N 2304 E	—	—	45.5	31.2	—	—	1.1	0.6	26.5	47	1	0.6
	52	21	41.0	37.5	10000	14000	0.216	—	—	—	45.5	31.2	—	—	1.1	0.6	26.5	47	1	0.6
25	47	12	11.5	10.2	11000	15000	0.1	N 1005	—	—	41.5	—	—	—	0.6	0.3	29	—	0.6	0.3
	52	15	14.8	12.8	11000	14000	0.16	N 205 E	NF 205	NJ 205+HJ 205	45	34.9	41.6	3	1	0.6	30	47	1	0.6
	52	15	28.8	26.8	11000	14000	0.14	N 2205 E	—	—	46.5	34.7	41.6	3	1	0.6	30	47	1	0.6
	52	18	22.2	19.8	11000	14000	0.168	—	—	NJ 2205+HJ 2205	41.5	34.9	—	—	1	0.6	30	—	1	0.6
	52	18	34.5	33.8	11000	14000	0.2	N 305 E	NF 305	NJ 305+HJ 305	46.5	34.7	48	4	1	0.6	30	47	1	0.6
	62	17	26.8	22.5	9000	12000	—	—	—	—	53	39	—	—	1.1	1.1	31.5	55	1	1
	62	17	40.2	35.8	9000	12000	0.251	—	—	—	54	38.1	—	—	1.1	1.1	31.5	55	1	1

续表

d /mm	D /mm	B /mm	C_r /kN	C_{0r} /kN	脂 /(r/min)	油 /(r/min)	W /kg ≈	N型	NF型	NH(NJ+HJ)型	E_w	d_2	D_2	B_1	r min	r_1 min	d_a min	D_a max	r_a max	r_b max
25	62	24	40.2	39.2	9000	12000	—	—	NF 2305	—	53	39	48	—	1.1	1.1	31.5	55	1	1
	62	24	55.8	54.5	9000	12000	0.355	N 2305 E	—	—	54	38.1	—	—	1.1	1.1	31.5	55	1	1
30	62	16	20.5	18.2	8500	11000	0.2	—	NF 206	—	53.5	41.8	49.1	—	1	0.6	36	56	1	0.6
	62	16	37.8	35.5	8500	11000	0.214	N 206 E	—	NJ 206+HJ 206	55.5	41.3	—	4	1	0.6	36	56	1	0.6
	62	20	30.2	30.2	8500	11000	0.29	—	NF 2206	—	53.5	41.8	49.1	—	1	0.6	36	—	1	0.6
	62	20	47.8	48.0	8500	11000	0.268	N 2206 E	—	NJ 2206+HJ 2206	55.5	41.3	—	4	1	0.6	36	56	1	0.6
	72	19	35.0	31.5	8000	10000	0.3	—	NF 306	—	62	45.9	56.7	—	1.1	1.1	37	64	1	1
	72	19	51.5	48.2	8000	10000	0.377	N 306 E	—	NJ 306+HJ 306	62.5	45	—	5	1.1	1.1	37	64	1	1
	72	27	48.8	47.5	8000	10000	0.6	—	NF 2306	—	62	45.9	56.7	—	1.1	1.1	37	64	1	1
	72	27	73.2	75.5	8000	10000	0.538	N 2306 E	—	—	62.5	45	65.8	—	1.5	1.5	37	64	1.5	1.5
	90	23	60.0	53.0	7000	9000	0.73	N 406	—	NJ 406+HJ 406	73	50.5	—	7	1.5	1.5	39	—	1.5	1.5
35	72	17	29.8	28.0	7500	9500	0.3	—	NF 207	—	61.8	47.6	56.8	—	1.1	0.6	42	64	1	0.6
	72	17	48.8	48.0	7500	9500	0.311	N 207 E	—	NJ 207+HJ 207	64	48.3	—	4	1.1	0.6	42	64	1	0.6
	72	23	45.8	48.5	7500	9500	0.45	—	NF 2207	—	61.8	47.6	56.8	—	1.1	0.6	42	64	1	0.6
	72	23	60.2	63.0	7500	9500	0.414	N 2207 E	—	NJ 2207+HJ 2207	64	48.3	—	4	1.1	0.6	42	64	1	0.6
	80	21	41.0	43.0	7000	9000	0.56	—	NF 307	—	68.2	50.8	62.4	—	1.5	1.1	44	71	1.5	1
	80	21	62.0	65.0	7000	9000	0.501	N 307 E	—	NJ 307+HJ 307	70.2	51.1	—	6	1.5	1.1	44	71	1.5	1
	80	31	54.8	57.5	7000	9000	0.85	—	NF 2307	—	68.2	50.8	62.4	—	1.5	1.1	44	71	1.5	1
	80	31	87.5	91.8	7000	9000	0.738	N 2307 E	—	—	70.2	51.5	—	8	1.5	1.1	44	71	1.5	1
	100	25	70.8	74.2	6000	7500	0.94	N 407	—	NJ 407+HJ 407	83	59	75.3	—	1.5	1.5	44	—	1.5	1.5
40	68	15	21.2	22.2	7500	9500	0.22	N 1008	—	—	61	50.3	—	—	1	0.6	45	64	1	0.6
	80	18	37.5	39.2	7000	9000	0.4	—	NF 208	—	70	54.2	64.7	—	1.1	1.1	47	72	1	1
	80	18	51.5	54.0	7000	9000	0.394	N 208 E	—	NJ 208+HJ 208	71.5	54.2	—	5	1.1	1.1	47	72	1	1
	80	23	52.0	54.5	7000	9000	0.53	—	NF 2208	—	70	54.2	64.7	—	1.1	1.1	47	72	1	1
	80	23	67.5	70.8	7000	9000	0.507	N 2208 E	—	NJ 2208+HJ 2208	71.5	54.2	—	5	1.1	1.1	47	72	1	1
	90	23	48.8	51.2	6300	8000	0.7	—	NF 308	—	77.5	58.4	71.2	—	1.5	1.5	49	80	1.5	1.5
	90	23	76.8	80.5	6300	8000	0.68	N 308 E	—	NJ 308+HJ 308	80	57.7	—	7	1.5	1.5	49	80	1.5	1.5
	90	33	70.8	74.2	6300	8000	1.1	—	NF 2308	—	77.5	58.4	71.2	—	1.5	1.5	49	80	1.5	1.5
	90	33	105	110	6300	8000	0.974	N 2308 E	—	—	80	57.7	—	8	1.5	1.5	49	80	1.5	1.5
	110	27	90.5	94.8	5600	7000	1.25	N 408	—	NJ 408+HJ 408	92	64.8	83.3	—	2	2	50	—	2	2

续表

d	D	B	C_r	C_{0r}	脂	油	$W\approx$	N型	NF型	NH(NJ+HJ)型	E_w	d_2	D_2	B_1	r min	r_1 min	d_a min	D_a max	r_a max	r_b max
	基本尺寸/mm		基本额定载荷/kN		极限转速/(r/min)		质量/kg	轴承代号			其他尺寸/mm						安装尺寸/mm			
45	85	19	39.8	41.8	6300	8000	0.5	—	NF 209	NJ 209+HJ 209	75	59	69.7	5	1.1	1.1	52	77	1	1
	85	19	58.5	61.2	6300	8000	0.45	N 209 E	—	—	76.5	59.2	—	—	1.1	1.1	52	77	1	1
	85	23	54.8	57.5	6300	8000	0.59	—	—	NJ 2209+HJ 2209	75	59	69.7	5	1.1	1.1	52	—	1	1
	85	23	71.0	74.5	6300	8000	0.55	N 2209 E	—	—	76.5	59.2	79.3	7	1.1	1.1	52	77	1	1
	100	25	66.8	70.0	5600	7000	0.9	—	NF 309	NJ 309+HJ 309	86.5	64	—	—	1.5	1.5	54	89	1.5	1.5
	100	25	93.0	97.5	5600	7000	0.93	N 309 E	—	—	88.5	64.7	79.6	—	1.5	1.5	54	89	1.5	1.5
	100	36	91.5	95.8	5600	7000	1.5	—	NF 2309	—	86.5	64	—	—	1.5	1.5	54	89	1.5	1.5
	100	36	130	135	5600	7000	1.34	N 2309 E	—	—	88.5	64.7	—	—	1.5	1.5	54	89	1.5	1.5
	120	29	102	108	5000	6300	1.8	N 409	—	NJ 409+HJ 409	100.5	71.8	91.4	8	2	2	55	—	2	2
50	80	16	25.0	26.2	6300	8000	—	N 1010	—	—	72.5	—	—	—	1	0.6	55	—	1	0.6
	90	20	43.2	45.2	6000	7500	0.6	—	NF 210	NJ 210+HJ 210	80.4	64.6	75.1	5	1.1	1.1	57	83	1	1
	90	20	61.2	64.2	6000	7500	0.505	N 210 E	—	—	81.5	64.2	—	—	1.1	1.1	57	83	1	1
	90	23	57.2	60.0	6000	7500	0.65	—	—	NJ 2210+HJ 2210	80.4	64.6	75.1	5	1.1	1.1	57	—	1	1
	90	23	74.2	77.8	6000	7500	0.59	N 2210 E	—	—	81.5	64.2	—	—	1.1	1.1	57	83	1	1
	110	27	76.0	79.5	5300	6700	1.2	—	NF 310	NJ 310+HJ 310	95	71	87.3	8	2	2	60	98	2	2
	110	27	105	110	5300	6700	1.2	N 310 E	—	—	97	71.2	—	—	2	2	60	98	2	2
	110	40	112	117.2	5300	6700	1.85	—	NF 2310	—	95	71	87.3	—	2	2	60	98	2	2
	110	40	155	162	5300	6700	1.79	N 2310 E	—	—	97	71.2	—	—	2	2	60	98	2	2
	130	31	120	125	4800	6000	2.3	N 410	—	NJ 410+HJ 410	110.8	78.8	101	9	2.1	2.1	62	—	2.1	2.1
55	90	18	37.5	40.0	5600	7000	0.45	N 1011	—	—	80.5	—	—	—	1.1	1	61.5	—	1	1
	100	21	55.2	60.2	5300	6700	0.7	—	NF 211	NJ 211+HJ 211	88.5	70.8	82.7	6	1.5	1.1	64	91	1.5	1
	100	21	84.0	95.5	5300	6700	0.68	N 211 E	—	—	90.0	70.2	—	—	1.5	1.1	64	91	1.5	1
	100	25	74.2	87.5	5300	6700	0.86	—	—	NJ 2211+HJ 2211	88.5	70.8	82.7	6	1.5	1.1	64	—	1.5	1
	100	25	99.2	118	5300	6700	0.81	N 2211 E	—	—	90	70.9	—	—	1.5	1.1	64	91	1.5	1
	120	29	102	105	4800	6000	1.7	—	NF 311	NJ 311+HJ 311	104.5	77.2	95.8	9	2	2	65	107	2	2
	120	29	135	138	4800	6000	1.53	N 311 E	—	—	106.5	77.4	—	—	2	2	65	107	2	2
	120	43	135	148	4800	6000	2.4	—	NF 2311	NJ 2311+HJ 2311	104.5	77.2	95.8	9	2	2	65	107	2	2
	120	43	200	228	4800	6000	2.28	N 2311 E	—	—	106.5	77.4	—	—	2	2	65	107	2	2
	140	33	135	132	4300	5300	2.8	N 411	—	NJ 411+HJ 411	117.2	85.2	108	10	2.1	2.1	67	—	2.1	2.1

续表

基本尺寸/mm			基本额定载荷/kN		极限转速/(r/min)		质量/kg	轴承代号			其他尺寸/mm						安装尺寸/mm			
d	D	B	C_r	C_{0r}	脂	油	$W \approx$	N型	NF型	NH(NJ+HJ)型	E_w	d_2	D_2	B_1	r min	r_1 min	d_a min	D_a max	r_a max	r_b max
60	95	18	40.5	45.0	5300	6700	0.48	N 1012	—	—	85.5	72.9	—	—	1.1	1	66.5	—	1	1
	110	22	65.8	73.5	5000	6300	0.9	—	NF 212	NJ 212+HJ 212	97	—	—	6	1.5	1.5	69	100	1.5	1.5
	110	22	94.0	102	5000	5300	0.86	N 212 E	—	—	100	77.7	—	—	1.5	1.5	69	100	1.5	1.5
	110	28	95.5	118	5000	5300	1.25	—	—	NJ 2212+HJ 2212	97	—	—	6	1.5	1.5	69	—	1.5	1.5
	110	28	128	152	5000	6300	1.12	N 2212 E	—	—	100	77.7	—	—	1.5	1.5	69	100	1.5	1.5
	130	31	125	128	4500	5600	2	—	NF 312	NJ 312+HJ 312	113	84.2	104	9	2.1	2.1	72	116	2.1	2.1
	130	31	142	155	4500	5600	1.87	N 312 E	—	—	115	84.3	—	—	2.1	2.1	72	116	2.1	2.1
	130	46	162	195	4500	5600	2	—	NF 2312	NJ 2312+HJ 2312	113	84.2	104	9	2.1	2.1	72	116	2.1	2.1
	130	46	222	260	4500	5600	2.81	N 2312 E	—	—	115	84.3	—	—	2.1	2.1	72	116	2.1	2.1
	150	35	162	162	4000	5000	3.4	N 412	—	NJ 412+HJ 412	127	91.8	116	10	2.1	2.1	72	—	2.1	2.1
65	120	23	76.8	87.5	4500	5600	1.1	—	NF 213	NJ 213+HJ 213	105.5	84.8	98.9	6	1.5	1.5	74	108	1.5	1.5
	120	23	108	118	4500	5600	1.08	N 213 E	—	—	108.5	84.6	—	—	1.5	1.5	74	108	1.5	1.5
	120	31	112	145	4500	5600	—	—	—	NJ 2213+HJ 2213	105.5	84.8	98.6	6	1.5	1.5	74	—	1.5	1.5
	120	31	148	180	4500	5600	1.48	N 2213 E	—	—	108.5	84.6	—	—	1.5	1.5	74	108	1.5	1.5
	140	33	130	135	4000	5000	2.5	—	NF 313	NJ 313+HJ 313	121.5	91	112	10	2.1	2.1	77	125	2.1	2.1
	140	33	178	188	4000	5000	2.31	N 313 E	—	—	124.5	90.6	—	—	2.1	2.1	77	125	2.1	2.1
	140	48	182	210	4000	5000	4	—	NF 2313	NJ 2313+HJ 2313	121.5	91	112	10	2.1	2.1	77	125	2.1	2.1
	140	48	245	285	4000	5000	3.34	N 2313 E	—	—	124.5	90.6	—	—	2.1	2.1	77	125	2.1	2.1
	160	37	178	178	3800	4800	4	N 413	—	NJ 413+HJ 413	135.3	98.5	124	11	2.1	2.1	77	—	2.1	2.1
70	110	20	49.8	57.0	4800	6000	0.71	N 1014	—	—	100	84.5	—	—	1.1	1	76.5	—	1	1
	125	24	76.8	87.5	4300	5300	1.3	—	NF 214	NJ 214+HJ 214	110.5	89.6	104	7	1.5	1.5	79	114	1.5	1.5
	125	24	118	135	4300	5300	1.2	N 214 E	—	—	113.5	89.6	—	—	1.5	1.5	79	114	1.5	1.5
	125	31	112	145	4300	5300	1.7	—	—	NJ 2214+HJ 2214	110.5	89.6	104	7	1.5	1.5	79	—	1.5	1.5
	125	31	155	192	4300	5300	1.56	N 2214 E	—	—	113.5	89.6	—	—	1.5	1.5	79	114	1.5	1.5
	150	35	152	162	3800	4800	3.1	—	NF 314	NJ 314+HJ 314	130	98	120	10	2.1	2.1	82	134	2.1	2.1
	150	35	205	220	3800	4800	2.86	N 314 E	—	—	133	97.5	—	—	2.1	2.1	82	134	2.1	2.1
	150	51	222	260	3800	4800	4.4	—	NF 2314	NJ 2314+HJ 2314	130	98	120	10	2.1	2.1	82	134	2.1	2.1
	150	51	272	320	3800	4800	4.1	N 2314 E	—	—	133	97.5	—	—	2.1	2.1	82	134	2.1	2.1
	180	42	225	232	3400	4300	5.9	N 414	—	NJ 414+HJ 414	152	110	139	12	3	3	84	—	2.5	2.5

表9-72 单列圆锥滚子轴承（摘自 GB/T 297—2015）

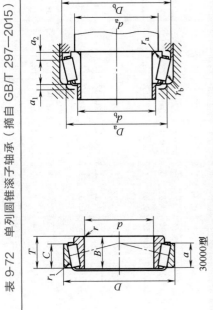

30000型

基本尺寸/mm					基本额定载荷/kN		极限转速/(r/min)		质量/kg	计算系数			轴承代号	其他尺寸/mm			安装尺寸/mm								
d	D	T	B	C	C_r	C_{0r}	脂	油	$W \approx$	e	Y	Y_0	30000型	$a \approx$	r min	r_1 min	d_a min	d_b max	D_a min	D_a max	D_b min	a_1 min	a_2 min	r_a max	r_b max
15	42	14.25	13	11	23.8	21.5	9000	12000	0.094	0.29	2.1	1.2	30302	9.6	1	1	21	22	36	36	38	2	3.5	1	1
17	40	13.25	12	11	21.8	21.8	9000	12000	0.079	0.35	1.7	1	30203	9.9	1	1	23	23	34	34	37	2	2.5	1	1
	47	15.25	14	12	29.5	27.2	8500	11000	0.129	0.29	2.1	1.2	30303	10.4	1	1	23	25	40	41	43	3	3.5	1	1
	47	20.25	19	16	36.8	36.2	8500	11000	0.173	0.29	2.1	1.2	32303	12.3	1	1	23	24	39	41	43	3	4.5	1	1
20	37	12	12	9	13.8	17.5	9500	13000	0.056	0.32	1.9	1	32904	8.2	0.3	0.3	—	—	—	—	—	—	—	0.3	0.3
	42	15	15	12	26.2	28.2	8500	11000	0.095	0.37	1.6	0.9	32004	10.3	0.6	0.6	25	25	36	37	39	3	3	0.6	0.6
	47	15.25	14	12	29.5	30.5	8000	10000	0.126	0.35	1.7	1	30204	11.2	1	1	26	27	40	41	43	2	3.5	1	1
	52	16.25	15	13	34.5	33.2	7500	9500	0.165	0.3	2	1.1	30304	11.1	1.5	1.5	27	28	44	45	48	3	3.5	1.5	1.5
	52	22.25	21	18	44.8	46.2	7500	9500	0.230	0.3	2	1.1	32304	13.6	1.5	1.5	27	26	43	45	48	3	4.5	1.5	1.5
22	40	12	12	9	15.8	20.0	8500	11000	0.065	0.32	1.9	1	329/22	8.5	0.3	0.3	—	—	—	—	—	—	—	0.3	0.3
	44	15	15	11.5	27.2	30.2	8000	10000	0.100	0.40	1.5	0.8	320/22	10.8	0.6	0.6	27	27	38	39	41	3	3.5	0.6	0.6
25	42	12	12	9	16.8	21.0	6300	10000	0.064	0.32	1.9	1	32905	8.7	0.3	0.3	—	—	—	—	—	—	—	0.3	0.3
	47	15	15	11.5	29.2	34.0	7500	9500	0.11	0.43	1.4	0.8	32005	11.6	0.6	0.6	30	30	40	42	44	3	3.5	0.6	0.6

续表

基本尺寸/mm					基本额定载荷/kN		极限转速/(r/min)		质量/kg	计算系数			轴承代号	其他尺寸/mm			安装尺寸/mm								
d	D	T	B	C	C_r	C_{0r}	脂	油	$W\approx$	e	Y	Y_0	30000型	$a\approx$	r min	r_1 min	d_a min	d_b max	D_a min	D_a max	D_b min	a_1 min	a_2 min	r_a max	r_b max
25	47	17	17	14	34.0	42.5	7500	9500	0.129	0.29	2.1	1.1	33005	11.1	0.6	0.6	30	30	40	42	45	3	3	0.6	0.6
	52	16.25	15	13	33.8	37.0	7000	9000	0.154	0.37	1.6	0.9	30205	12.5	1	1	31	31	44	46	48	2	3.5	1	1
	52	22	22	18	49.2	55.8	7000	9000	0.216	0.35	1.7	0.9	33205	14.0	1	1	31	30	43	46	49	4	4	1	1
	62	18.25	17	15	49.0	48.0	6300	8000	0.263	0.3	2	1.1	30305	13.0	1.5	1.5	32	34	54	55	58	3	3.5	1.5	1.5
	62	18.25	17	13	42.5	46.0	6300	8000	0.262	0.83	0.7	0.4	31305	20.1	1.5	1.5	32	31	47	55	59	3	5.5	1.5	1.5
	62	25.25	24	20	64.5	68.8	6300	8000	0.368	0.3	2	1.1	32305	15.9	1.5	1.5	32	32	52	55	58	3	5.5	1.5	1.5
28	45	12	12	9	17.5	22.8	7500	9500	0.069	0.32	1.9	1	329/28	9.0	0.3	0.3	—	—	—	—	—	—	—	0.3	0.3
	52	16	16	12	33.0	40.5	6700	8500	0.142	0.43	1.4	0.8	320/28	12.6	1	1	34	33	45	46	49	3	4	1	1
	58	24	24	19	60.8	68.2	6300	8000	0.286	0.34	1.8	1.0	332/28	15.0	1	1	34	33	49	52	55	4	5	1	1
30	47	12	12	9	17.8	23.2	7000	9000	0.072	0.32	1.9	1	32906	9.2	0.3	0.3	—	—	—	—	—	—	—	0.3	0.3
	55	17	16	14	29.2	35.5	6300	8000	0.16	0.26	2.3	1.3	32006 X2	12.0	1	1	36	35	48	49	52	3	5	—	—
	55	17	17	13	37.5	46.8	6300	8000	0.170	0.43	1.4	0.8	32006	13.3	1	1	36	35	48	49	52	3	4	1	1
	55	20	20	16	45.8	58.8	6300	8000	0.201	0.29	2.1	1.1	33006	12.8	1	1	36	37	53	56	58	3	4	1	1
	62	17.25	16	14	45.2	50.5	6000	7500	0.231	0.37	1.6	0.9	30206	13.8	1	1	36	36	52	56	58	3	3.5	1	1
	62	21.25	20	17	54.2	63.8	6000	7500	0.287	0.37	1.6	0.9	32206	15.6	1	1	36	36	52	56	58	2	4.5	1	1
	62	25	25	19.5	66.8	75.5	6000	7500	0.342	0.34	1.8	1	33206	15.7	1	1	36	36	53	56	59	3	5.5	1	1
	72	20.75	19	16	61.8	63.0	5600	7000	0.387	0.31	1.9	1.1	30306	15.3	1.5	1.5	37	40	62	65	66	5	5	1.5	1.5
	72	20.75	19	14	55.0	60.5	5600	7000	0.392	0.83	0.7	0.4	31306	23.1	1.5	1.5	37	37	55	65	68	3	7	1.5	1.5
	72	28.75	27	23	85.5	96.5	5600	7000	0.562	0.31	1.9	1.1	32306	18.9	1.5	1.5	37	38	59	65	66	4	6	1.5	1.5
32	52	14	14	10	25.0	32.5	6300	8000	0.106	0.32	1.9	1	329/32	10.2	0.6	0.6	37	37	46	47	49	3	4	0.6	0.6
	58	17	17	13	38.2	49.2	6000	7500	0.187	0.45	1.3	0.7	320/32	14.0	1	1	38	38	50	52	55	3	4	1	1
	65	26	26	20.5	72.0	82.2	5600	7000	0.385	0.35	1.7	1	332/32	16.6	1	1	38	38	55	59	62	5	5.5	1	1
45	80	26	26	20.5	91.2	118	4500	5600	0.535	0.38	1.6	1	33109	19.1	1.5	1.5	52	52	69	73	77	4	5.5	1.5	1.5
	85	20.75	19	16	71.0	83.5	4500	5600	0.474	0.4	1.5	0.8	30209	18.6	1.5	1.5	52	53	74	78	80	3	5	1.5	1.5
	85	24.75	23	19	84.5	105	4500	5600	0.573	0.4	1.5	0.8	32209	20.1	1.5	1.5	52	53	73	78	81	3	6	1.5	1.5

续表

d	D	基本尺寸/mm			基本额定载荷/kN		极限转速/(r/min)		质量/kg	计算系数			轴承代号	其他尺寸/mm			安装尺寸/mm								
		T	B	C	C_r	C_{0r}	脂	油	W ≈	e	Y	Y_0	30000 型	a ≈	r min	r_1 min	d_a min	d_b max	D_a min	D_a max	D_b min	a_1 min	a_2 min	r_a max	r_b max
50	85	32	32	25	115	145	4500	5600	0.771	0.39	1.5	0.9	33209	21.9	1.5	1.5	52	52	72	78	81	5	7	1.5	1.5
	100	27.25	25	22	113	130	4000	5000	0.984	0.35	1.7	1	30309	21.3	2	1.5	54	59	86	91	94	3	5.5	2	1.5
	100	27.25	25	18	100	115	4000	5000	0.944	0.83	0.7	0.4	31309	31.7	2	1.5	54	54	79	91	96	4	9.5	2.0	1.5
	100	38.25	36	30	152	188	4000	5000	1.40	0.35	1.7	1	32309	25.6	2	1.5	54	56	82	91	93	4	8.5	2.0	1.5
	72	15	14	12	23.2	32.8	5000	6300	0.7	0.35	1.7	0.9	32910 X2	15.0	0.6	0.6	—	—	—	—	—	3	5	0.6	0.6
	72	15	15	12	38.5	56.0	5000	6300	0.181	0.34	1.8	1	32910	13.0	0.6	0.6	55	55	64	67	69	3	3	0.6	0.6
	80	20	19	16	48.0	66.2	4500	5600	0.31	0.32	1.9	1	32010 X2	17.0	1	1	—	—	—	—	—	4	6	1	1
	80	20	20	15.5	64.0	89.0	4500	5600	0.366	0.42	1.4	0.8	32010	17.8	1	1	56	56	72	74	77	4	4.5	1	1
	80	24	24	19	80.5	110	4500	5600	0.433	0.32	1.9	1	33010	17.0	1	1	56	56	72	74	76	4	5	1	1
	85	26	26	20	93.5	125	4300	5300	0.572	0.41	1.5	0.8	33110	20.4	1.5	1.5	57	56	74	78	82	4	6	1.5	1.5
	90	21.75	20	17	76.8	92.0	4300	5300	0.529	0.42	1.4	0.8	30210	20.0	1.5	1.5	57	58	79	83	86	3	5	1.5	1.5
	90	24.75	23	19	86.8	108	4300	5300	0.626	0.42	1.4	0.8	32210	21.0	1.5	1.5	57	57	78	83	86	3	6	1.5	1.5
	90	32	32	24.5	118	155	4300	5300	0.825	0.41	1.5	0.8	33210	23.2	2	2	57	57	77	83	87	5	7.5	1.5	1.5
	110	29.25	27	23	135	158	3800	4800	1.28	0.35	1.7	1	30310	23.0	2.5	2	60	65	95	100	103	4	6.5	2	2
	110	29.25	27	19	113	128	3800	4800	1.21	0.83	0.7	0.4	31310	34.8	2.5	2	60	58	87	100	105	4	10.5	2	2
	110	42.25	40	33	185	235	3800	4800	1.89	0.35	1.7	1	32310	28.2	2.5	2	60	61	90	100	102	5	9.5	2	2
55	80	17	17	14	43.5	66.8	4800	6000	0.262	0.31	1.9	1.1	32911	14.3	1	1	61	60	71	74	77	3	3	1	1
	90	23	22	19	66.8	93.2	4000	5000	0.53	0.31	1.9	1.1	32011 X2	19.0	1.5	1.5	—	—	—	—	—	4	6	1.5	1.5
	90	23	23	17.5	84.0	118	4000	5000	0.551	0.41	1.5	0.8	32011	19.8	1.5	1.5	62	63	81	83	86	4	5.5	1.5	1.5
	90	27	27	21	99.2	145	4000	5000	0.651	0.31	1.9	1.1	33011	19.0	1.5	1.5	62	63	81	83	86	5	6	1.5	1.5
	95	30	30	23	120	165	3800	4800	0.843	0.37	1.6	0.9	33111	21.9	1.5	1.5	62	62	83	88	91	5	7	1.5	1.5
	100	22.75	21	18	95.2	115	3800	4800	0.713	0.4	1.5	0.8	30211	21.0	2	2	64	64	88	91	95	4	5	2	1.5
	100	26.75	25	21	112	142	3800	4800	0.853	0.4	1.5	0.8	32211	22.8	2	1.5	64	62	87	91	96	4	6	2	1.5
	100	35	35	27	148	198	3800	4800	1.15	0.4	1.5	0.8	33211	25.1	2	1.5	64	62	85	91	96	6	8	2	1.5
	120	31.5	29	25	160	188	3400	4300	1.63	0.35	1.7	1	30311	24.9	2.5	2	65	70	104	110	112	4	6.5	2.5	2

表 9-73　单向推力球轴承（GB/T 301—2015）

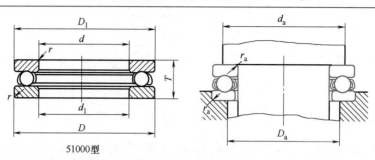

51000型

基本尺寸 /mm			基本额定载荷 /kN		最小载荷常数	极限转速 /(r/min)		质量 /kg	轴承代号	其他尺寸 /mm			安装尺寸 /mm		
d	D	T	C_a	C_{0a}	A	脂	油	$W \approx$	51000 型	d_1 min	D_1 max	r min	d_a min	D_a max	r_a max
10	24	9	10.0	14.0	0.001	6300	9000	0.019	51100	11	24	0.3	18	16	0.3
	26	11	12.5	17.0	0.002	6000	8000	0.028	51200	12	26	0.6	20	16	0.6
12	26	9	10.2	15.2	0.001	6000	8500	0.021	51101	13	26	0.3	20	18	0.3
	28	11	13.2	19.0	0.002	5300	7500	0.031	51201	14	28	0.6	22	18	0.6
15	28	9	10.5	16.8	0.002	5600	8000	0.022	51102	16	28	0.3	23	20	0.3
	32	12	16.5	24.8	0.003	4800	6700	0.041	51202	17	32	0.6	25	22	0.6
17	30	9	10.8	18.2	0.002	5300	7500	0.024	51103	18	30	0.3	25	22	0.3
	35	12	17.0	27.2	0.004	4500	6300	0.048	51203	19	35	0.6	28	24	0.6
20	35	10	14.2	24.5	0.004	4800	6700	0.036	51104	21	35	0.3	29	26	0.3
	40	14	22.2	37.5	0.007	3800	5300	0.075	51204	22	40	0.6	32	28	0.6
	47	18	35.0	55.8	0.016	3600	4500	0.15	51304	22	47	1	36	31	1
25	42	11	15.2	30.2	0.005	4300	6000	0.055	51105	26	42	0.6	35	32	0.6
	47	15	27.8	50.5	0.013	3400	4800	0.11	51205	27	47	0.6	38	34	0.6
	52	18	35.5	61.5	0.021	3000	4300	0.17	51305	27	52	1	41	36	1
	60	24	55.5	89.2	0.044	2200	3400	0.31	51405	27	60	1	46	39	1
30	47	11	16.0	34.2	0.007	4000	5600	0.062	51106	32	47	0.6	40	37	0.6
	52	16	28.0	54.2	0.016	3200	4500	0.13	51206	32	52	0.6	43	39	0.6
	60	21	42.8	78.5	0.033	2400	3600	0.26	51306	32	60	1	48	42	1
	70	28	72.5	125	0.082	1900	3000	0.51	51406	32	70	1	54	46	1
35	52	12	18.2	41.5	0.010	3800	5300	0.077	51107	37	52	0.6	45	42	0.6
	62	18	39.2	78.2	0.033	2800	4000	0.21	51207	37	62	1	51	46	1
	68	24	55.2	105	0.059	2000	3200	0.37	51307	37	68	1	55	48	1
	80	32	86.8	155	0.13	1700	2600	0.76	51407	37	80	1.1	62	53	1
40	60	13	26.8	62.8	0.021	3400	4800	0.11	51108	42	60	0.6	52	48	0.6
	68	19	47.0	98.2	0.050	2400	3600	0.26	51208	42	68	1	57	51	1
	78	26	69.2	135	0.096	1900	3000	0.53	51308	42	78	1	63	55	1
	90	36	112	205	0.22	1500	2200	1.06	51408	42	90	1.1	70	60	1
45	65	14	27.0	66.0	0.024	3200	4500	0.14	51109	47	65	0.6	57	53	0.6
	73	20	47.8	105	0.059	2200	3400	0.30	51209	47	73	1	62	56	1
	85	28	75.8	150	0.13	1700	2600	0.66	51309	47	85	1	69	61	1
	100	39	140	262	0.36	1400	2000	1.41	51409	47	100	1.1	78	67	1
50	70	14	27.2	69.2	0.027	3000	4300	0.15	51110	52	70	0.6	62	58	0.6
	78	22	48.5	112	0.068	2000	3200	0.37	51210	52	78	1	67	61	1
	95	31	96.5	202	0.21	1600	2400	0.92	51310	52	95	1.1	77	68	1
	110	43	160	302	0.50	1300	1900	1.86	51410	52	110	1.5	86	74	1.5

续表

基本尺寸/mm			基本额定载荷/kN		最小载荷常数	极限转速/(r/min)		质量/kg	轴承代号	其他尺寸/mm			安装尺寸/mm		
d	D	T	C_a	C_{0a}	A	脂	油	W ≈	51000型	d_1 min	D_1 max	r min	d_a min	D_a max	r_a max
55	78	16	33.8	89.2	0.043	2800	4000	0.22	51111	57	78	0.6	69	64	0.6
	90	25	67.5	158	0.13	1900	3000	0.58	51211	57	90	1	76	69	1
	105	35	115	242	0.31	1500	2200	1.28	51311	57	105	1.1	85	75	1
	120	48	182	355	0.68	1100	1700	2.51	51411	57	120	1.5	94	81	1.5
60	85	17	40.2	108	0.063	2600	3800	0.27	51112	62	85	1	75	70	1
	95	26	73.5	178	0.16	1800	2800	0.66	51212	62	95	1	81	74	1
	110	35	118	262	0.35	1400	2000	1.37	51312	62	110	1.1	90	80	1
	130	51	200	395	0.88	1000	1600	3.08	51412	62	130	1.5	102	88	1.5
65	90	18	40.5	112	0.07	2400	3600	0.31	51113	67	90	1	80	75	1
	100	27	74.8	188	0.18	1700	2600	0.72	51213	67	100	1	86	79	1
	115	36	115	262	0.38	1300	1900	1.48	51313	67	115	1.1	95	85	1
	140	56	215	448	1.14	900	1400	3.91	51413	68	140	2	110	95	2
70	95	18	40.8	115	0.078	2200	3400	0.33	51114	72	95	1	85	80	1
	105	27	73.5	188	0.19	1600	2400	0.75	51214	72	105	1	91	84	1
	125	40	148	340	0.60	1200	1800	1.98	51314	72	125	1.1	103	92	1
	150	60	255	560	1.71	850	1300	4.85	51414	73	150	2	118	102	2
75	100	19	48.2	140	0.11	2000	3200	0.38	51115	77	100	1	90	85	1
	110	27	74.8	198	0.21	1500	2200	0.82	51215	77	110	1	96	89	1
	135	44	162	380	0.77	1100	1700	2.58	51315	77	135	1.5	111	99	1.5
	160	65	268	615	2.00	800	1200	6.08	51415	78	160	2	125	110	2
80	105	19	48.5	145	0.12	1900	3000	0.40	51116	82	105	1	95	90	1
	115	28	83.8	222	0.27	1400	2000	0.90	51216	82	115	1	101	94	1
	140	44	160	380	0.81	1000	1600	2.69	51316	82	140	1.5	116	104	1.5
	170	68	292	692	2.55	750	1100	7.12	51416	83	170	2.1	133	117	2.1
85	110	19	49.2	150	0.13	1800	2800	0.42	51117	87	110	1	100	95	1
	125	31	102	280	0.41	1300	1900	1.21	51217	88	125	1	109	101	1
	150	49	208	495	1.28	950	1500	3.47	51317	88	150	1.5	124	111	1.5
	180	72	318	782	3.24	700	1000	8.28	51417	88	177	2.1	141	124	2.1

9.5　联轴器

9.5.1　联轴器轴孔、连接型式及代号

表 9-74　联轴器轴孔型式与代号（摘自 GB/T 3852—2017）

名称	型式及代号	图示	备注
圆柱形轴孔	Y		适用于长，短系列 推荐选用短系列

名称	型式及代号	图示	备注
有沉孔的短圆柱形轴孔	J	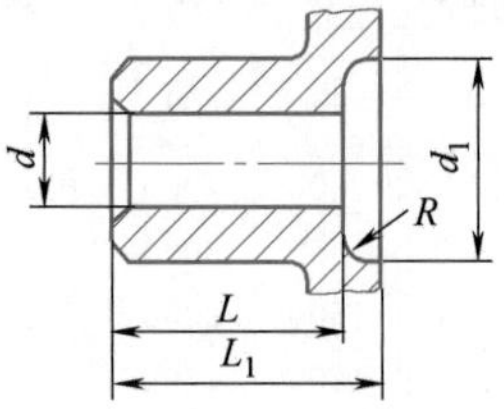	推荐选用
有沉孔的圆锥形轴孔	Z	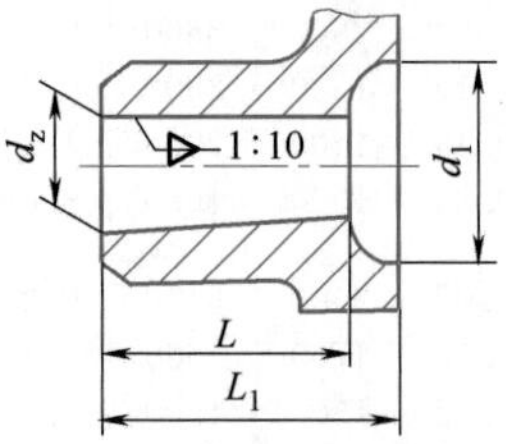	适用于长,短系列
圆锥形轴孔	Z_1	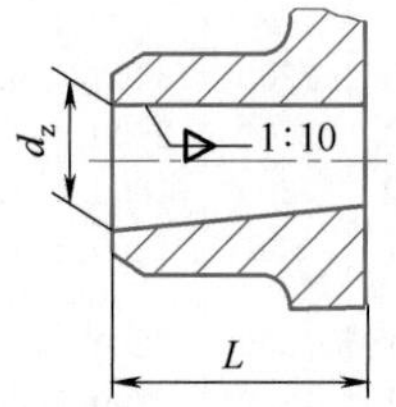	适用于长,短系列

表 9-75　连接型式及代号（摘自 GB/T 3852—2017）

名称	型式及代号	图示
平键单键槽	A 型	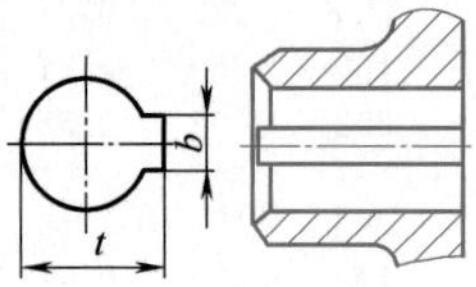
120°布置平键双键槽	B 型	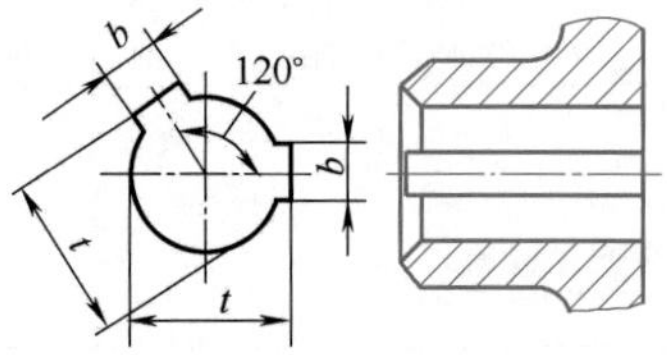
180°布置平键双键槽	B_1 型	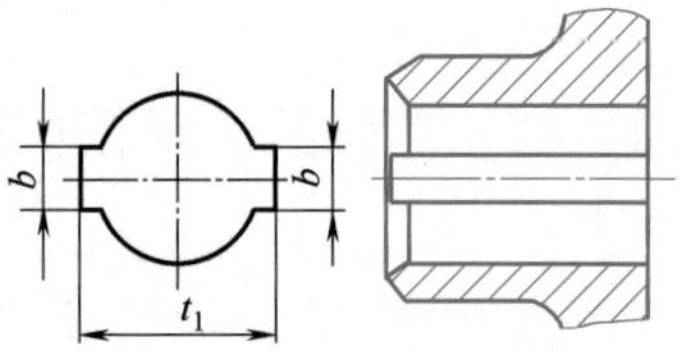
圆锥形轴孔平键单键槽	C 型	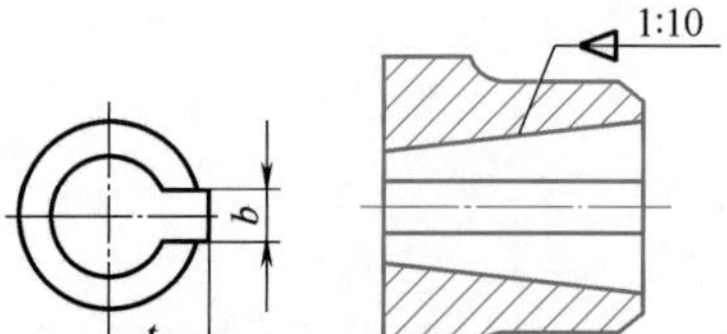

名称	型式及代号	图示
圆柱形轴孔 普通切向键键槽	D 型	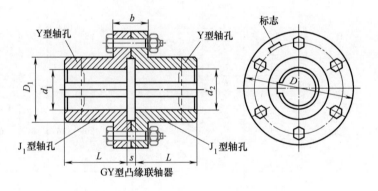

9.5.2　圆柱形轴孔与轴伸的配合

表 9-76　圆柱形轴孔与轴伸的配合（摘自 GB/T 3852—2017）

直径 d/mm	配合代号	
＞6～30	H7/j6	
＞30～50	H7/k6	根据使用要求，也可采用 H7/n6、H7/p6 和 H7/r6
＞50	H7/m6	

9.5.3　常用的联轴器

表 9-77　凸缘联轴器（摘自 GB/T 5843—2003）　　　　　　　　mm

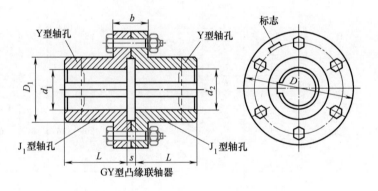

GY型凸缘联轴器

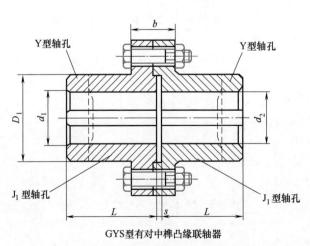

GYS型有对中榫凸缘联轴器

标记示例1：
GY5 凸缘联轴器
主动端：Y 型轴孔、A 型键槽，$d=30$，$L=82$；
从动端：J_1 型轴孔、A 型键槽，$d=30$，$L=60$。标记为：
GY5 联轴器 $\dfrac{30 \times 82}{J_1 \, 30 \times 60}$ GB/T 5843—2003

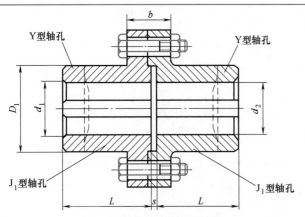

标记示例2：
GYS4 凸缘联轴器
主动端：J_1 型轴孔，A 型键槽
$d=30\text{mm},L=60\text{mm}$
从动端：J_1 型轴孔，B 型键槽
$d=35\text{mm},L=60\text{mm}$
标记为：
GYS4 联轴器 $\dfrac{J_1 30\times 60}{J_1 B35\times 60}$ GB/T 5843—2003

GYS型有对中榫凸缘联轴器

型号	公称转矩 T_n /(N·m)	许用转速 $[n]$ /(r/min)	轴孔直径 d_1、d_2	轴孔长度 L Y 型	轴孔长度 L J_1 型	D	D_1	b	b_1	S	转动惯量 I/(kg·m²)	质量 m/kg
GY1 GYS1 GYH1	25	12000	12	32	27	80	30	26	42	6	0.0008	1.16
			14	32	27							
			16									
			18	42	30							
			19									
GY2 GYS2 GYH2	63	10000	16	42	30	90	40	28	44	5	0.0015	1.72
			18	42	30							
			19									
			20									
			22	52	38							
			24									
			25	62	44							
GY3 GYS3 GYH3	112	9500	20	52	38	100	45	30	46	6	0.0025	2.38
			22	52	38							
			24									
			25	62	44							
			28									
GY4 GYS4 GYH4	224	9000	25	62	44	105	55	32	48	6	0.003	3.15
			28	62	44							
			30									
			32	82	60							
			35									
GY5 GYS5 GYH5	400	8000	30	82	60	120	68	36	52	8	0.007	5.43
			32	82	60							
			35									
			38									
			40	112	84							
			42									
GY6 GYS6 GYH6	900	6800	38	82	60	140	80	40	56	8	0.015	7.59
			40	112	84							
			42									
			45	112	84							
			48									
			50									

续表

型号	公称转矩 T_n /(N·m)	许用转速 $[n]$ /(r/min)	轴孔直径 d_1、d_2	轴孔长度 L Y型	J₁型	D	D_1	b	b_1	S	转动惯量 I/(kg·m²)	质量 m/kg
GY7 GYS7 GYH7	1600	6000	48 50 55 56	112	84	160	100	40	56	8	0.031	13.1
			60 63	142	107							
GY8 GYS8 GYH8	3150	4800	60 63 65 70 71 75	142	107	200	130	50	68	10	0.103	27.5
			80	172	132							
GY9 GYS9 GYH9	6300	3600	75	142	107	260	160	66	84	10	0.319	47.8
			80 85 90 95	172	132							
			100	212	167							
GY10 GYS10 GYH10	10000	3200	90 95	172	132	300	200	72	90	10	0.720	82.0
			100 110 120 125	212	167							
GY11 GYS11 GYH11	25000	2500	120 125	212	167	380	260	80	98	10	2.278	162.2
			130 140 150	252	202							
			160	302	242							
GY12 GYS12 GYH12	50000	2000	150	252	202	460	320	92	112	12	5.923	285.6
			160 170 180	302	242							
			190 200	352	282							
GY13 GYS13 GYH13	100000	1600	190 200 220	352	282	590	400	110	130	12	19.978	611.9
			240 250	410	330							

表 9-78　弹性套柱销联轴器（摘自 GB/T 4323—2017）

LT(基本)型弹性套柱销联轴器基本参数和主要尺寸

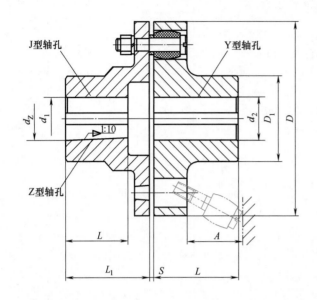

标记示例 1：
LT6 弹性套柱销联轴器
主动端：Y 型轴孔，A 型键槽，$d_1=38mm$，$L=$82mm；从动端：Y 型轴孔，A 型键槽，$d_2=38mm$，$L=82mm$。标记为：
LT6 联轴器 38×82 GB/T 4323—2017
标记示例 2：
LT8 弹性套柱销联轴器
主动端：Z 型轴孔，C 型键槽，$d_Z=50mm$，$L=$84mm；从动端：Y 型轴孔，A 型键槽，$d_1=60mm$，$L=142mm$。标记为：
LT8 联轴器 $\dfrac{ZC50\times84}{60\times142}$ GB/T 4323—2017

型号	公称转矩 T_n /(N·m)	许用转速 $[n]$ /(r/min)	轴孔直径 d_1,d_2,d_Z /mm	轴孔长度			D /mm	D_1 /mm	S /mm	A /mm	转动惯量 /(kg·m²)	质量 /kg
				Y 型 L	J、Z 型 L_1	L						
					/mm							
LT1	16	8800	10,11	22	25	22	71	22	3	18	0.0004	0.7
			12,14	27	32	27						
LT2	25	7600	12,14	27	32	27	80	30	3	18	0.001	1.0
			16,18,19	30	42	30						
LT3	63	6300	16,18,19	30	42	30	95	35	4	35	0.002	2.2
			20,22	38	52	38						
LT4	100	5700	20,22,24	38	52	38	106	42	4	35	0.004	3.2
			25,28	44	62	44						
LT5	224	4600	25,28	44	62	44	130	56	5	45	0.011	5.5
			30,32,35	60	82	60						
LT6	355	3800	32,35,38	60	82	60	160	71	5	45	0.026	9.6
			40,42	84	112	84						
LT7	560	3600	40,42,45,48	84	112	84	190	80	5	45	0.06	15.7
LT8	1120	3000	40,42,45,48,50,55	84	112	84	224	95	6	65	0.13	24.0
			60,63,65	107	142	107						
LT9	1600	2850	50,55	84	112	84	250	110	6	65	0.20	31.0
			60,63,65,70	107	142	107						
LT10	3150	2300	63,65,70,75	107	142	107	315	150	8	80	0.64	60.2
			80,85,90,95	132	172	132						
LT11	6300	1800	80,85,90,95	132	172	132	400	190	10	100	2.06	114
			100,110	167	212	167						
LT12	12500	1450	100,110,120,125	167	212	167	475	220	12	130	5.00	212
			130	202	252	202						
LT13	22400	1150	120,125	167	212	167	600	280	14	180	16.0	416
			130,140,150	202	252	202						
			160,170	242	302	242						

续表

LTZ(带制动轮)型弹性套柱销联轴器基本参数和主要尺寸

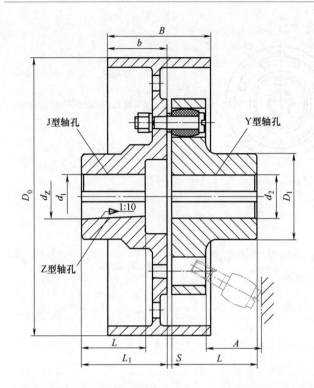

标记示例 3：

LTZ5 联轴器

半联轴器端：J 型轴孔，A 型键槽，$d_1 = 55\text{mm}$，

$L = 84\text{mm}$；

带制动轮端：Y 型轴孔，A 型键槽，$d_2 = 60\text{mm}$，

$L = 142\text{mm}$；

标记为：

LTZ5 联轴器 $\dfrac{\text{J}55 \times 84}{60 \times 142}$ GB/T 4323—2017

型号	公称转矩 T_n /(N·m)	许用转速[n] /(r/min)	轴孔直径 d_1、d_2、d_z /mm	轴孔长度			D_0 /mm	D_1 /mm	B /mm	b /mm	S /mm	A /mm	转动惯量 /(kg·m²)	质量 /kg
				Y 型	J、Z 型									
				L	L_1	L								
				/mm										
LTZ1	224	3800	25,28	44	62	44	200	56	85	40	5	45	0.05	8.3
			30,32,35	60	82	60								
LTZ2	355	3000	32,35,38	60	82	60	250	71	105	50	5	45	0.15	15.3
			40,42	84	112	84								
LTZ3	560	2400	40,42,45,48	84	112	84	315	80	135	65	5	45	0.45	30.3
LTZ4	1120	2400	45,48,50,55	84	112	84	315	95	135	65	6	65	0.50	40.0
			60,63	107	142	107								
LTZ5	1600	2400	50,55	84	112	84	315	110	135	65	6	65	1.26	47.3
			60,63,65,70	107	142	107								
LTZ6	3150	1900	63,65,70,75	107	142	107	400	150	170	81	8	80	1.63	93.0
			80,85,90,95	132	172	132								
LTZ7	6300	1500	80,85,90,95	132	172	132	500	190	210	100	10	100	4.04	172
			100,110	167	212	167								
LTZ8	12500	1200	100,110,120,125	167	212	167	630	220	265	127	12	130	15.0	304
			130	202	252	202								
LTZ9	22400	1000	120,125	167	212	167	710	280	300	143	14	180	33.0	577
			130,140,150	202	252	202								
			160,170	242	302	242								

注：1. 转动惯量和质量是按 Y 型最大轴孔长度、最小轴径直径计算的数值。

2. 轴孔型式组合为：Y/Y、J/Y、Z/Y。

表 9-79　弹性柱销联轴器（摘自 GB/T 5014—2017）

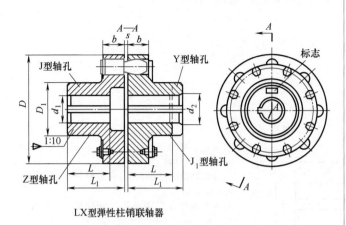

LX型弹性柱销联轴器

标记示例：

LX3 弹性柱销联轴器

主动端：J_1 型轴孔，A 型键槽，$d = 30\text{mm}$，$L = 60\text{mm}$；

从动端：J_1 型轴孔，B 型键槽，$d = 35\text{mm}$，$L = 60\text{mm}$；

标记为：

LX3 联轴器 $\dfrac{J_1 30 \times 60}{J_1 B35 \times 60}$　GB/T 5014—2017

型号	公称转矩 T_n/(N·m)	许用转速 $[n]$/(r/min)	轴孔直径 d_1、d_2、d_Z /mm	轴孔长度/mm Y型 L	轴孔长度/mm J、J_1、Z型 L_1	轴孔长度/mm J、J_1、Z型 L	D /mm	D_1 /mm	b /mm	s /mm	质量 m /kg	转动惯量 I/ (kg·m²)	许用补偿量 径向 ΔY /mm	许用补偿量 轴向 ΔY /mm	许用补偿量 角向 $\Delta \alpha$
LX1	250	8500	12、14	32	27	—	90	40	20	2.5	2	0.002		±0.5	
			16、18、19	42	30	42									
			20、22、24	52	38	52									
LX2	560	6300	20、22、24	52	38	52	120	55	28	2.5	5	0.009		±1	
			25、28	62	44	62									
			30、32、35	82	60	82									
LX3	1250	4750	30、32、35、38	82	60	82	160	75	36	2.5	8	0.026	0.15	±1	
			40、42、45、48	112	84	112									
LX4	2500	3870	40、42、45、48、50、55、56	112	84	112	195	100	45	3	22	0.109		±1.5	
			60、63	142	107	142									
LX5	3150	3450	50、55、56	112	84	112	220	120	45	3	30	0.191			≤ 0°30′
			60、63、65、70、71、75	142	107	142									
LX6	6300	2720	60、63、65、70、71、75	142	107	142	280	140	56	4	53	0.543			
			80、85	172	132	172									
LX7	11200	2360	70、71、75	142	107	142	320	170	56	4	98	1.314			
			80、85、90、95	172	132	172							0.2	±2	
			100、110	212	167	212									
LX8	16000	2120	82、85、90、95	172	132	172	360	200	56	5	119	2.023			
			100、110、120、125	212	167	212									
LX9	22400	1850	100、110、120、125	212	167	212	410	230	63	5	197	4.386			
			130、140	252	202	252									

注：质量、转动惯量是按 J/Y 轴孔组合型式和最小轴孔直径计算的。

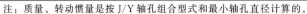

表 9-80　滑块联轴器（摘自 JB/ZQ 4384—2006)

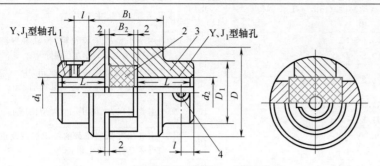

1,3—半联轴器；2—滑块；4—紧定螺钉

标记示例：
WH6 联轴器
主动端：
Y 型轴孔、A 型键槽，
$d_1 = 45\text{mm}$，$L = 112\text{mm}$
从动端：
J_1 型轴孔、A 型键槽，
$d_2 = 42\text{mm}$，$L = 84\text{mm}$
标记为：
WH6 联轴器 $\dfrac{45 \times 112}{J_1\, 42 \times 84}$
JB/ZQ 4384—2006

型号	公称转矩 T_n /(N·m)	许用转速 $[n]$ /(r/min)	轴孔直径 d_1、d_2	轴孔长度 L		D	D_1	D_2	B_1	B_2	转动惯量 /(kg·m²)	质量 /kg
				Y	J_1							
			mm									
WH1	16	10000	10,11 12,14	25 32	22 27	40	30	52	13	5	0.0007	0.6
WH2	31.5	8200	12,14 16,(17),18	32 42	27 30	50	32	56	18	5	0.0038	1.5
WH3	63	7000	(17),18,19 20,22	42 52	30 38	70	40	60	18	5	0.0063	1.8
WH4	160	5700	20,22,24 25,28	52 62	38 44	80	50	64	18	8	0.013	2.5
WH5	280	4700	25,28 30,32,35	62 82	44 60	100	70	75	23	10	0.045	5.8
WH6	500	3800	30,32,35,38 40,42,45	82 112	60 84	120	80	90	33	15	0.12	9.5
WH7	900	3200	40,42,45,48 50,55	112	84	150	100	120	38	25	0.43	25
WH8	1800	2400	50,55 60,63,65,70	112 142	84 107	190	120	150	48	25	1.98	55
WH9	3550	1800	65,70,75 80,85	142 172	107 132	250	150	180	58	25	4.9	85
WH10	5000	1500	80,85,90,95 100	172 212	132 167	330	190	180	58	40	7.5	120

注：1. 表中联轴器质量和转动惯量是按最小轴孔直径和最大长度计算的近似值。
2. 括号内的数值尽量不选用。
3. 工作环境温度 $-20 \sim +70℃$。

9.6　润滑与密封

9.6.1　常用润滑剂

表 9-81　常用润滑油的主要性能和用途

名称	代号	运动黏度/(mm²/s)		倾点/℃ ≤	闪点(开口)/℃≥	主要用途
		40/℃	100/℃			
全损耗系统用油 (GB/T 443—1989)	L-AN5	4.14~5.06			80	用于各种高速轻载机械轴承的润滑和冷却（循环式或油箱式），如转速在 10000r/min 以上的精密机械、机床及纺织纱锭的润滑和冷却
	L-AN7	6.12~7.48	—	-5	110	
	L-AN10	9.00~11.0			130	

名称	代号	运动黏度/(mm²/s)		倾点/℃ ≤	闪点(开口)/℃ ≥	主要用途
		40/℃	100/℃			
全损耗系统用油 (GB/T 443—1989)	L-AN15	13.5～16.5		−5	150	用于小型机床齿轮箱、传动装置轴承,中小型电机,风动工具等
	L-AN22	19.8～24.2				
	L-AN32	28.8～35.2				用于一般机床齿轮变速箱,中小型机床导轨及100kW以上电机轴承
	L-AN46	41.4～50.6			160	主要用在大型机床上、大型刨床上
	L-AN68	61.2～74.8				
	L-AN100	90.0～110			180	主要用在低速重载的纺织机械及重型机床、锻压、铸工设备上
	L-AN150	135～165				
工业闭式齿轮油 (GB 5903—2011)	L-CKC68	61.2～74.8		−12	180	适用于煤炭、水泥、冶金工业部门大型封闭式齿轮传动装置的润滑
	L-CKC100	90.0～110			200	
	L-CKC150	135～165		−9		
	L-CKC220	198～242				
	L-CKC320	288～352				
	L-CKC460	414～506				
	L-CKC680	612～748		−5		
液压油 (GB 11118.1—2011)	L-HL15	13.5～16.5		−12	140	适用于机床和其他设备的低压齿轮泵,也可以用于使用其他抗氧防锈型润滑油的机械设备(如轴承和齿轮等)
	L-HL22	19.8～24.2		−9	165	
	L-HL32	28.8～35.2			175	
	L-HL46	41.4～50.6		−6	185	
	L-HL68	61.2～74.8			195	
	L-HL100	90.0～110			205	
涡轮机油 (GB 11120—2011)	L-TSA32	28.8～35.2		−6	186	适用于电力、工业、船舶及其他工业汽轮机组、水轮机组的润滑
	L-TSA46	41.4～50.6				
	L-TSA68	61.2～74.8			195	
L-CKE/P蜗轮蜗杆油 (一级品) (SH/T 0094—1991)	220	198～242		−12		用于铜-钢配对的圆柱型、承受重负荷、传动中有振动和冲击的蜗轮蜗杆副
	320	288～352				
	460	414～506				
	680	612～748				
	1000	900～1100				

表 9-82　常用润滑脂的主要性能和用途

名称	代号	滴点/℃ (不低于)	工作锥入度 (25℃,150g)× (1/10)/mm	主要用途
钙基润滑脂 (GB/T 491—2008)	1号	80	310～340	有耐水性能。用于工作温度低于55～60℃的各种工农业、交通运输机械设备的轴承润滑,特别是有水或潮湿的场合
	2号	85	265～295	
	3号	90	220～250	
	4号	95	175～205	
钠基润滑脂 (GB/T 492—1989)	2号	160	265～295	不耐水或不耐潮湿。用于工作温度在−10～+110℃的一般中负荷机械设备轴承润滑
	3号		220～250	
通用锂基润滑脂 (GB/T 7324—2010)	1号	170	310～340	有良好的耐水性和耐热性。适用于温度在−20～+120℃范围内各种机械的滚动轴承、滑动轴承及其他摩擦部位的润滑
	2号	175	265～295	
	3号	180	220～250	
钙钠基润滑脂 (SH/T 0368—1992)	2号	120	250～290	用于工作温度在80～100℃、有水分或较潮湿环境中工作的机械润滑,多用于铁路机车、列车、小电动机、发电机滚动轴承(温度较高者)的润滑。不适于低温工作
	3号	135	200～240	
石墨钙基润滑脂 (SH/T 0369—1992)	ZG-S	80	—	人字齿轮,起重机、挖掘机的底盘齿轮,矿山机械、绞车钢丝绳等高负荷、高压力、低速度的粗糙机械润滑及一般开式齿轮润滑。能耐潮湿

续表

名称	代号	滴点/℃ (不低于)	工作锥入度 (25℃,150g)× (1/10)/mm	主要用途
7407 号齿轮润滑脂 (SH/T 0469—1994)		160	75～90	适用于各种低速,中、重载荷齿轮、链和联轴器 等的润滑,使用温度≤120℃,可承受冲击载荷
高温润滑脂 (DB13/T 1491—2011)	00#	265	400～430	适用于高温下各种滚动轴承的润滑,也可用于 一般滑动轴承和齿轮的润滑。使用温度为－40～ ＋200℃
	0#	275	355～385	
	1#	300	310～340	
	2#	320	269～295	

9.6.2 油杯

表 9-83 直通式压注油杯（摘自 JB/T 7940.1—1995）　mm

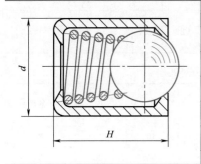

d	H	h	h_1	S	钢球（按 GB/T 308.1—2013）
M6	13	8	6	8	
M8×1	16	9	6.5	10	3
M10×1	18	10	7	11	

标记示例:

连接螺纹 M10×1、直通式压注油杯的标记为:油杯 M10×1 JB/T 7940.1—1995

表 9-84 压配式压注油杯（摘自 JB/T 7940.4—1995）　mm

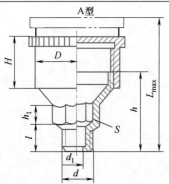

基本尺寸	极限偏差	H	钢球 （按 GB/T 308.1—2013）
6	＋0.040 ＋0.028	6	4
8	＋0.049 ＋0.034	10	5
10	＋0.058 ＋0.040	12	6
16	＋0.063 ＋0.045	20	11
25	＋0.085 ＋0.064	30	13

标记示例:油杯 6 JB/T 7940.4—1995(d=6mm,压配式压注油杯)

表 9-85 旋盖式压注油杯（摘自 JB/T 7940.3—1995）　mm

最小容量/cm³	d	l	H	h	h_1	d_1	A 型	B 型	L_{max}	基本尺寸	极限偏差
1.5	M8×1	8	14	22	7	3	16	18	33	10	0 －0.22
3	M10×1		15	23	8	4	20	22	35	13	0 －0.27
6			17	26			26	28	40		
12	M14× 1.5	12	20	30	10	5	32	34	47	18	
18			22	32			36	40	50		
25			24	34			41	44	55		
50	M16× 1.5		30	44			51	54	70	21	0 －0.33
100			38	52			68	68	85		
200	M24× 1.5	16	48	64	16	6	—	86	105	30	—

标记示例:油杯 A 25 JB/T 7940.3—1995(最小容量 25cm³,A 型旋盖式油杯)

注:B 型油杯除尺寸 D 和滚花部分尺寸稍有不同外,其余尺寸与 A 型相同。

9.6.3 油标

表 9-86 压配式圆形油标（摘自 JB/T 7941.1—1995） mm

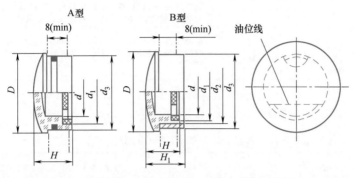

标记示例：
视孔 $d=32$、A 型压配式
圆形油标的标记：
油标 A32 JB/T 7941.1—1995

d	D	d_1 基本尺寸	d_1 极限偏差	d_2 基本尺寸	d_2 极限偏差	d_3 基本尺寸	d_3 极限偏差	H	H_1	O 型橡胶密封圈（按 GB/T 3452.1）
12	22	12	-0.050 -0.160	17	-0.050 -0.160	20	-0.065 -0.195	14	16	15×2.65
16	27	18		22	-0.065 -0.195	25				20×2.65
20	34	22	-0.065 -0.195	28		32		16	18	25×3.55
25	40	28		34	-0.080 -0.240	38	-0.080 -0.240			31.5×3.55
32	48	35	-0.080 -0.240	41		45		18	20	38.7×3.55
40	58	45		51		55				48.7×3.55
50	70	55	-0.100 -0.290	61	-0.100 -0.290	65	-0.100 -0.290	22	24	—
63	85	70		76		80				

表 9-87 长形油标（摘自 JB/T 7941.3—1995） mm

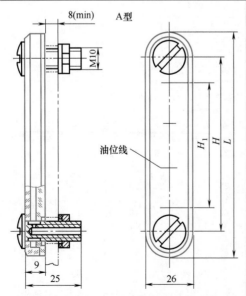

油位线

H 基本尺寸	H 极限偏差	H_1	L	n（条数）
80	±0.17	40	110	2
100		60	130	3
125	±0.20	80	155	4
160		120	190	6

O 形橡胶密封圈（按 GB/T 3452.1）	六角螺母（按 GB/T 6172）	弹性垫圈（按 GB/T 861）
10×2.65	M10	10

标记示例：
$H=80$、A 型长形油标的标记：
油标 A80 JB/T 7941.3—1995

注：B 型长形油标见 JB/T 7941.3—1995。

9.6.4　密封

表9-88　机械密封用O形橡胶密封圈（摘自 JB/T 7757.2—2006）

mm

标记示例：O形橡胶密封圈，内径 $d_1=18.00$mm，截面直径 $d_2=2.65$mm。

标记为：

O形圈 18×2.65　JB/T 7757.2—2006

内径	极限偏差	1.60 ±0.08	1.80 ±0.08	2.10 ±0.08	2.65 ±0.09	3.10 ±0.10	3.55 ±0.10	4.10 ±0.10	4.30 ±0.10	4.50 ±0.10	4.70 ±0.10	5.00 ±0.10	5.30 ±0.10	5.70 ±0.10	6.40 ±0.15	7.00 ±0.15	8.40 ±0.15	10.0 ±0.30
								d_2（截面直径及其极限偏差）										
6.00	±0.13	☆	☆	☆														
6.90	±0.14	☆	☆	☆														
8.00	±0.14	☆	☆	☆														
9.00	±0.14	☆	☆	☆														
10.0	±0.14	☆	☆	☆														
10.6	±0.17	☆	☆	☆	☆													
11.8	±0.17	☆	☆	☆	☆													
13.2	±0.17	☆	☆	☆	☆													
15.0	±0.17	☆	☆	☆	☆													
16.0	±0.17	☆	☆	☆	☆													
17.0	±0.22	☆	☆	☆	☆		☆											
18.0	±0.22	☆	☆	☆	☆	☆	☆											
19.0	±0.22	☆	☆	☆	☆	☆	☆											
20.0	±0.22	☆	☆	☆	☆	☆	☆											
21.2	±0.22	☆	☆	☆	☆	☆	☆											
22.4	±0.22	☆	☆	☆	☆	☆	☆											
23.6	±0.22	☆	☆	☆	☆	☆	☆											
25.0	±0.30	☆	☆	☆	☆	☆	☆											
25.8	±0.30	☆	☆	☆	☆	☆	☆		☆									
26.5	±0.30	☆	☆	☆	☆	☆	☆		☆									
28.0	±0.30	☆	☆	☆	☆	☆	☆		☆			☆	☆					
30.0	±0.30	☆	☆	☆	☆	☆	☆		☆			☆	☆					
31.5	±0.30	☆	☆	☆	☆	☆	☆		☆			☆	☆					
32.5	±0.30	☆	☆	☆	☆	☆	☆		☆			☆	☆					
34.5	±0.36	☆	☆	☆	☆	☆	☆		☆			☆	☆					
37.5	±0.36	☆	☆	☆	☆	☆	☆		☆			☆	☆					
38.7	±0.36	☆	☆	☆	☆	☆	☆		☆				☆					
40.0	±0.36	☆	☆	☆	☆	☆	☆		☆			☆	☆					
42.5	±0.36	☆	☆	☆	☆	☆	☆		☆				☆					
43.7	±0.36	☆	☆	☆	☆	☆	☆		☆				☆					

续表

d_1 内径	极限偏差	1.60 ±0.08	1.80 ±0.08	2.10 ±0.08	2.65 ±0.09	3.10 ±0.10	3.55 ±0.10	4.10 ±0.10	4.30 ±0.10	4.50 ±0.10	4.70 ±0.10	5.00 ±0.10	5.30 ±0.10	5.70 ±0.10	6.40 ±0.15	7.00 ±0.15	8.40 ±0.15	10.0 ±0.30
45.0	±0.36		☆		☆	☆	☆	☆	☆	☆	☆	☆	☆		☆			
47.5			☆		☆	☆	☆	☆	☆	☆	☆		☆		☆			
48.7			☆		☆	☆	☆	☆	☆	☆	☆	☆	☆		☆			
50.0					☆	☆	☆	☆	☆	☆	☆	☆	☆		☆			
53.0					☆	☆	☆	☆	☆	☆	☆		☆		☆			
54.5	±0.44				☆	☆	☆	☆	☆	☆	☆		☆		☆			
56					☆	☆	☆	☆	☆	☆	☆		☆		☆			
58.0					☆	☆	☆	☆	☆	☆	☆	☆	☆		☆			
60.0					☆	☆	☆	☆	☆	☆	☆		☆		☆			
61.5					☆	☆	☆	☆	☆	☆	☆		☆		☆			
63.0					☆	☆	☆	☆	☆	☆	☆	☆	☆		☆			
65.0	±0.53				☆	☆	☆	☆	☆	☆	☆		☆		☆			
67.0					☆	☆	☆	☆	☆	☆	☆	☆	☆		☆			
70.0					☆	☆	☆	☆	☆	☆	☆		☆		☆			
71.0					☆	☆	☆	☆	☆	☆	☆	☆	☆		☆			
75.0					☆	☆	☆	☆	☆	☆	☆		☆		☆			
77.5					☆	☆	☆	☆	☆	☆	☆	☆	☆		☆			
80.0					☆	☆	☆	☆	☆	☆	☆		☆		☆			
82.5					☆	☆	☆	☆	☆	☆	☆	☆	☆		☆			
85.0					☆	☆	☆	☆	☆	☆	☆		☆		☆			
87.5					☆	☆	☆	☆	☆	☆	☆		☆	☆	☆			
90.0					☆	☆	☆	☆	☆	☆	☆		☆	☆	☆			
92.5					☆	☆	☆	☆	☆	☆	☆		☆	☆	☆			
95.0	±0.65				☆	☆	☆	☆	☆	☆	☆		☆	☆	☆			
97.5					☆	☆	☆	☆	☆	☆	☆		☆	☆	☆			
100					☆	☆	☆	☆	☆	☆	☆		☆	☆	☆			
103					☆	☆	☆	☆	☆	☆	☆		☆	☆	☆			
105					☆	☆	☆	☆	☆	☆	☆		☆	☆	☆	☆		
110					☆	☆	☆	☆	☆	☆	☆		☆	☆	☆	☆		
115					☆	☆	☆	☆	☆	☆	☆		☆	☆	☆	☆		
120					☆	☆	☆	☆	☆	☆			☆	☆	☆	☆		
125					☆	☆	☆	☆	☆				☆	☆	☆	☆		
130	±0.90				☆	☆	☆	☆	☆				☆	☆	☆	☆		
135					☆	☆	☆						☆	☆	☆	☆		
140					☆	☆	☆						☆	☆	☆	☆		
145					☆	☆	☆						☆	☆	☆	☆	☆	

注：“☆”表示优先选用规格。

表 9-89 油封皮圈、油封纸圈

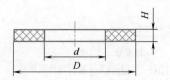

标记示例：
$D=30\text{mm}$, $d=20\text{mm}$ 的油封皮圈，标记为：皮圈 30×20
$D=30\text{mm}$, $d=20\text{mm}$ 的油封纸圈，标记为：纸圈 30×20

螺塞直径	mm	6	8	10	12	14	16	18	20	22	24	27	30	33	36	39	42	48	—	—
	in	—	—	1/8		1/4	3/8	—	—	1/2	—	3/4	—	1	—	—	1¼	1½	1¾	2
D/mm		12	15	18	22	22	25	28	30	32	35	40	45	45	50	50	60	65	70	75
d/mm		6	8	10	12	14	16	18	20	22	24	27	30	34	36	40	42	48	55	60
H/mm	纸圈	2						3												
	皮圈	2								2.5				3						

表 9-90 毡封圈及槽的型式及尺寸 (JB/ZQ 4606—1986) mm

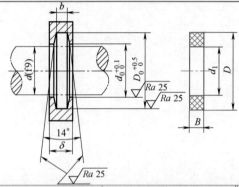

标记示例：
$d=50\text{mm}$ 的毡圈油封，标记为：
毡圈 50　JB/ZQ 4606—1986

轴径 d (f9)	毡圈 D	毡圈 d_1	毡圈 B	质量 /kg	槽 D_0	槽 d_0	槽 b	δ_{min} 用于钢	δ_{min} 用于铸铁	轴径 d (f9)	毡圈 D	毡圈 d_1	毡圈 B	质量 /kg	槽 D_0	槽 d_0	槽 b	δ_{min} 用于钢	δ_{min} 用于铸铁
15	29	14	6	0.0010	28	16	5	10	12	130	152	128		0.030	150	132			
20	33	19		0.0012	32	21				135	157	133		0.030	155	137			
25	39	24	7	0.0018	38	26	6			140	162	138		0.032	160	143			
30	45	29		0.0023	44	31				145	167	143		0.033	165	148			
35	49	34		0.0023	48	36				150	172	148		0.034	170	153			
40	53	39		0.0026	52	41				155	177	153		0.035	175	158			
45	61	44	8	0.0040	60	46	7	12	15	160	182	158	12	0.035	180	163	10	18	20
50	69	49		0.0054	68	51				165	187	163		0.037	185	168			
55	74	53		0.0060	72	56				170	192	168		0.038	190	173			
60	80	58		0.0069	78	61				175	197	173		0.038	195	178			
65	84	63		0.0070	82	66				180	202	178		0.038	200	183			
70	90	68		0.0079	88	71				185	207	182		0.039	205	188			
75	94	73		0.0080	92	77				190	212	188		0.039	210	193			
80	102	78	9	0.011	100	82	8	15	18										
85	107	83		0.012	105	87													
90	112	88		0.012	110	92													
95	117	93	10	0.014	115	97				195	217	193	14	0.041	215	198	12	20	22
100	122	98		0.015	120	102				200	222	198		0.042	220	203			
105	127	103		0.016	125	107				210	232	208		0.044	230	213			
110	132	108	10	0.017	130	112	8	15	18	220	242	218		0.046	240	223			
115	137	113		0.018	135	117				230	252	228		0.048	250	233			
120	142	118		0.018	140	122				240	262	238		0.051	260	243			
125	147	123		0.018	145	127													

表 9-91　液压、气动用 O 形橡胶密封圈尺寸及公差（摘自 CB/T 3452.1—2005）　mm

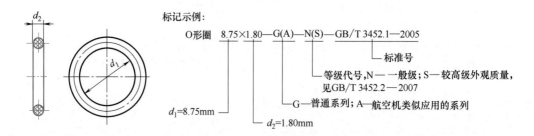

标记示例：

O形圈　8.75×1.80—G(A)—N(S)—GB/T 3452.1—2005

- 标准号
- 等级代号，N — 一般级；S — 较高级外观质量，见 GB/T 3452.2 — 2007
- G — 普通系列；A — 航空机类似应用的系列
- d_2=1.80mm
- d_1=8.75mm

d_1 尺寸	d_1 公差±	d_2 1.8±0.08	d_2 2.65±0.09	d_2 3.55±0.10	d_2 5.3±0.13	d_2 7±0.15	d_1 尺寸	d_1 公差±	d_2 1.8±0.08	d_2 2.65±0.09	d_2 3.55±0.10	d_2 5.3±0.13	d_2 7±0.15
1.8	0.13	×					25	0.30	×	×	×		
2	0.13	×					25.8	0.31	×	×	×		
2.24	0.13	×					26.5	0.31	×	×	×		
2.5	0.13	×					27.3	0.32	×	×	×		
2.8	0.13	×					28	0.32	×	×	×		
3.15	0.14	×					29	0.33	×	×	×		
3.55	0.14	×					30	0.34	×	×	×		
3.75	0.14	×					31.5	0.35	×	×	×		
4	0.14	×					32.5	0.36	×	×	×		
4.5	0.15	×					33.5	0.36	×	×	×		
4.75	0.15	×					34.5	0.37	×	×	×		
4.87	0.15	×					35.5	0.38	×	×	×		
5	0.15	×					36.5	0.38	×	×	×		
5.15	0.15	×					37.5	0.39	×	×	×		
5.3	0.15	×					38.7	0.40	×	×	×		
5.6	0.16	×					40	0.41	×	×	×	×	
6	0.16	×					41.2	0.42	×	×	×	×	
6.3	0.16	×					42.5	0.43	×	×	×	×	
6.7	0.16	×					43.7	0.44	×	×	×	×	
6.9	0.16	×					45	0.44	×	×	×	×	
7.1	0.16	×					46.2	0.45	×	×	×	×	
7.5	0.17	×					47.5	0.46	×	×	×	×	
8	0.17	×					48.7	0.47	×	×	×	×	
8.5	0.17	×					50	0.48	×	×	×	×	
8.75	0.18	×					51.5	0.49		×	×	×	
9	0.18	×					53	0.50		×	×	×	
9.5	0.18	×					54.5	0.51		×	×	×	
9.75	0.18	×					56	0.52		×	×	×	
10	0.19	×					58	0.54		×	×	×	
10.6	0.19	×	×				60	0.55		×	×	×	
11.2	0.20	×	×				61.5	0.56		×	×	×	
11.6	0.20	×	×				63	0.57		×	×	×	
11.8	0.19	×	×				65	0.58		×	×	×	
12.1	0.21	×	×				67	0.60		×	×	×	
12.5	0.21	×	×				69	0.61		×	×	×	
12.8	0.21	×	×				71	0.63		×	×	×	
13.2	0.21	×	×				73	0.64		×	×	×	
14	0.22	×	×				75	0.65		×	×	×	
14.5	0.22	×	×				77.5	0.67		×	×	×	
15	0.22	×	×				80	0.69		×	×	×	
15.5	0.23	×	×				82.5	0.71		×	×	×	
16	0.23	×	×				85	0.72		×	×	×	
17	0.24	×	×				87.5	0.74			×	×	
18	0.25	×	×	×			90	0.76			×	×	
19	0.25	×	×	×			92.5	0.77			×	×	
20	0.26	×	×	×			95	0.79			×	×	
20.6	0.26	×	×	×			97.5	0.81			×	×	
21.2	0.27	×	×	×			100	0.82			×	×	
22.4	0.28	×	×	×			103	0.85			×	×	
23	0.29	×	×	×			106	0.87			×	×	
23.6	0.29	×	×	×			109	0.89			×	×	×
24.3	0.30	×	×	×			112	0.91			×	×	×

注："×"号表示本标准规定的规格。

表 9-92　O形圈轴向密封沟槽尺寸 (摘自 GB/T 3452.3—2005)　　mm

受内部压力的O形圈轴向密封沟槽尺寸

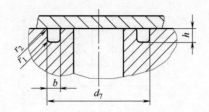

d_7 H11	d_1	d_7 H11	d_1	d_7 H11	d_1	d_7 H11	d_1	d_7 H11	d_1	d_7 H11	d_1
$d_2=1.8$		$d_2=2.65$		$d_2=3.55$		$d_2=5.3$		$d_2=5.3$		$d_2=7$	
7.9	4.5	40.5	35.5	81	75	63	53	205	195	195	185
8.2	5	41.5	36.5	83	77.5	64	54.5	210	200	200	190
8.6	5.15	42.5	37.5	86	80	65	56	215	206	205	195
8.7	5.3	43.8	38.7	88	82.5	68	58	220	212	210	200
9	5.6	$d_2=3.55$		91	85	70	60	227	218	215	206
9.4	6	24	18	93	87.5	72	61.5	232	224	222	212
9.7	6.3	25	19	96	90	73	63	240	230	228	218
10.1	6.7	26	20	98.0	92.5	75	65	245	236	234	224
10.3	6.9	27	21.2	102	95	77	67	253	243	240	230
10.5	7.1	28	22.4	105	97.5	79	69	260	250	246	236
10.9	7.5	29.5	23.6	107	100	81	71	267	258	253	243
11.4	8	31	25	110	103	83	73	275	265	260	250
11.9	8.5	31.5	25.8	116	109	85	75	280	272	270	258
12.2	8.75	32.5	26.5	119	112	88	77.5	290	280	275	265
12.4	9	34	28	122	115	90	80	300	290	285	272
12.9	9.5	36	30	125	118	93	82.5	310	300	290	280
13.4	10	37.5	31.5	129	122	95	85	315	307	300	290
14	10.6	38.5	32.5	132	125	98	87.5	325	315	310	300
14.6	11.2	39.5	33.5	135	128	100	90	335	325	320	307
15.2	11.8	40.5	34.5	139	132	103	92.5	345	335	325	315
15.9	12.5	41.5	35.5	143	136	105	95	355	345	335	325
16.6	13.2	42.5	36.5	147	140	108	97.5	365	355	345	335
17.3	14	43.5	37.5	152	145	110	100	375	365	355	345
18.4	15	44.5	38.7	157	150	113	103	385	375	365	355
19.4	16	46.5	40	162	155	116	106	395	387	375	365
20.4	17	47.5	41.2	167	160	119	109	410	400	385	375
$d_2=2.65$		48.5	42.5	172	165	122	112	$d_2=7$		400	387
19	14	49.5	43.7	177	170	125	115	119	109	410	400
20	15	51	45	182	175	128	118	122	112	430	412
21	16	52	46.2	187	180	132	122	125	115	435	425
22	17	53.5	47.5	192	185	135	125	128	118	450	437
23	18	54.5	48.7	197	190	138	128	132	122	460	450
24	19	56	50	202	195	142	132	135	125	475	462
25	20	57.5	51.5	207	200	145	136	138	128	485	475
26.5	21.2	59	53	$d_2=5.3$		150	140	142	132	500	487
27.5	22.4	60.5	54.5	50	40	155	145	146	136	510	500
28.6	23.6	62	56	51	41.2	160	150	150	140	525	515
30	25	64	58	53	42.5	165	155	155	145	540	530
31	25.8	66	60	54	43.7	170	160	160	150	555	545
31.5	26.5	67	61.5	55	45	175	165	165	155	570	560
33	28	69	63	56	46.2	180	170	170	160	590	580
35	30	71	65	58	47.5	185	175	175	165	610	600
36.5	31.5	73	67	59	48.7	190	180	180	170	625	615
37.5	32.5	75	69	60	50	195	185	185	175	640	630
38.5	33.5	77	71	62	51.5	200	190	190	180		
39.5	34.5	79	73								

受外部压力的O形圈轴向密封沟槽尺寸

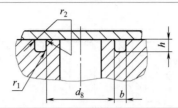

d_8 H11	d_1	d_8 H11	d_1	d_8 H11	d_1	d_8 H11	d_1	d_8 H11	d_1	d_8 H11	d_1
$d_2=1.8$		$d_2=2.65$		$d_2=3.55$		$d_2=5.3$		$d_2=5.3$		$d_2=7$	
2	1.8	28.2	28	65.3	65	51.8	51.5	201	200	201	200
2.2	2	30.2	30	67.3	67	53.3	53	207	206	207	206
2.4	2.24	31.7	31.5	69.3	69	54.8	54.5	213	212	213	212
3	2.8	32.7	32.5	71.3	71	56.3	56	219	218	219	218
3.3	3.15	33.7	33.5	73.3	73	58.3	58	225	224	225	224
3.7	3.55	34.7	34.5	75.3	75	60.3	60	231	230	231	230
3.9	3.75	35.7	35.5	77.8	77.5	61.8	61.5	237	266	237	236
4.7	4.5	36.7	36.5	80.3	80	63.3	63	244	243	243	243
5.2	5	37.7	37.5	82.8	82.5	65.3	65	251	250	251	250
5.3	5.15	38.9	38.7	85.3	85	67.3	67	259	258	259	258
5.5	5.3	$d_2=3.55$		87.8	87.5	69.3	69	266	265	266	265
5.8	5.6	18.2	18	90.3	90	71.3	71	273	272	273	272
6.2	6	19.2	19	92.8	92.5	73.3	73	281	280	281	280
6.5	6.3	20.2	20	95.3	95	75.3	75	291	290	291	290
6.9	6.7	21.4	21.2	97.8	97.5	77.8	77.5	301	300	301	300
7.1	6.9	22.6	22.4	100.3	100	80.3	80	308	307	308	307
7.3	7.1	23.8	23.6	103.5	103	82.8	82.5	316	315	316	315
7.7	7.5	25.2	25	115.5	115	85.3	85	326	325	326	325
8.2	8	26.2	25.8	118.5	118	87.8	87.5	336	335	336	335
8.7	8.5	26.7	26.5	122.5	122	90.3	90	346	345	346	345
8.9	8.75	28.2	28	125.5	125	92.8	92.5	356	355	356	355
9.2	9	30.2	30	128.5	128	95.3	95	366	365	366	365
9.7	9.5	31.7	31.5	132.5	132	97.8	97.5	376	375	376	375
10.2	10	32.7	32.5	136.5	136	100.5	100	388	387	388	387
10.8	10.6	33.7	33.5	140.5	140	103.5	103	401	400	401	400
11.4	11.2	34.7	34.5	145.5	145	106.5	106	$d_2=7$		413	412
12	11.8	35.7	35.5	150.5	150	109.5	109	110	109	426	425
12.7	12.5	36.7	36.5	155.5	155	112.5	112	113	112	438	437
13.4	13.2	37.7	37.5	160.5	160	115.5	115	116	115	451	450
14.2	14	38.9	38.7	165.5	165	118.5	118	119	118	463	462
15.2	15	40.2	40	170.5	170	122.5	122	123	122	476	475
16.2	16	41.5	41.2	175.5	175	125.5	125	126	125	488	487
17.2	17	42.8	42.5	180.5	180	128.5	128	129	128	502	500
$d_2=2.65$		44.0	43.7	185.5	185	132.5	132	133	132	517	515
14.2	14	45.3	45	190.5	190	136.5	136	137	136	531	530
15.2	15	46.5	46.2	195.5	195	140.5	140	141	140	547	545
16.2	16	47.8	47.5	200.5	200	145.5	145	146	145	562	560
17.2	17	49	48.7	$d_2=5.3$		150.5	150	151	150	581	580
18.2	18	50.8	50	40.3	40	155.5	155	156	155	602	600
19.2	19	51.8	51.5	41.5	41.2	160.5	160	161	160	617	615
20.2	20	53.3	53	42.8	42.5	165.5	165	166	165	632	630
21.4	21.2	54.8	54.5	44	43.7	170.5	170	171	170	652	650
22.6	22.4	56.3	56	45.3	45	175.5	175	176	175	672	670
23.8	23.6	58.3	58	46.5	46.2	180.5	180	181	180		
25.2	25	60.3	60	47.8	47.5	185.5	185	186	185		
26	25.8	61.8	61.5	50	48.7	190.5	190	191	190		
26.7	26.5	63.3	63	50.3	50	195.5	195	196	195		

注：d_1—O形圈内径，mm；d_2—O形圈截面直径，mm。

表 9-93 沟槽和配合偶件表面的表面粗糙度（摘自 GB/T 3452.3—2005） μm

表面	应用情况	压力状况	表面粗糙度	
			Ra	Ry
沟槽的底面和侧面	静密封	无交变、无脉冲	3.2(1.6)	12.5(6.3)
		交变或脉冲	1.6	6.3
	动密封		1.6(0.8)	6.3(3.2)
配合表面	静密封	无交变、无脉冲	1.6(0.8)	6.3(3.2)
		交变或脉冲	0.8	3.2
	动密封		0.4	1.6
	倒角表面		3.2	12.5

注：括号内的数值在要求精度较高的场合应用。

表 9-94 唇形密封圈的类型、尺寸及安装要求（摘自 GB/T 13871.1—2007） mm

类型

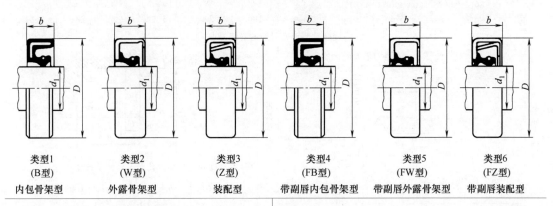

类型1 (B型)	类型2 (W型)	类型3 (Z型)	类型4 (FB型)	类型5 (FW型)	类型6 (FZ型)
内包骨架型	外露骨架型	装配型	带副唇内包骨架型	带副唇外露骨架型	带副唇装配型

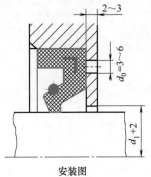

安装图

标记示例：
　带副唇的内包骨架型旋转轴唇形密封圈，$d_1=120$，$D=150$，标记为：
　　　FB 120 150 GB/T 13871.1—2007

字母符号：
　b—密封圈公称总宽度，与腔体内孔深度有关；
　d_1—与密封圈相配合的旋转轴的公称轴径；
　d_2—轴导入倒角处的最小直径；
　D—腔体内孔基本直径和密封圈的公称外径。

公称尺寸											
d_1	D	b	d_1	D	b	d_1	D	b	d_1	D	b
6	16	7	15	26	7	22	40	7	30	52	7
6	22	7	15	30	7	22	47	7	32	45	8
7	22	7	15	35	7	25	40	7	32	47	8
8	22	7	16	30	7	25	47	7	32	52	8
8	24	7	16[①]	35	7	25	52	7	35	50	8
9	22	7	18	30	7	28	40	7	35	52	8
10	22	7	18	35	7	28	47	7	35	55	8
10	25	7	20	35	7	28	52	7	38	55	8
12	24	7	20	40	7	30	42	7	38	58	8
12	25	7	20[①]	45	7	30	47	7	38	62	8
12	30	7	22	35	7	30[①]	50	7	40	55	8

公称尺寸											
d_1	D	b	d_1	D	b	d_1	D	b	d_1	D	b
40①	60	8	60	85	8	95	120	12	200	230	15
40	62	8	65	85	10	100	125	12	220	250	15
42	55	8	65	90	10	105①	130	12	240	270	15
42	62	8	70	90	10	110	140	12	250	290	15
45	62	8	70	95	10	120	150	12	260	300	20
45	65	8	75	95	10	130	160	12	280	320	20
50	68	8	75	100	10	140	170	15	300	340	20
50①	70	8	80	100	10	150	180	15	320	360	20
50	72	8	80	110	10	160	190	15	340	380	20
55	72	8	85	110	12	170	200	15	360	400	20
55①	75	8	85	120	12	180	210	15	380	420	20
55	80	8	90①	115	12	190	220	15	400	440	20
60	80	8	90	120	12						

旋转轴唇形密封圈的安装要求

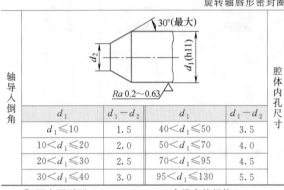

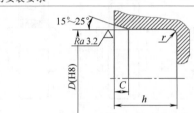

轴导入倒角	d_1	d_1-d_2	d_1	d_1-d_2
	$d_1\leqslant10$	1.5	$40<d_1\leqslant50$	3.5
	$10<d_1\leqslant20$	2.0	$50<d_1\leqslant70$	4.0
	$20<d_1\leqslant30$	2.5	$70<d_1\leqslant95$	4.5
	$30<d_1\leqslant40$	3.0	$95<d_1\leqslant130$	5.5

腔体内孔尺寸	基本宽度 b	最小内孔深 h	倒角长度 C	r_{max}
	$\leqslant10$	$b+0.9$	$0.70\sim1.00$	0.50
	$>b$	$b+1.2$	$1.20\sim1.50$	0.75

① 国内用到而 ISO 6194-1：2007 中没有的规格。

注：安装要求中若轴端采用倒圆倒入导角，则倒圆的圆角半径不小于表中的 d_1-d_2 之值。

表 9-95　迷宫式密封槽（摘自 JB/ZQ 4245—2006)　　　mm

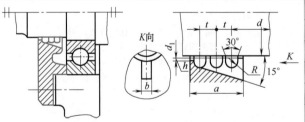

轴径 d	R	t	b	d_1	a_{min}	h
10~25	1	3	4	$d+0.4$		
>25~80	1.5	4.6	4			
>80~120	2	6	5	$d+1$	$nt+R$	1
>120~180	2.5	7.5	6			
>180	3	9	7			

注：1. 表中 R、t、b 尺寸，在个别情况下，可用于与表中不相对应的轴径上。

2. 一般槽数 $n=2\sim4$ 个，使用 3 个的较多。

表 9-96　迷宫式密封槽其他尺寸推荐　　　mm

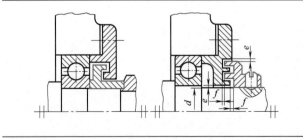

d	10~50	>50~80	>80~110	>110~180
e	0.2	0.3	0.4	0.5
f	1	1.5	2	2.5

9.7　极限配合、几何公差及表面粗糙度

9.7.1　极限配合

表 9-97　标准公差和基本偏差代号（摘自 GB/T 1800.1—2020）

名称		
标准公差		IT01,IT0,IT1,IT2,IT3,IT5,IT6,IT7,IT8,IT9,IT10,IT11……IT20
基本偏差	孔	A,B,C,CD,D,E,EF,F,FG,G,H,JS,J,K,M,N,P,R,S,T,U,V,X, Y,Z,ZA,ZB,ZC
	轴	a,b,c,cd,d,e,ef,f,fg,g,h,js,j,k,m,n,p,r,s,t,u,v,x,y,z,za,zb,zc

表 9-98　配合种类及其代号（摘自 GB/T 1800.1—2020）

种类	基孔制 H	基轴制 h	说明
间隙配合	a,b,c,cd,d,e,ef,f,fg,g,h	A,B,C,CD,D,E,EF,F,FG,G,H	间隙依次渐小
过渡配合	j,js,k,m,n	J,JS,K,M,N	依次渐紧
过盈配合	p,r,s,t,u,v,x,y,z,za,zb,zc	P,R,S,T,U,V,X,Y,Z,ZA,ZB,ZC	依次渐紧

表 9-99　公称尺寸至 500mm 的标准公差数值（摘自 GB/T 1800.1—2020）

公称尺寸/mm		标准公差等级																		
		IT01	IT0	IT1	IT2	IT3	IT4	IT5	IT6	IT7	IT8	IT9	IT10	IT11	IT12	IT13	IT14	IT15	IT16	IT17	IT18
		标准公差数值																		
大于	至	μm												mm						
—	3	0.3	0.5	0.8	1.2	2	3	4	6	10	14	25	40	60	0.1	0.14	0.25	0.4	0.6	1	1.4
3	6	0.4	0.6	1	1.5	2.5	4	5	8	12	18	30	48	75	0.12	0.18	0.3	0.48	0.75	1.2	1.8
6	10	0.4	0.6	1	1.5	2.5	4	6	9	15	22	36	58	90	0.15	0.22	0.36	0.58	0.9	1.5	2.2
10	18	0.5	0.8	1.2	2	3	5	8	11	18	27	43	70	110	0.18	0.27	0.43	0.7	1.1	1.8	2.7
18	30	0.6	1	1.5	2.5	4	6	9	13	21	33	52	84	130	0.21	0.33	0.52	0.84	1.3	2.1	3.3
30	50	0.6	1	1.5	2.5	4	7	11	16	25	39	62	100	160	0.25	0.39	0.62	1	1.6	2.5	3.9
50	80	0.8	1.2	2	3	5	8	13	19	30	46	74	120	190	0.3	0.46	0.74	1.2	1.9	3	4.6
80	120	1	1.5	2.5	4	6	10	15	22	35	54	87	140	220	0.35	0.54	0.87	1.4	2.2	3.5	5.4
120	180	1.2	2	3.5	5	8	12	18	25	40	63	100	160	250	0.4	0.63	1	1.6	2.5	4	6.3
180	250	2	3	4.5	7	10	14	20	29	46	72	115	185	290	0.46	0.72	1.15	1.85	2.9	4.6	7.2
250	315	2.5	4	6	8	12	16	23	32	52	81	130	210	320	0.52	0.81	1.3	2.1	3.2	5.2	8.1
315	400	3	5	7	9	13	18	25	36	57	89	140	230	360	0.57	0.89	1.4	2.3	3.6	5.7	8.9
400	500	4	6	8	10	15	20	27	40	63	97	155	250	400	0.63	0.97	1.55	2.5	4	6.3	9.7

表 9-100　公称尺寸大于 10mm 至 315mm 孔的部分极限偏差值（摘自 GB/T 1800.2—2020）

公差带	等级	公称尺寸/mm							
		>10~18	>18~30	>30~50	>50~80	>80~120	>120~180	>180~250	>250~315
D	7	+68 +50	+86 +65	+105 +80	+130 +100	+155 +120	+185 +145	+216 +170	+242 +190
	8	+77 +50	+98 +65	+119 +80	+146 +100	+174 +120	+208 +145	+242 +170	+271 +190
	9	+93 +50	+117 +65	+142 +80	+174 +100	+207 +120	+245 +145	+285 +170	+320 +190
	10	+120 +50	+149 +65	+180 +80	+220 +100	+260 +120	+305 +145	+355 +170	+400 +190

公差带	等级	公称尺寸/mm							
		>10～18	>18～30	>30～50	>50～80	>80～120	>120～180	>180～250	>250～315
D	11	+160 +50	+195 +65	+240 +80	+290 +100	+340 +120	+395 +145	+460 +170	+510 +190
E	6	+43 +32	+53 +40	+66 +50	+79 +60	+94 +72	+110 +85	+129 +100	+142 +110
	7	+50 +32	+61 +40	+75 +50	+90 +60	+107 +72	+125 +85	+146 +100	+162 +110
	8	+59 +32	+73 +40	+89 +50	+106 +60	+126 +72	+148 +85	+172 +100	+191 +110
	9	+75 +32	+92 +40	+112 +50	+134 +60	+159 +72	+185 +85	+215 +100	+240 +110
	10	+102 +32	+124 +40	+150 +50	+180 +60	+212 +72	+245 +85	+285 +100	+320 +110
F	6	+27 +16	+33 +20	+41 +25	+49 +30	+58 +36	+68 +43	+79 +50	+88 +56
	7	+34 +16	+41 +20	+50 +25	+60 +30	+71 +36	+83 +43	+96 +50	+108 +56
	8	+43 +16	+53 +20	+64 +25	+76 +30	+90 +36	+106 +43	+122 +50	+137 +56
	9	+59 +16	+72 +20	+87 +25	+104 +30	+123 +36	+143 +43	+165 +50	+186 +56
H	5	+8 0	+9 0	+11 0	+13 0	+15 0	+18 0	+20 0	+23 0
	6	+11 0	+13 0	+16 0	+19 0	+22 0	+25 0	+29 0	+32 0
	7	+18 0	+21 0	+25 0	+30 0	+35 0	+40 0	+46 0	+52 0
	8	+27 0	+33 0	+39 0	+46 0	+54 0	+63 0	+72 0	+81 0
	9	+43 0	+52 0	+62 0	+74 0	+87 0	+100 0	+115 0	+130 0
	10	+70 0	+84 0	+100 0	+120 0	+140 0	+160 0	+185 0	+210 0
	11	+110 0	+130 0	+160 0	+190 0	+220 0	+250 0	+290 0	+320 0
JS	6	±5.5	±6.5	±8	±9.5	±11	±12.5	±14.5	±16
	7	±9	±10	±12	±15	±17	±20	±23	±26
	8	±13	±16	±19	±23	±27	±31	±36	±40
	9	±21	±26	±31	±37	±43	±50	±57	±65
N	7	−5 −23	−7 −28	−8 −33	−9 −10	−10 −45	−12 −52	−14 −60	−14 −66
	8	−3 −30	−3 −36	−3 −42	−4 −50	−4 −58	−4 −67	−5 −77	−5 −86
	9	0 −43	0 −52	0 −62	0 −74	0 −87	0 −100	0 −115	0 −130
	10	0 −70	0 −84	0 −100	0 −120	0 −140	0 −160	0 −185	0 −210
	11	0 −110	0 −130	0 −160	0 −190	0 −220	0 −250	0 −290	0 −320

表 9-101　公称尺寸大于 10mm 至 315mm 轴的部分极限偏差值（摘自 GB/T 1800.2—2020）

公称尺寸/mm（单位：μm，上偏差/下偏差）

公差带	等级	>10~18	>18~30	>30~50	>50~65	>65~80	>80~100	>100~120	>120~140	>140~160	>160~180	>180~200	>200~225	>225~250	>250~280	>280~315
d	6	-50/-66	-65/-78	-80/-96	-100/-119	-100/-119	-120/-142	-120/-142	-145/-170	-145/-170	-145/-170	-170/-199	-170/-199	-170/-199	-190/-222	-190/-222
d	7	-50/-68	-65/-86	-80/-105	-100/-130	-100/-130	-120/-155	-120/-155	-145/-185	-145/-185	-145/-185	-170/-216	-170/-216	-170/-216	-190/-242	-190/-242
d	8	-50/-77	-65/-98	-80/-119	-100/-146	-100/-146	-120/-174	-120/-174	-145/-208	-145/-208	-145/-208	-170/-242	-170/-242	-170/-242	-190/-271	-190/-271
d	9	-50/-93	-65/-117	-80/-142	-100/-174	-100/-174	-120/-207	-120/-207	-145/-245	-145/-245	-145/-245	-170/-285	-170/-285	-170/-285	-190/-320	-190/-320
d	10	-50/-120	-65/-149	-80/-180	-100/-220	-100/-220	-120/-260	-120/-260	-145/-305	-145/-305	-145/-305	-170/-355	-170/-355	-170/-355	-190/-440	-190/-440
d	11	-50/-160	-65/-195	-80/-240	-100/-290	-100/-290	-120/-340	-120/-340	-145/-395	-145/-395	-145/-395	-170/-460	-170/-460	-170/-460	-190/-510	-190/-510
f	7	-16/-34	-20/-41	-25/-50	-30/-60	-30/-60	-36/-71	-36/-71	-43/-83	-43/-83	-43/-83	-50/-96	-50/-96	-50/-96	-56/-108	-56/-108
f	8	-16/-43	-20/-53	-25/-64	-30/-76	-30/-76	-36/-90	-36/-90	-43/-106	-43/-106	-43/-106	-50/-122	-50/-122	-50/-122	-56/-137	-56/-137
f	9	-16/-59	-20/-72	-25/-87	-30/-104	-30/-104	-36/-123	-36/-123	-43/-143	-43/-143	-43/-143	-50/-165	-50/-165	-50/-165	-56/-186	-56/-186
g	5	-6/-14	-7/-16	-9/-20	-10/-23	-10/-23	-12/-27	-12/-27	-14/-32	-14/-32	-14/-32	-15/-35	-15/-35	-15/-35	-17/-40	-17/-40
g	6	-6/-17	-7/-20	-9/-25	-10/-29	-10/-29	-12/-34	-12/-34	-14/-39	-14/-39	-14/-39	-15/-44	-15/-44	-15/-44	-17/-49	-17/-49
g	7	-6/-24	-7/-28	-9/-34	-10/-40	-10/-40	-12/-47	-12/-47	-14/-54	-14/-54	-14/-54	-15/-61	-15/-61	-15/-61	-17/-69	-17/-69
h	5	0/-8	0/-9	0/-11	0/-13	0/-13	0/-15	0/-15	0/-18	0/-18	0/-18	0/-20	0/-20	0/-20	0/-23	0/-23
h	6	0/-11	0/-13	0/-16	0/-19	0/-19	0/-22	0/-22	0/-25	0/-25	0/-25	0/-29	0/-29	0/-29	0/-32	0/-32
h	7	0/-18	0/-21	0/-25	0/-30	0/-30	0/-35	0/-35	0/-40	0/-40	0/-40	0/-46	0/-46	0/-46	0/-52	0/-52
h	8	0/-27	0/-33	0/-39	0/-46	0/-46	0/-54	0/-54	0/-63	0/-63	0/-63	0/-72	0/-72	0/-72	0/-81	0/-81
h	9	0/-43	0/-52	0/-62	0/-74	0/-74	0/-87	0/-87	0/-100	0/-100	0/-100	0/-115	0/-115	0/-115	0/-130	0/-130
h	10	0/-70	0/-84	0/-100	0/-120	0/-120	0/-140	0/-140	0/-160	0/-160	0/-160	0/-185	0/-185	0/-185	0/-210	0/-210
h	11	0/-110	0/-130	0/-160	0/-190	0/-190	0/-220	0/-220	0/-250	0/-250	0/-250	0/-290	0/-290	0/-290	0/-320	0/-320
js	5	±4	±4.5	±5.5	±6.5	±6.5	±7.5	±7.5	±9	±9	±9	±10	±10	±10	±11.5	±11.5
js	6	±5.5	±6.5	±8	±9.5	±9.5	±11	±11	±12.5	±12.5	±12.5	±14.5	±14.5	±14.5	±16	±16
js	7	±9	±10	±12	±15	±15	±17	±17	±20	±20	±20	±23	±23	±23	±26	±26
k	5	+9/+1	+11/+2	+13/+2	+15/+2	+15/+2	+18/+3	+18/+3	+21/+3	+21/+3	+21/+3	+24/+4	+24/+4	+24/+4	+27/+4	+27/+4
k	6	+12/+1	+15/+2	+18/+2	+21/+2	+21/+2	+25/+3	+25/+3	+28/+3	+28/+3	+28/+3	+33/+4	+33/+4	+33/+4	+36/+4	+36/+4
k	7	+19/+1	+23/+2	+27/+2	+32/+2	+32/+2	+38/+3	+38/+3	+43/+3	+43/+3	+43/+3	+50/+4	+50/+4	+50/+4	+56/+4	+56/+4

续表

公差带	等级	公称尺寸/mm														
		>10~18	>18~30	>30~50	>50~65	>65~80	>80~100	>100~120	>120~140	>140~160	>160~180	>180~200	>200~225	>225~250	>250~280	>280~315
m	5	+15 +7	+17 +8	+20 +9	+24 +11	+24 +11	+28 +13	+28 +13	+33 +15	+33 +15	+33 +15	+37 +17	+37 +17	+37 +17	+34 +20	+34 +20
	6	+18 +7	+21 +8	+25 +9	+30 +11	+30 +11	+35 +13	+35 +13	+40 +15	+40 +15	+40 +15	+46 +17	+46 +17	+46 +17	+52 +20	+52 +20
	7	+25 +7	+29 +8	+34 +9	+41 +11	+41 +11	+48 +13	+48 +13	+55 +15	+55 +15	+55 +15	+63 +17	+63 +17	+63 +17	+72 +20	+72 +20
n	5	+20 +12	+24 +15	+28 +17	+33 +20	+33 +20	+38 +23	+38 +23	+45 +27	+45 +27	+45 +27	+51 +31	+51 +31	+51 +31	+57 +34	+57 +34
	6	+23 +12	+28 +15	+33 +17	+39 +20	+39 +20	+45 +23	+45 +23	+52 +27	+52 +27	+52 +27	+60 +31	+60 +31	+60 +31	+66 +34	+66 +34
	7	+30 +12	+36 +15	+42 +17	+50 +20	+50 +20	+58 +23	+58 +23	+67 +27	+67 +27	+67 +27	+77 +31	+77 +31	+77 +31	+86 +34	+86 +34
p	5	+26 +18	+31 +22	+37 +26	+45 +32	+45 +32	+52 +37	+52 +37	+61 +43	+61 +43	+61 +43	+70 +50	+70 +50	+70 +50	+79 +56	+79 +56
	6	+29 +18	+35 +22	+42 +26	+51 +32	+51 +32	+59 +37	+59 +37	+63 +43	+63 +43	+63 +43	+79 +50	+79 +50	+79 +50	+88 +56	+88 +56
	7	+36 +18	+43 +22	+51 +26	+62 +32	+62 +32	+72 +37	+72 +37	+83 +43	+83 +43	+83 +43	+96 +50	+96 +50	+96 +50	+108 +56	+108 +56

表 9-102　减速器主要零件的荐用配合

配合零件	荐用配合	装拆方法
一般情况下的齿轮、蜗轮、带轮、链轮、联轴器与轴的配合	$\dfrac{H7}{r6}$；$\dfrac{H7}{n6}$	用压力机
小锥齿轮及常拆卸的齿轮、带轮、链轮、联轴器与轴的配合	$\dfrac{H7}{m6}$；$\dfrac{H7}{k6}$	用压力机或手锤打入
蜗轮轮缘与轮芯的配合	轮箍式：H7/js6 螺栓连接式：H7/h6	加热轮缘或 用压力机推入
轴套、挡油盘、溅油盘与轴的配合	$\dfrac{D11}{k6}$ $\dfrac{F9}{k6}$；$\dfrac{F9}{m6}$；$\dfrac{H8}{h7}$；$\dfrac{H8}{h8}$	徒手装配与拆卸
轴承套杯与箱体孔的配合	$\dfrac{H7}{js6}$；$\dfrac{H7}{h6}$	
轴承端盖与箱体孔（或套杯孔）的配合	$\dfrac{H7}{d11}$；$\dfrac{H7}{h8}$	
嵌入式轴承端盖的凸缘与箱体孔凹槽之间的配合	$\dfrac{H11}{h11}$	
与密封件相接触轴段的公差带	f9；h11	

表 9-103　各种加工方法所能达到的公差等级

加工方法	公差等级（IT）																
	01	0	1	2	3	4	5	6	7	8	9	10	11	12	13	14	15	16
研磨																	
珩																	
圆磨																	
平磨																	
金刚石车																	
金刚石镗																	
拉削																	
铰孔																	

续表

加工方法	公差等级(IT)																
	01	0	1	2	3	4	5	6	7	8	9	10	11	12	13	14	15	16
车									──	──	──	──	──					
镗									──	──	──	──	──					
铣										──	──	──	──					
刨插												──	──					
钻孔												──	──					
滚压、挤压																		
冲压																		
压铸																		
粉末冶金成型								──	──	──								
粉末冶金烧结									──	──	──							
砂型铸造、气割																	──	
锻造																──		

表 9-104　公称尺寸至 500mm 的基孔制优先、常用配合（摘自 GB/T 1800.1—2020）

基准孔	轴																								
	a	b	c	d	e	f	g	h	js	k	m	n	p	r	s	t	u	v	x	y	z				
	间　隙　配　合								过　渡　配　合				过　盈　配　合												
H6						$\frac{H6}{f5}$	$\frac{H6}{g5}$	$\frac{H6}{h5}$	$\frac{H6}{js5}$	$\frac{H6}{k5}$	$\frac{H6}{m5}$	$\frac{H6}{n5}$	$\frac{H6}{p5}$	$\frac{H6}{r5}$	$\frac{H6}{s5}$	$\frac{H6}{t5}$									
H7						$\frac{H7}{f6}$	$\frac{H7}{g6}$	$\frac{H7}{h6}$	$\frac{H7}{js6}$	$\frac{H7}{k6}$	$\frac{H7}{m6}$	$\frac{H7}{n6}$	$\frac{H7}{p6}$	$\frac{H7}{r6}$	$\frac{H7}{s6}$	$\frac{H7}{t6}$	$\frac{H7}{u6}$	$\frac{H7}{v6}$	$\frac{H7}{x6}$	$\frac{H7}{y6}$	$\frac{H7}{z6}$				
H8					$\frac{H8}{e7}$	$\frac{H8}{f7}$	$\frac{H8}{g7}$	$\frac{H8}{h7}$	$\frac{H8}{js7}$	$\frac{H8}{k7}$	$\frac{H8}{m7}$	$\frac{H8}{n7}$	$\frac{H8}{p7}$	$\frac{H8}{r7}$	$\frac{H8}{s7}$	$\frac{H8}{t7}$	$\frac{H8}{u7}$								
				$\frac{H8}{d8}$	$\frac{H8}{e8}$	$\frac{H8}{f8}$		$\frac{H8}{h8}$																	
H9			$\frac{H9}{c9}$	$\frac{H9}{d9}$	$\frac{H9}{e9}$	$\frac{H9}{f9}$		$\frac{H9}{h9}$																	
H10			$\frac{H10}{c10}$	$\frac{H10}{d10}$				$\frac{H10}{h10}$																	
H11	$\frac{H11}{a11}$	$\frac{H11}{b11}$	$\frac{H11}{c11}$	$\frac{H11}{d11}$				$\frac{H11}{h11}$																	
H12		$\frac{H12}{b12}$						$\frac{H12}{h12}$																	

表 9-105　公称尺寸至 500mm 的基轴制优先、常用配合（GB/T 1800.1—2020）

基准轴	孔																			
	A	B	C	D	E	F	G	H	JS	K	M	N	P	R	S	T	U	V	X	Y	Z
	间　隙　配　合								过　渡　配　合				过　盈　配　合								
h5						$\frac{F6}{h5}$	$\frac{G6}{h5}$	$\frac{H6}{h5}$	$\frac{JS6}{h5}$	$\frac{K6}{h5}$	$\frac{M6}{h5}$	$\frac{N6}{h5}$	$\frac{P6}{h5}$	$\frac{R6}{h5}$	$\frac{S6}{h5}$	$\frac{T6}{h5}$					
h6						$\frac{F7}{h6}$	$\frac{G7}{h6}$	$\frac{H7}{h6}$	$\frac{JS7}{h6}$	$\frac{K7}{h6}$	$\frac{M7}{h6}$	$\frac{N7}{h6}$	$\frac{P7}{h6}$	$\frac{R7}{h6}$	$\frac{S7}{h6}$	$\frac{T7}{h6}$	$\frac{U7}{h6}$				
h7					$\frac{E8}{h7}$	$\frac{F8}{h7}$		$\frac{H8}{h7}$	$\frac{JS8}{h7}$	$\frac{K8}{h7}$	$\frac{M8}{h7}$	$\frac{N8}{h7}$									
h8				$\frac{D8}{h8}$	$\frac{E8}{h8}$	$\frac{F8}{h8}$		$\frac{H8}{h8}$													

续表

基准轴	孔																				
	A	B	C	D	E	F	G	H	JS	K	M	N	P	R	S	T	U	V	X	Y	Z
	间隙配合								过渡配合			过盈配合									
h9				◤ $\frac{D9}{h9}$	$\frac{E9}{h9}$	$\frac{F9}{h9}$		◤ $\frac{H9}{h9}$													
h10				$\frac{D10}{h10}$				$\frac{H10}{h10}$													
h11	$\frac{A11}{h11}$	$\frac{B11}{h11}$	◤ $\frac{C11}{h11}$	$\frac{D11}{h11}$				◤ $\frac{H11}{h11}$													
h12		$\frac{B12}{h12}$						$\frac{H12}{h12}$													

注:标注◤的配合为优先配合。

9.7.2 几何公差

表 9-106 几何公差的符号及其标注(摘自 GB/T 1182—2018)

几何公差的特征项目及符号	公差项目		特征项目		符号	有无基准
	形状公差		直线度		—	无
			平面度		▱	
			圆度		○	
			圆柱度		⌭	
	形状公差或位置公差		线轮廓度		⌒	有或无
			面轮廓度		⌓	
	位置公差	方(定)向公差	平行度		//	有
			垂直度		⊥	
			倾斜度		∠	
		定位公差	位置度		⌖	有或无
			同轴度(用于轴线)同心度(用于中心点)		◎	有
			对称度		⌯	
		跳动公差	圆跳动	径向	↗	
				轴向		
				斜向		
			全跳动	径向	⌰	
				轴向		

被测要素、基准要素的标注要求及其他附加符号	项目	符号	项目	符号
	被测要素的标注	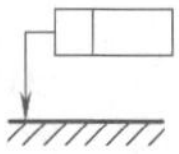	包容要求	Ⓔ
			最大实体要求	Ⓜ
			最小实体要求	Ⓛ
			可逆要求	Ⓡ
	基准要素的标注	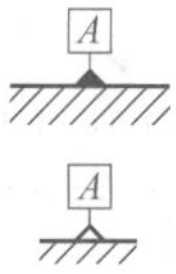	延伸公差带	Ⓟ
			自由状态(非刚性零件)	Ⓕ
	基准目标的标注	$\frac{\phi 2}{A1}$	全周(轮廓)	
			公共公差带	CZ
			小径	LD
	理论正确尺寸	50	大径	MD
			中径、节径	PD
			线素	LE
			不凸起	NC
			任意横截面	ACS

表 9-107　直线度和平面度公差（摘自 GB/T 1184—1996）

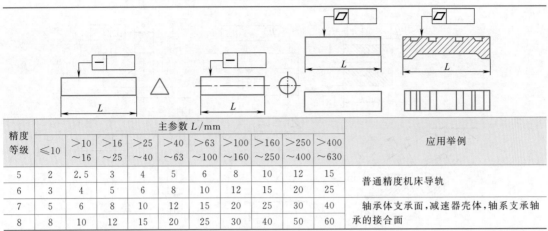

精度等级	主参数 L/mm										应用举例
	≤10	>10 ~16	>16 ~25	>25 ~40	>40 ~63	>63 ~100	>100 ~160	>160 ~250	>250 ~400	>400 ~630	
5	2	2.5	3	4	5	6	8	10	12	15	普通精度机床导轨
6	3	4	5	6	8	10	12	15	20	25	
7	5	6	8	10	12	15	20	25	30	40	轴承体支承面，减速器壳体，轴系支承轴承的接合面
8	8	10	12	15	20	25	30	40	50	60	

表 9-108　圆度和圆柱度公差（摘自 GB/T 1184—1996）

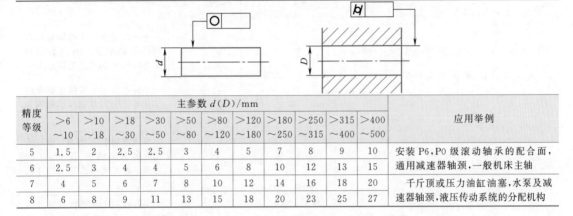

精度等级	主参数 $d(D)$/mm											应用举例
	>6 ~10	>10 ~18	>18 ~30	>30 ~50	>50 ~80	>80 ~120	>120 ~180	>180 ~250	>250 ~315	>315 ~400	>400 ~500	
5	1.5	2	2.5	2.5	3	4	5	7	8	9	10	安装 P6，P0 级滚动轴承的配合面，通用减速器轴颈，一般机床主轴
6	2.5	3	4	4	5	6	8	10	12	13	15	
7	4	5	6	7	8	10	12	14	16	18	20	千斤顶或压力油缸油塞，水泵及减速器轴颈，液压传动系统的分配机构
8	6	8	9	11	13	15	18	20	23	25	27	

表 9-109　同轴度、对称度、圆跳动和全跳动公差（摘自 GB/T 1184—1996）

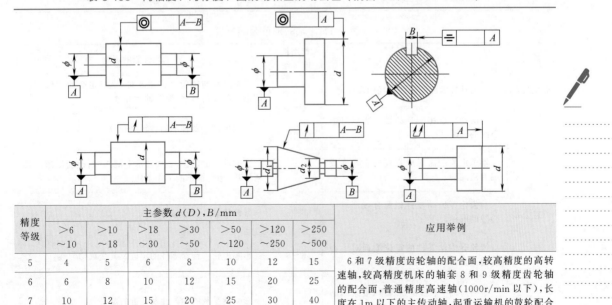

精度等级	主参数 $d(D)$,B/mm							应用举例
	>6 ~10	>10 ~18	>18 ~30	>30 ~50	>50 ~120	>120 ~250	>250 ~500	
5	4	5	6	8	10	12	15	6 和 7 级精度齿轮轴的配合面，较高精度的高转速轴，较高精度机床的轴套 8 和 9 级精度齿轮轴的配合面，普通精度高速轴（1000r/min 以下），长度在 1m 以下的主传动轴，起重运输机的鼓轮配合孔和导轮的滚动面
6	6	8	10	12	15	20	25	
7	10	12	15	20	25	30	40	
8	15	20	25	30	40	50	60	

表 9-110　平行度、垂直度和倾斜度公差（摘自 GB/T 1184—1996）

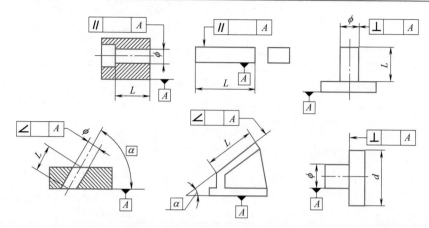

精度等级	主参数 $L,d(D)$/mm										应用举例
	≤10	>10~16	>16~25	>25~40	>40~63	>63~100	>100~160	>160~250	>250~400	>400~630	
5	5	6	8	10	12	15	20	25	30	40	垂直度用于发动机轴和离合器的凸缘，装 P5、P6 级轴承和装 P4、P5 级轴承之箱体的凸肩
6	8	10	12	15	20	25	30	40	50	60	平行度用于中等精度钻模的工作面，7~10 级精度齿轮传动壳体孔的中心线
7	12	15	20	25	30	40	50	60	80	100	垂直度用于装 P6，P0 级轴承之壳体孔的轴线，按 h6 与 g6 连接的锥形轴减速器的机体孔中心线
8	20	25	30	40	50	60	80	100	120	150	平行度用于重型机械轴承盖的端面、手动传动装置中的传动轴

表 9-111　轴的形位公差推荐

类别	标注项目	荐用精度等级	对工作性能的影响
形状公差	与滚动轴承相配合的直径的圆柱度	6	影响轴承与轴配合松紧及对中性，也会改变轴承内圈滚道的几何形状，缩短轴承寿命
位置公差	与滚动轴承相配合的轴颈表面对中心线的圆跳动	6	影响传动件及轴承的运转（偏心）
	轴承定位端面对中心线的垂直度或端面圆跳动	6	影响轴承的定位，造成轴承套圈歪斜；改变滚道的几何形状，恶化轴承的工作条件
	与齿轮等传动零件相配合表面对中心线的圆跳动	6~8	影响传动件的运转（偏心）
	齿轮等传动零件的定位端面对中心线的垂直度或端面圆跳动	6~8	影响齿轮等传动零件的定位及其受载均匀性
	键槽对轴中心线的对称度（要求不高时可不注）	7~9	影响键受载的均匀性及装拆的难易

表 9-112　箱体的几何公差推荐

类别	标注项目	荐用精度等级	对工作性能的影响
形状公差	轴承座孔的圆柱度	7	影响箱体与轴承的配合性能及对中性
位置公差	分箱面的平面度	7	影响箱体剖分面的防渗漏性能及密合性
	轴承座孔中心线相互间的平行度	6	影响传动零件的接触斑点及传动的平稳性
	轴承座孔的端面对其中心线的垂直度	7～8	影响轴承固定及轴向受载的均匀性
	锥齿轮减速器轴承座孔中心线相互间的垂直度	7	影响传动零件的传动平稳性和载荷分布的均匀性
	两轴承座孔中心线的同轴度	6～7	影响减速器的装配及传动零件载荷分布的均匀性

9.7.3　表面粗糙度

表 9-113　轮廓的算术平均偏差 Ra 的数值（摘自 GB/T 1031—2009）　　μm

Ra	0.012	0.2	3.2	50
	0.025	0.4	6.3	100
	0.05	0.8	12.5	
	0.1	1.6	25	

表 9-114　轮廓的最大高度 Rz 的数值（摘自 GB/T 1031—2009）　　μm

Rz	0.025	0.4	6.3	100	1600
	0.05	0.8	12.5	200	
	0.1	1.6	25	400	
	0.2	3.2	50	800	

表 9-115　表面结构要求图形标注的新旧标准对照（摘自 GB/T 131—2006）

GB/T 131 的版本			
GB/T 131—1983[①]	GB/T 131—1993[②]	GB/T 131—2006[③]	说明主要问题的示例
1.6	1.6　　1.6	Ra 1.6	Ra 只采用"16％规则"
Ry3.2	Ry3.2　　Ry3.2	Rz 3.2	除了 Ra "16％规则"的参数
—[④]	1.6max	Ramax 1.6	"最大规则"
0.8 / 1.6	0.8 / 1.6	−0.8/Ra 1.6	Ra 加取样长度
—[④]	—[④]	0.025−0.8/Ra 1.6	传输带
Ry 3.2 / 0.8	Ry 3.2 / 0.8	−0.8/Rz 6.3	除 Ra 外其他参数及取样长度
Ry 1.6 6.3	Ry 1.6 6.3	Ra 1.6 Rz 6.3	Ra 及其他参数
—[④]	Ry 3.2	Rz3 6.3	评定长度中的取样长度个数如果不是5

GB/T 131 的版本			
GB/T 131—1983[①]	GB/T 131—1993[②]	GB/T 131—2006[③]	说明主要问题的示例
—[④]	—[④]	L Ra 1.6	下限值
3.2 / 1.6	3.2 / 1.6	U Ra 3.2 / L Ra 1.6	上、下限值

① 既没有定义默认值也没有其他的细节，尤其是无默认评定长度、无默认取样长度、无"16％规则"或"最大规则"。

② 在 GB/T 3505—2000 和 GB/T 10610—1998 中定义的默认值和规则仅用于参数 Ra、Ry 和 Rz（十点高度）。此外，GB/T 131—1993 中存在参数代号书写不一致问题，标准正文要求参数代号第二个字母标注为下标，但在所有的图表中，第二个字母都是小写，而当时所有的其他表面结构标准都使用下标。

③ 新的 Rz 为原 Ry 的定义，原 Ry 的符号不再使用。

④ 表示没有该项。

表 9-116　轴、孔公差等级与表面粗糙度的对应关系

公差等级	轴		孔		公差等级	轴		孔	
	基本尺寸/mm	粗糙度参数 $Ra/\mu m$	基本尺寸/mm	粗糙度参数 $Ra/\mu m$		基本尺寸/mm	粗糙度参数 $Ra/\mu m$	基本尺寸/mm	粗糙度参数 $Ra/\mu m$
IT5	≤6	0.10	≤6	0.10	IT9	≤6	0.80	≤6	0.80
	>6～30	0.20	>6～30	0.20		>6～120	1.60	>6～120	1.60
	>30～180	0.40	>30～180	0.40		>120～400	3.20	>120～400	3.20
	>180～500	0.80	>180～500	0.80		>400～500	6.30	>400～500	6.30
IT6	≤10	0.20	≤50	0.40	IT10	≤10	1.60	≤10	1.60
	>10～80	0.40				>10～120	3.20	>10～180	3.20
	>80～250	0.80	>50～250	0.80		>120～500	6.30	>180～500	6.30
	>250～500	1.60	>250～500	1.60	IT11	≤10	1.60	≤10	1.60
IT7	≤6	0.40	≤6	0.40		>10～120	3.20	>10～120	3.20
	>6～120	0.80	>6～80	0.80		>120～500	6.30	>120～500	6.30
	>120～500	1.60	>80～500	1.60	IT12	≤80	3.20	≤80	3.20
IT8	≤3	0.40	≤3	0.40		>80～250	6.30	>80～250	6.30
			>3～30	0.80		>250～500	12.50	>250～500	12.50
	>3～50	0.80	>30～250	1.60	IT13	≤30	3.20	≤30	3.20
	>50～500	1.60	250～500	3.20		>30～500	6.30	>30～120	6.30
						>120～500	12.50	>120～500	12.50

表 9-117　表面粗糙度的参数值及对应的加工方法

粗糙度	∨	Ra 25	Ra 12.5	Ra 6.3	Ra 3.2	Ra 1.6	Ra 0.8	Ra 0.4	Ra 0.2
表现状态	除净毛刺	微见刀痕	可见加工痕迹	微见加工痕迹	看不见加工痕迹	可辨加工痕迹方向	微辨加工痕迹方向	不可辨加工痕迹方向	暗光泽面
加工方法	铸，锻，冲压，热轧，冷轧，粉末冶金	粗车，刨，立铣，平铣，钻	车，镗，刨，钻，平铣，立铣，镗，粗铰，磨	车，镗，刨，铣，刮1～2点/cm²，拉，磨，锉，滚压，铣齿	车，镗，刨，铰，拉，磨，滚压，铣齿，刮1～2点/cm²	车，镗，拉，磨，立铣，铰，滚压，刮3～10点/cm²	铰，磨，镗，拉，滚压，刮3～10点/cm²	布轮磨，磨，研磨，超级加工	超级加工

表 9-118　典型零件表面粗糙度的选择

表面特性	部位	表面粗糙度 Ra 数值不大于/μm		
键与键槽	工作表面	6.3		
	非工作表面	12.5		
齿轮		齿轮的精度等级		
		7	8	9
	齿面	0.8	1.6	3.2
	外圆	1.6～3.2		3.2～6.3
	端面	0.8～3.2		3.2～6.3
滚动轴承配合面	轴承座孔直径/mm	轴或外壳配合表面直径公差等级		
		IT5	IT6	IT7
	≤80	0.4～0.8	0.8～1.6	1.6～3.2
	>80～500	0.8～1.6	1.6～3.2	1.6～3.2
	端面	1.6～3.2	3.2～6.3	
传动件、联轴器等轮毂与轴的配合表面	轴	1.6～3.2		
	轮毂			
轴端面、倒角、螺栓孔等非配合表面		12.5～25		
轴密封处的表面	毡圈式	橡胶密封式		油沟及迷宫式
		与轴接触处的圆周速度/(m/s)		1.6～3.2
	≤3	>3～5	>5～10	
	0.8～1.6	0.4～0.8	0.2～0.4	
箱体剖分面		1.6～3.2		
观察孔与盖的接触面，箱体底面		6.3～12.5		
定位孔销		0.8～1.6		

参 考 文 献

[1] 孟玲琴，王志伟. 机械设计基础课程设计 [M]. 北京理工大学出版社，2017.

[2] 杨红，傅子霞，陈慧玲. 机械设计基础课程设计指导书 [M]. 南京大学出版社，2017.

[3] 成玲，耿海珍，郑淑玲. 机械设计基础课程设计指导 [M]. 华中科技大学出版社，2017.

[4] 颜伟. 机械设计课程设计 [M]. 北京：北京理工大学出版社，2017.

[5] 任秀华. 机械设计基础课程设计 [M]. 北京：机械工业出版社，2017.

[6] 冯立艳. 机械设计课程设计 [M]. 北京：机械工业出版社，2017.

[7] 李海萍，姚云英. 机械设计基础课程设计 [M]. 北京：机械工业出版社，2017.

[8] 黄珊秋. 机械设计课程设计 [M]. 北京：机械工业出版社，2017.

[9] 赵永刚. 机械设计基础课程设计指导书 [M]. 北京：机械工业出版社，2017.

[10] 成大先. 机械设计手册 [M]. 6 版. 北京：化学工业出版社，2016.

[11] 宋宝玉. 机械设计课程设计指导书 [M]. 北京：高等教育出版社，2016.